新编

Photoshop CS4

◉ 龙马工作室 编著

从入门到精通

人民邮电出版社

北 京

图书在版编目（ＣＩＰ）数据

新编Photoshop CS4从入门到精通 / 龙马工作室编著.
北京：人民邮电出版社，2009.7
ISBN 978-7-115-20750-0

Ⅰ. 新… Ⅱ. 龙… Ⅲ.图形软件，Photoshop CS4
Ⅳ. TP391.41

中国版本图书馆CIP数据核字（2009）第068947号

内 容 提 要

本书采用【知识点引导—需求驱动—案例设置—设置任务—完成任务】的学习模式编写而成，适合不了解 Photoshop CS4 软件功能的读者学习使用。本书内容能够满足 Photoshop CS4 软件初学者的需求，采用从易到难的内容组织方式，让读者轻松地入门，在快乐学习中全面提高应用水平，逐步达到从业的技能要求。

本书由 Photoshop 行业资深人士编写，首先在【入门篇】对 Photoshop CS4 的基本操作进行简单的介绍，包括软件的安装与设置、图像处理的相关知识；然后在【功能篇】介绍 Photoshop CS4 基本操作以及有关图像的选取等内容；【精通篇】介绍通道的使用、图像色彩处理、使用滤镜完成艺术效果、3D 图像处理、提高工作效率、网页输出等内容；最后在【案例篇】全面介绍数码照片修饰、平面广告设计、商品包装设计、商业插画手绘创意、建筑效果图后期制作以及网页设计等高级技术。

本书不仅适合作为初学者的入门教材，还可作为从事图形图像创作、婚纱影楼、影视广告、立体标志制作、灯箱广告、珠宝首饰造型设计、包装设计等设计领域人员的参考用书，也可作为电脑培训学校的图形图像类专业的教材。

新编 Photoshop CS4 从入门到精通

◆ 编　著　龙马工作室
　　责任编辑　魏雪萍

◆ 人民邮电出版社出版发行　北京市崇文区夕照寺街 14 号
　　邮编　100061　电子函件　315@ptpress.com.cn
　　网址　http://www.ptpress.com.cn
　　北京隆昌伟业印刷有限公司印刷

◆ 开本：787×1092　1/16
　　印张：29.5
　　字数：736 千字　　　　　　　　2009 年 7 月第 1 版
　　印数：1 – 4 000 册　　　　　　2009 年 7 月北京第 1 次印刷

ISBN 978-7-115-20750-0/TP

定价：59.00 元（附光盘）

读者服务热线：(010)67132692　印装质量热线：(010)67129223
反盗版热线：(010)67171154

前　言

电脑是现代信息社会中的重要标记，掌握丰富的电脑知识，正确熟练地操作电脑已成为信息化时代对每个人的要求。鉴于此，为满足广大读者学习电脑知识及电脑操作的需要，我们针对不同学习对象的掌握能力，总结了多位电脑高手及计算机教育专家的经验，精心编写了这套"新编从入门到精通"丛书。

丛书主要内容

本丛书涉及读者在日常工作和学习中各个常见的电脑应用领域，在介绍软硬件的基础知识及具体操作时都是以大家经常使用的版本为主，在必要的地方也兼顾了其他的版本，以满足不同领域读者的需求。本丛书主要包括以下图书。

新编 AutoCAD 2008 从入门到精通	新编 Flash CS3 动画制作从入门到精通
新编 Photoshop CS3 从入门到精通	新编 Premiere Pro 2.0 影视制作从入门到精通
新编 Pro/ENGINEER 野火版 3.0 中文版从入门到精通	新编 ASP.NET 2.0 网站开发从入门到精通
新编 SQL Server 2005 数据库管理与开发从入门到精通	新编 UG NX 4.0 中文版从入门到精通
新编 CorelDRAW X3 矢量绘图从入门到精通	新编 3ds Max 9 三维动画创作从入门到精通
新编 Visual FoxPro 6.0 数据库管理与开发从入门到精通	新编 HTML 网页设计从入门到精通
新编 VB.NET 2005 程序设计从入门到精通	新编 C#.NET 2005 程序设计从入门到精通
新编 Dreamweaver CS3 精彩网站制作从入门到精通	新编 Photoshop CS3 中文版从入门到精通
新编 ASP.NET 2.0 + SQL Server 2005 从入门到精通	新编 Visual Basic 6.0 程序设计从入门到精通
新编 AutoCAD 2008 中文版从入门到精通	新编 Excel 2003 中文版从入门到精通
新编外行学电脑从入门到精通	新编 Word 2003 中文版从入门到精通
新编外行学上网从入门到精通	新编 PowerPoint 2003 中文版从入门到精通
新编电脑组装与维护从入门到精通	新编 Access 2003 中文版从入门到精通
新编办公软件从入门到精通	新编 Windows XP 中文版从入门到精通
新编电脑家庭应用从入门到精通	新编 Photoshop CS2 中文版从入门到精通
新编黑客攻防从入门到精通	新编 Windows Vista 中文版从入门到精通
新编网页制作与网站建设从入门到精通	新编 Word/Excel 高效办公从入门到精通
新编 Photoshop CS4 中文版从入门到精通	新编 Photoshop CS4 从入门到精通
新编 Dreamweaver CS3、Flash CS3 与 Fireworks CS3 网页制作三剑客从入门到精通	

本书特色

❖ **双栏排版，超大容量**：本书采用双栏排版的格式，信息量大，力求在有限的篇幅中为读者奉送更多的知识和实战案例。

❖ **一步一图，图文并茂**：在介绍具体操作步骤的过程中，每一个操作步骤均配有对应的插图，这种图文并茂的方法，使读者在学习过程中能够直观、清晰地看到操作的过程以及效果，便于读者理解和掌握。

❖ **提示技巧，贴心周到**：本书对读者在学习过程中可能会遇到的疑难问题以提示技巧的形式进行了说明，避免读者在学习的过程中走弯路。

❖ **精心排版，实用至上**：双色印刷既美观大方又能够突出重点、难点。精心编排的内容可使读者将所学知识进一步深化理解、触类旁通。全面突破传统按部就班讲解知识的模式，以解决问题为出发点，颠覆传统"看"书的观念，变成一本能"操作"的图书。

❖ **书盘结合，互动教学**：本书配套 DVD 多媒体教学光盘内容与书中知识紧密结合并互相补充。在多媒体光盘中，我们仿真工作和生活中的真实场景，让读者体验实际工作环境，并借此掌握工作和生活中所需的知识和技能，掌握处理各种问题的方法，知道在合适的场合使用合适的方法，达到学以致用的目的，从而大大地扩充了本书的知识范围。

📖 光盘特点

本书附赠一张 DVD 教学光盘，包含近 30 个小时的视频教学录像，犹如 Photoshop 培训班的教学效果，使读者快速学会 Photoshop CS4 的使用技巧；同时附赠本书所有实例的素材文件和结果文件，让读者在实战中轻松学会应用 Photoshop CS4 的每一项技能。另外提供了 300 多页的会声会影电子图书，这等于额外赠送一本会声会影培训教材，使读者在掌握图像及照片处理的同时，也学会了摄像后期处理，体验了数码制作的乐趣；还提供了 500 个 Photoshop CS4 技法构成效果图库，囊括文字特效类、生活照片处理类、艺术照片处理类、数码照片美容类、婚纱照片处理类、商业摄影处理类、相册处理类、风景照片处理类、图像抠出与合成制作类、商业广告类、海报设计类、包装设计类、手绘类、立体质感图形制作类、写实绘画仿制类、插画风格合成类、材质制作类、纹理制作类、GIF 小动画制作类、静态网页制作类、网站制作类以及幽默地盘等 21 大类，相当于赠送一本 Photoshop 实例型图书，这有益于读者学以致用，尽情挥洒自己的创意。

本书光盘提供的视频教学录像与本书内容同步，涵盖了书中所有实例以及绝大多数的知识点，并做了一定的扩展延伸，突破了目前市场上现有光盘内容含量少、播放时间短的缺点。

📖 光盘使用需知

❖ 注意：如果需要在 Windows Vista 中文版操作系统下使用本光盘，应在第一次运行光盘时采用【以管理员身份运行】的模式，以后则可以直接运行。

① 将光盘印有文字的一面朝上放入光驱中，几秒钟后系统会弹出【自动播放】对话框。

② 单击【打开文件夹以查看文件】链接以打开光盘文件夹，然后右击光盘文件夹中的 MyBook.exe 文件，并在弹出的快捷菜单中选择【以管理员身份运行】菜单项，打开【用户账户控制】对话框。

③单击【用户账户控制】对话框中的【允许】选项，光盘即可自动播放。

④再次使用本光盘时，将光盘放入光驱后，可以通过双击光盘图标或单击系统弹出的【自动播放】对话框中【运行 MyBook.exe】链接的方法，运行光盘。

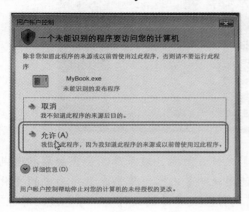

配套光盘运行方法

①将光盘印有文字的一面朝上放入光驱中，几秒钟后光盘就会自动运行。

②若光盘没有自动运行，可以双击桌面上的【我的电脑】图标打开【我的电脑】窗口，然后双击光盘图标，或者在光盘图标上单击鼠标右键，在弹出的快捷菜单中选择【自动播放】菜单项，光盘就会运行。

③光盘运行后，待片头动画播放完毕后便可进入光盘的主界面，其中的视频教学录像和书中章节一一对应，学习时选择相应的章节录像即可。

④选择相应的章节名称后，系统便可播放所选中的章节录像。

⑤ 如果需要使用本书实例中的素材文件、结果文件、附录、效果库、会声会影精选电子书、电子书素材文件、电子书结果文件和光盘使用说明等内容，单击光盘界面中的【附加资源】选项，在弹出的菜单中选择相关选项，便可打开相关资源的文件夹。可直接使用也可以将这些资源复制到本地计算机的硬盘中再使用。

⑥ 退出光盘的方法比较简单，在光盘主界面中选择【操作】➤【退出本程序】菜单项或者单击光盘主界面右上角的 ☒ 按钮，便可退出光盘系统。

　　本书由龙马工作室编写，编写的人员有李震、胡芬、任芳、陈小杰、康曼、刘增杰、王金林、安海涛和彭超，其他参与本书编写、资料整理及多媒体开发的人员有王果、王放、肖红艳、高莉、白海波、宝力高、陈颖、程斌、崔姝怡、丁国栋、付磊、黄宝兴、姜中华、靳梅、李南、李荣昊、刘锦源、刘在强、马世奎、马双、普宁、孙田、王常吉、王飞、王为、王优胜、魏新在、闻金川、徐津、刘子威和徐永俊等。

　　在编写本书的过程中，我们尽所能及努力做到最好，但难免有疏漏和不妥之处，恳请广大读者不吝批评指正。若您在阅读过程中遇到困难或疑问，可以给我们写信，我们的 E-mail 是march98@163.com。您也可以登录我们的论坛进行交流，网址是 http://www.51pcbook.com。

　　责任编辑的联系信箱：weixueping@ptpress.com.cn。

编者

目 录

第 1 篇　入门篇

"工欲善其事，必先利其器"。本篇将揭开 Photoshop CS4 神秘的面纱，让读者了解什么是 Photoshop？它是干什么的？它有哪些功能？它能帮助我们做些什么……其目的是帮助读者全面认识 Photoshop CS4，明确自己的学习目标和方向，为以后深入地学习 Photoshop 奠定坚实的基础。

本篇主要介绍图像的格式，Photoshop 软件的界面构成，工具的使用和软件的基本操作。通过对图像处理的基本概念和相关知识的讲解，带领读者进入图像处理的殿堂。

第 1 章 Photoshop CS4 快速入门

小马最近准备学习图形图像方面的软件，然后找个图形图像方面的工作。小马问小龙先学什么软件好呢？小龙说："首选当然是Photoshop CS4图像处理软件，它的功能非常强大，而且在业界也受到广泛好评。"小马又问小龙怎么开始学呢？小龙笑着说："当然是从Photoshop CS4的基本安装环境和一些基本操作开始了！"

- Photoshop 的职业世界
- Photoshop CS4 的安装、启动与退出
- Photoshop CS4 的新增功能
- Photoshop CS4 的工作环境

Photoshop CS4 新增功能：调整面板，蒙版面板，高级复合，画布旋转，更平滑的平移和缩放，多样式排列文档，3D 加速等。

1.1 Photoshop 的职业世界

本节视频教学录像：6分钟

Photoshop 作为专业的图形图像处理软件，是许多从事平面设计工作人员的必备工具。它被广泛地应用于广告公司、制版公司、输出中心、印刷厂、图形图像处理公司、婚纱影楼以及网页设计类的公司等。

Photoshop CS4 为我们的设计提供了一个更加广阔的发展空间，例如下图的房地产广告设计，通过 Photoshop CS4 将房子的实景和中国卷轴画巧妙地设计在同一个画面里面，使其更好地体现楼盘环境优美，自然而清新。

Photoshop CS4 为平面设计、三维动画设计、影视广告设计和网页设计等广大的从业人员都设置了相应的工具和功能，结合他们自身的专业知识就可以创造出无与伦比的影像世界。

企业宣传画册示例如下图所示。

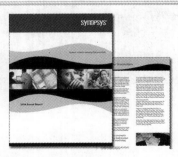

书籍装帧示例如下图所示。

海报示例如下图所示。

网页主页示例如下图所示。

1.2　Photoshop CS4 的安装、启动与退出

📹 **本节视频教学录像：8分钟**

在学习 Photoshop CS4 前首先要安装 Photoshop CS4 软件。下面介绍在 Windows XP 系统中安装、启动与退出 Photoshop CS4 的方法。Adobe Photoshop CS4 提供两个版本：Adobe Photoshop CS4 和 Photoshop CS4 Extended 软件。其中 Photoshop CS4 Extended 包含 Adobe Photoshop CS4 的所有功能。

> **提示**　Photoshop CS4 Extended 中突破性的 3D 编辑及合成功能以及改进的视频控制可大幅扩大创作选项，包含增强的度量和计数工具的全面图像分析功能，以及 DICOM 图像支持和 MATLAB 处理例程，是电影、视频和多媒体专业人士、使用 3D 及动画的图形和 Web 设计人员、制造专业人士、医疗专业人士、建筑师和工程师及科研人员等专业人士理想的选择。而 Adobe Photoshop CS4 是专业摄影师、图像设计师和 Web 设计人员等专业人士理想的选择。

1.2.1　运行环境需求

在 Windows 系统中运行 Photoshop CS4 的配置要求如下。

- 1.8 GHz 或更快的处理器
- 带 Service Pack 2 的 Microsoft Windows XP（推荐 Service Pack 3）或带 Service Pack 1 的 Windows Vista Home Premium、Business、Ultimate 或 Enterprise 版（经认证可用于 32 位 Windows XP 及 32 位和 64 位 Windows Vista）
- 512MB 内存（推荐 1GB 或更大的内存）
- 安装所需的 1GB 可用硬盘空间；安装过程中需要更多的可用空间（无法在基于闪存的存储设备上安装）
- 1024×768 的显示器分辨率（推荐 1280×800），16 位或更高的显卡
- DVD-ROM 驱动器
- 某些 GPU 加速功能要求 Shader Model 3.0 和 OpenGL 2.0 图形支持
- 多媒体功能所必需的 QuickTime 7.2
- 联机服务所必需的宽带 Internet 连接

1.2.2　Photoshop CS4 的安装

Photoshop CS4 中文版是专业的设计软件，其安装方法比较标准，具体的安装步骤如下。

① 在光驱中放入安装盘，双击安装文件图标  ，接着弹出【Adobe Photoshop CS4 安装程序：正在初始化】对话框。

② 初始化结束后，进入【Adobe Photoshop CS4 安装—欢迎】界面。在【欢迎】窗口中选择"我有 Adobe Photoshop CS4 的序列号。"选项，在下面的空白框内输入序列号，然后单击【下一步】按钮。

③ 进入【Adobe Photoshop CS4 安装— 许可协议】界面。在【显示语言】下拉列表中选择【English（US）】选项，然后单击【接受】按钮。

⑥ 用户还可以根据需要选择安装共享的组建，然后单击【安装】按钮，进入【Adobe Photoshop CS4 安装 — 进度】界面。

④ 进入【Adobe Photoshop CS4 安装 — 选项】界面。单击【更改...】按钮，可以更改安装的位置。

⑦ 安装完成后，进入【Adobe Photoshop CS4 安装 — 完成】界面，单击【退出】按钮，Photoshop CS4 即安装成功。

⑤ 选择好安装的位置后，单击【确定】按钮。

1.2.3　启动与退出

完成 Photoshop CS4 的安装后，是不是就迫不及待地想打开看一看 Photoshop CS4 的软件界面呢？下面介绍如何启动与退出 Photoshop CS4 软件。

1．启动 Photoshop CS4

若要启动 Photoshop CS4，可以执行下列操作之一。

（1）选择【开始】➤【程序】➤【Adobe Photoshop CS4】命令即可启动 Photoshop CS4。

（2）直接在桌面上双击 **Ps** 快捷图标。

（3）双击 Photoshop CS4 相关联的文档。

2．退出 Photoshop CS4

若要退出 Photoshop CS4，可以执行下列操作之一。

（1）单击 Photoshop CS4 程序窗口右上角的 × 按钮。

（2）选择【File】（文件）➤【Exit】（退出）命令。

（3）双击 Photoshop CS4 程序窗口左上角的 **Ps** 图标。

（4）按下【Alt+F4】组合键。

（5）按下【Ctrl+Q】组合键。

1.3　Photoshop CS4 的新增功能

🎥 本节视频教学录像：8 分钟

1．【Adjustments】（调整）面板

可快速访问用于在【Adjustments】（调整）面板中非破坏性地调整图像颜色和色调所需的控件，包括处理图像的控件和位于同一位置的预设。

2．【Masks】（蒙版）面板

在【Masks】（蒙版）面板中快速创建精确的蒙版。【Masks】（蒙版）面板提供具有以下功能的工具和选项：创建基于像素和矢量的可编辑的蒙版，调整蒙版浓度并进行羽化，以及选择不连续的对象。

3．高级复合

使用增强的"自动对齐图层"命令创建更加精确的复合图层，并使用球面对齐以创建 360°全景图。增强的"自动混合图层"命令可将颜色和阴影进行均匀地混合，并通过校正晕影和镜头扭曲来扩展景深。

4.【Rotate View Tool】(旋转视图工具)

单击可平稳地旋转画布,便于以所需的任意角度进行无损查看。

5. 更平滑的平移和缩放

使用更平滑的平移和缩放,更顺畅地浏览到图像的任意区域。在缩放到单个像素时仍能保持清晰度,并且可以使用新的像素网格,轻松地在最高放大级别下进行编辑。

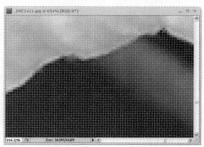

6. 多样式的排列文档

在打开多个图像时,系统可以对图像进行多样性的排列。

7. Camera Raw 中原始数据的处理效果更好

可使用 Camera Raw 5.0 增效工具将校正应用于图像的特定区域,享受卓越的转换品质,并且可以将裁剪后的晕影应用于图像。

8. 改进的 Lightroom 工作流程

增强的 Photoshop CS4 与 Photoshop Lightroom 2 的集成使您可以在 Photoshop 中打开 Lightroom 中的照片,并且可以重新使用 Lightroom 进行图像处理。还可以自动将 Lightroom 中的多张照片合并成全景图,并作为 HDR 图像或多图层 Photoshop 文件打开。

9. 使用 Adobe Bridge CS4 进行有效的文件管理

使用 Adobe Bridge CS4 可以进行高效的可视化素材管理,该应用程序具有以下特性:更快速的启动、具有适合处理各项任务的工作区,以及创建 Web 画廊和 Adobe PDF 联系表的超强功能。

10. 功能强大的打印选项

Photoshop CS4 打印引擎能够与所有流行的打印机紧密集成,还可预览图像的溢色区域,并支持在 Mac OS 上进行 16 位图像的打印。

11. 3D 加速

启用 OpenGL 绘图以加速 3D 操作。

12. 功能全面的 3D 工具

可以直接在 3D 模型上绘画、将 2D 图像绕 3D 形状折叠、将渐变形状转换为 3D 对象、为图层和文本添加景深，并且可以轻松导出常见的 3D 格式。

13．处理特大型图像的性能更佳（仅限 Windows）

利用额外的内存，可以更快地处理特大型图像（需要安装 64 位版本 Microsoft Windows Vista 的 64 位计算机）。

1.4　Photoshop CS4 的工作环境

本节视频教学录像：15 分钟

下面介绍 Photoshop CS4 工作区的工具、面板和其他元素。

1.4.1　Photoshop CS4 的工作界面

Photoshop CS4 的工作界面的设计非常系统化，便于操作和理解，同时也易于被人们接受。主要由应用程序栏、菜单栏、工具箱、状态栏、调板和工作区等几个部分组成。

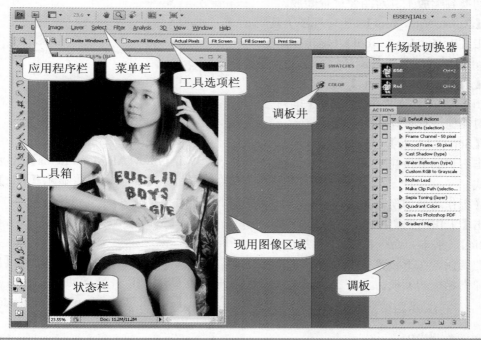

1.4.2　应用程序栏

Photoshop CS4 中新增了应用程序栏。应用程序栏为用户提供了工作区切换器、菜单和其他应用程序。用户可以更方便地选择其命令对图像进行编辑和修饰。

① Photoshop CS4 图标

② 【Launch Bridge】（启动 Bridge）

单击 Bridge 按钮可进入 Bridge 界面。

③ 【View Extras】（查看额外内容）

可以对图像中的参考线、网格和标尺等内容进行查看。

④ 【Zoom Level】（缩放级别）

单击右边的下拉箭头 ▼，选择缩放比例，可对图像进行相应比例的缩放。

⑤ 【Hand Tool】（抓手工具）

单击【Hand Tool】（抓手工具） ✋，可以快速切换到抓手工具对图像进行查看。

⑥ 【Zoom Tool】（缩放工具）

单击【Zoom Tool】（缩放工具） 🔍，可以快速切换到缩放工具对图像进行缩放。

⑦ 【Rotate View Tool】（旋转视图工具）

单击【Rotate View Tool】（旋转视图工具） ✋，可以对图像进行旋转。

⑧ 【Arrange Documents】（排列文档）

单击右边的下拉箭头 ▼，选择排列方式，可对图像进行多样式的排列。

⑨ 【Screen Mode】（屏幕模式）

单击右边的下拉箭头 ▼，可切换屏幕的显示模式。

⑩ 【工作场景切换器】

单击【工作场景切换器】下拉箭头 ▼ 中的【Basic】（基本）命令按钮，可以打开一些常用的调板。在下拉菜单中选择相应的命令即可弹出相应的调板。

（1） 基本命令

在【工作场景切换器】中选择【Basic】（基本）命令时，系统会弹出【Adobe Photoshop CS4 Extended】对话框。

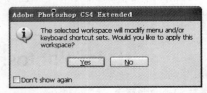

单击【Yes】（是）按钮后，单击【File】（文件）菜单可以看到其下的菜单命令减少了，而最下方多了一个【Show All Menu Items】（显示所有菜单项目）菜单命令。

New...	Ctrl+N
Open...	Ctrl+O
Browse in Bridge...	Alt+Ctrl+O
Open Recent	▶
Share My Screen...	
Close	Ctrl+W
Save	Ctrl+S
Save As...	Shift+Ctrl+S
Save for Web & Devices...	Alt+Shift+Ctrl+S
Place...	
Automate	▶
File Info...	Alt+Shift+Ctrl+I
Page Setup...	Shift+Ctrl+P
Print...	Ctrl+P
Exit	Ctrl+Q
Show All Menu Items	

单击【Show All Menu Items】（显示所有菜单项目）菜单命令，将显示【File】菜单下的所有菜单命令。

（2） 【What's New in CS4】（CS4 新增功能）

在【工作场景切换器】中选择【What's New in CS4】(CS4 新增功能)命令时，系统会弹出【Adobe Photoshop CS4 Extended】对话框。

单击【Yes】（是）按钮后，单击【File】（文件）菜单可以看到其下的一些菜单命令被添加了底纹。被添加了底纹的菜单命令都是 Photoshop CS4 新增的功能。

1.4.3　菜单栏

Photoshop CS4 中有 11 个主菜单，每个菜单内都包含一系列的命令，这些命令按照不同的功能采用分割线进行分离。其中 Photoshop CS4 新增了一个 3D 菜单。

File　Edit　Image　Layer　Select　Filter　Analysis　3D　View　Window　Help

【3D】菜单中包含的是用于处理和合并现有的 3D 对象、创建新的 3D 对象、编辑和创建 3D 纹理，以及组合 3D 对象与 2D 图像的命令。

1.4.4　工具箱

第一次启动应用程序时，工具箱将出现在屏幕左侧。可通过拖移工具箱的标题栏来移动它。通过选取【Window】（窗口）➤【Tools】（工具），用户也可以显示或隐藏工具箱。

工具箱中的某些工具具有出现在上下文相关工具选项栏中的选项。通过这些工具，用户可以使用文字、选择、绘画、绘制、取样、编辑、移动、注释和查看图像。通过工具箱中的其他工具，用户还可以更改前景色/背景色。

可以展开某些工具以查看它们后面的隐藏工具。工具图标右下角的小三角形表示存在隐藏工具。

通过将鼠标指针放在任意工具上，用户可以查看有关该工具的信息。工具的名称将出现在鼠标指针下面的工具提示中。某些工具提示包含指向有关该工具的附加信息的链接。

工具箱如下图所示。

注意 双击工具箱顶部的 ▶▶ 按钮可以实现工具箱的展开和折叠。如果工具的右下角有一个黑色的三角，说明该工具是一组工具（还有隐藏的工具）。把鼠标指针放置在工具上，按下鼠标左键并且停几秒钟就会展开隐藏的工具。

1.4.5　工具选项栏

大多数工具的选项都会在选中该工具的状态下在选项栏中显示，例如选中【Move Tool】（移动工具）时的选项栏如下图所示。

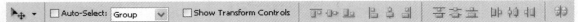

选项栏与工具相关，并且会随所选工具的不同而变化。选项栏中的一些设置（例如绘画模式和不透明度）对于许多工具都是通用的，但是有些设置则专用于某个工具，例如用于【Pencil Tool】（铅笔工具）的【Auto Erase】（自动抹掉）设置。

1.4.6　调板

使用调板可以监视和修改图像。

下图所示为【LAYERS】（图层）调板。

下图所示为【CHANNELS】（通道）调板。

下图所示为【PATHS】（路径）调板。

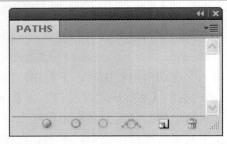

选择【Window】（窗口）命令可以控制调板的显示与隐藏。默认情况下，调板以组的方式堆叠在一起。用鼠标左键拖曳调板的顶端可以移动调板组的位置。还可以单击调板左侧的各类调板标签打开相应的调板。

注意 如果要隐藏所有的调板，可以通过按下【Shift+Tab】组合键实现。

选中调板组中的标签，然后拖曳到调板组以外，就可以从组中移去调板。

1.4.7　图像窗口

通过图像窗口可以移动整个图像在工作区的位置。图像窗口显示图像的名称、百分比率、色彩模式以及当前图层等信息。

单击窗口右上角的 ▬ 图标可以最小化图像窗口，单击窗口右上角的 ▢ 图标可以最大化图像窗口，单击窗口右上角的 ✕ 图标则可关闭整个图像窗口。

1.4.8　状态栏

状态栏位于每个文档窗口的底部，显示有用的信息，例如现用图像的当前放大倍数和文件大小，以及现用工具用法的简要说明等。

```
23.55%    [图标]    Doc: 11.2M/11.2M    ▶
```

单击状态栏上的黑色三角可以弹出一个列表。

选择相应的图像状态，状态栏的信息显示会随之改变，例如在下拉列表中选择【Scratch Sizes】（暂存盘大小）选项，将显示有关暂存盘大小的信息。

```
23.55%    [图标]    Scratch: 115.2M/301.0M    ▶
```

1.4.9　工具预设

如果需要频繁地对某一个工具使用相同的参数设置，则可以将这组设置作为预设存储起来，以便在需要的时候可以随时访问该预设。

创建工具预设的步骤如下。

❶ 选取【Brush Tool】（画笔工具），然后在选项栏中设置所需的选项。

❷ 单击调板左侧的【Tool Presets】（工具预设）按钮 ✖ 或者选取【Window】（窗口）▷【Tool Presets】（工具预设）菜单命令以显示【Tool Presets】（工具预设）调板。

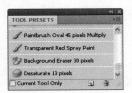

❸ 请执行下列操作之一：

（1）单击【New Tool Preset】（新建工具预设）按钮 📄；

（2）从调板菜单中选择【New Tool Preset】（新建工具预设）命令。

❹ 弹出【New Tool Preset】（新建工具预设）对话框。

❺ 输入工具预设的名称，然后单击【OK】（确定）按钮即可。

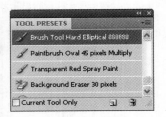

将频繁使用的工具参数设置好，然后单击【工具预设】调板上的新建按钮即可将该工具存储到【工具预设】调板中以供随时使用。

1.4.10 优化工作界面

Photoshop CS4 提供有【Screen Mode】（屏幕模式）按钮 ▣▾，单击按钮右侧的三角箭头可以通过选择【Standard Screen Mode】（标准屏幕模式）、【Full Screen Mode With Menu Bar】（带有菜单栏的全屏模式）和【Full Screen Mode】（全屏模式）3 个选项来改变屏幕的显示模式。也可以通过单击工具箱下面的 ▣▣▣ 或是用快捷键【F】来实现 3 种不同模式之间的切换。对于初学者来说建议使用标准屏幕模式。

注意 当工作界面出现混乱的时候，可以使用选项栏中的【Workspace】（工作区）▷【Essentials（Default）】（默认工作区）命令恢复到默认的工作界面。

要想拥有更大的画面观察空间则可使用全屏模式。

带有菜单栏的全屏模式如下图所示。

全屏模式如下图所示。

单击【Screen Mode】（屏幕模式）按钮，选择全屏模式时，系统会自动弹出【Message】（信息）对话框。再单击【Full Screen】（全屏模式）按钮确认，即可转换为全屏模式。

1.5　职场演练

UI 是 User Interface 的缩写，中文一般称作用户界面，指的是使用者与计算机的沟通、交流手段，在人和计算机的互动过程中有一个层面，即我们所说的界面（Interface）。

用户界面设计的三大原则是：置界面于用户的控制之下，减少用户的记忆负担，保持界面的一致性。

软件启动界面会在不同的平台、操作系统上使用，需要考虑使用不同的格式，并且选用的色彩不宜超过 256 色，最好为 216 色安全色。软件启动界面大小多为主流显示器分辨率的 1/6。如果是系列软件，还需要考虑整体设计的统一性和延续性，在上面应该醒目地标注制作或支持的公司标志、产品商标、软件名称、版本号、网址、版权声明和序列号等信息，以树立软件形象，方便使用者或购买者在软件启动的时候得到提示。

软件框架设计应该简洁明快，尽量少用无谓的装饰，应该考虑节省屏幕空间、各种分辨率的大小、缩放时的状态和原则等因素，并且为按钮、菜单、标签、滚动条及状态栏预留位置。设计中将整体色彩组合进行合理搭配，将软件商标放在显著位置，主菜单应放在左边或上边，滚动条放在右边，状态栏放在下边，以符合视觉流程和用户使用心理。菜单设计一般有选中状态和默认状态，右边应为快捷键，左边应为名称，如果有下级菜单应该有提示（一些小图标等）。

图标设计色彩一般不宜超过 64 色，大小为 16×16、32×32 和 64×64 等几种，图标设计是方寸艺术，它需要在小面积内表现出软件的功能的含义，因此多数设计人员设计图标时使用较少的颜色，利用人们对色彩和网点的空间混合效果，做出了许多精致的图标。

软件界面设计中使用系统文字，特别在标题中使用的文字未经过抗锯齿处理，会使标题显得粗糙，在 Photoshop 中制作的标题并经过抗锯齿处理后再把它置于界面中，则和周围界面显得融合、工整。

UI 设计只有将风格、互动性、使用界面、功能等诸多因素以合理的方式整合在一起才能产生出好的产品。

1.6 本章小结

本章主要介绍了 Photoshop CS4 中文版的新增功能、工作界面、图形文件管理、Photoshop CS4 对系统配置的要求以及安装与配置的过程等，这些知识应该在学习具体的绘图方法之前有所了解。

Photoshop CS4 的工作界面主要由 6 部分组成：标题栏、菜单栏、工具箱、状态栏、调板和工作区等。在绘制、调整图像时，用户通过工具箱或者调板绘制或调整图像，调板和状态栏会显示相应的参数，但要想顺利地完成设计任务，比较完整地了解 Photoshop CS4 界面中各个部分的功能是非常必要的。

此外，Photoshop CS4 新增加了许多新的功能和特性，它在运行速度、图形处理、网络功能和 3D 应用等方面都达到了更高的水平，本章对这些新的功能和特性也做了初步的介绍。

第 2 章　图像处理的相关知识

3:1

24:1

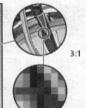
3:1
24:1

小马在了解了 Photoshop CS4 的安装和工作界面后，在网上查询相关资料时又发现许多令他困惑的问题，如图像格式好像有很多种，什么是矢量图和什么是位图，还有好多其他相关的软件。小马问小龙："这些问题好复杂呀，到哪儿能找到问题的答案呢？"小龙回答说："这些都是图像处理的基本概念和相关问题，别着急，跟着本章学习你就会解决这些疑问了，让我们赶快开始吧！"

◉ 矢量图和位图

◉ 像素

◉ 分辨率

2.1 常用的图形图像处理软件

本节视频教学录像：7 分钟

在平面设计领域，较为常用的图形图像处理软件包括 Photoshop、Painter、PhotoImpact、Illustrator、CorelDRAW 和 FreeHand 等，其中 Painter 常用在插画等电脑艺术绘画领域；在网页制作上，常用的软件为 Flash、Dreamweaver 和 Fireworks；在印刷出版上多使用 PageMaker 和 InDesign。这些软件分属不同领域，有着各自的特点，它们之间存在着较强的互补性。

2.1.1 PhotoImpact

友立公司的 PhotoImpact 是一款以个人用户多媒体应用为主的图像处理软件，其主要功能为改善相片品质、进行简易的相片处理，并且支持位图图像和矢量图的无缝组合，打造 3D 图像效果，以及在网页图像方面的应用。PhotoImpact 内置的各种效果要比使用 Photoshop 更加方便，各种自带的效果模板只要双击鼠标即可直接应用，相对于 Photoshop 来说，PhotoImpact 的功能简单，更适合初级用户。

2.1.2 Illustrator

Adobe 公司的 Illustrator 是目前使用较为普遍的矢量图形绘图软件之一，它在图像处理上也有着强大的功能。Illustrator 与 Photoshop 同为 Adobe 公司的产品，操作界面也极为相似，功能互补，深受艺术家、插图画家以及广大电脑美术爱好者的青睐。下图为使用 Illustrator 制作的作品。

2.1.3　CorelDRAW

Corel 公司的 CorelDRAW 是一款广为流行的矢量图形绘图软件，它也可以处理位图，在矢量图形处理领域有着非常重要的地位。

2.1.4　FreeHand

Macromedia 公司的 FreeHand 是一款优秀的矢量图形绘图软件，它可以处理矢量图形和位图，有着强大的增效功能，可以制作出复杂的图形和标志，此外在 FreeHand 中还可以输出动画和网页。

2.1.5　Painter

Corel 公司的 Painter 是最优秀的电脑绘画软件之一，它结合了以 Photoshop 为代表的位图图像软件和以 Illustrator、FreeHand 等为代表的矢量图形软件的功能和特点，其惊人的仿真绘画效果和造型效果在业内首屈一指。在图像编辑合成、特效制作、二维绘图等方面均有突出表现。下图为使用 Painter 绘制的优秀的艺术作品。

2.1.6　Flash

Adobe 公司的 Flash 是一款广为流行的网络动画制作软件，如下图所示。使用 Flash 制作的动画体积小，可嵌入字体与影音文件，常用于制作网页动画、网络游戏、多媒体课件和多媒体光盘等。

2.1.7　Dreamweaver

Adobe 公司的 Dreamweaver 是深受用户欢迎的网页设计和网页编程软件，它提供了网页排版、网站管理工具和网页应用程序自动生成器，可以快速地创建动态网页，在建设互动式网页及网站维护方面提供了完整的功能。

2.1.8 Fireworks

Adobe 公司的 Fireworks 是一款小巧灵活的绘图软件，它可以处理矢量图形和位图，常用在网页图像的切割处理上。

2.1.9 PageMaker

Adobe 公司的 PageMaker 在出版领域应用非常广泛，不过由于其技术早已在 20 世纪 80 年代制定，虽经过多年的更新提升，但软件架构已经难以容纳更多的新功能，Adobe 公司在 2004 年宣布停止开发 PageMaker 的升级版本。为了满足专业出版及高端排版市场的需求，Adobe 公司推出了 InDesign CS。

2.1.10 InDesign

Adobe 公司的 InDesign 参考了印刷出版领域最新标准，把页面设计提升到了全新层次，它用来生产专业、高品质的出版刊物，包括传单、广告、信笺、手册、外包装封套、新闻稿、书籍、PDF 格式的文档和 HTML 网页等，InDesign 具有强大的制作能力、创作自由度和跨媒体支持。

2.2 获取数字化图像的途径

本节视频教学录像：6 分钟

计算机中的图像是以数字方式进行记录和存储的，这些由数字信息表述的图像被称为数字化图像，在一般情况下，可以通过以下方式获取数字化图像。

- 通过绘图软件获取

使用 Photoshop、Illustrator 和 CorelDRAW 等软件处理图像时，可获取数字化图像。

- 通过数位板获取

数位板常用来进行专业的数码艺术创作，从数位板中可以获取手绘风格的数字化图像。

- 使用扫描仪获取

可以使用扫描仪将图片和图像转换为数字信息保存在电脑中。

- 从数码相机中获取

随着数码相机的普及与性能的提高，使用数码相机获取数字化图像已成为一种时尚。

- 从屏幕上抓取

从计算机屏幕上获取图像又称为抓图，用户可以使用抓图软件进行抓图，也可以按下键盘中的【Print Screen SysRq】键抓取整屏，或按下【Alt+Print Screen SysRq】键抓取当前的活动窗口。

- 从光盘中获取

用户可以根据需要在市场上购买各种专业的图片库。

- 从互联网上下载

互联网上的资源丰富，用户可在网站上购买图片，许多网站也提供免费下载的图片。

- 从 VCD 和 DVD 中获取

使用播放软件播放 VCD 和 DVD 时，将播放器暂停，然后捕捉画面获取数字化图像。

2.3　图像的类型

 本节视频教学录像：7 分钟

本节主要讲述图像的类型。

2.3.1　矢量图和位图

 概念小贴士
矢量图

　　矢量图由经过精确定义的直线和曲线组成，这些直线和曲线称为向量。移动直线、调整其大小或更改其颜色时不会降低图形的品质。

　　矢量图与分辨率无关，也就是说，可以将它们缩放到任意尺寸，可以按任意分辨率打印，而不会丢失细节或降低清晰度。因此，矢量图最适合表现醒目的图形，这种图形（例如徽标）在缩放到不同大小时必须保持线条清晰，如下图所示。

概念小贴士
位图

　　位图图像在技术上称为栅格图像，它由网格上的点组成，这些点称为像素。在处理位图图像时，所编辑的是像素，而不是对象或形状。位图图像是连续色调图像（如照片或数字绘画）最常用的电子媒介，因为它们可以表现阴影和颜色的细微层次。

　　在屏幕上缩放位图图像时，它们可能会丢失细节，因为位图图像与分辨率有关，它们包含固定数量的像素，并且为每个像素分配特定的位置和颜色值。如果在打印位图图像时采用的分辨率过低，位图图像可能会呈锯齿状，因为此时增加了每个像素的大小。

3:1

24:1

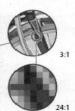

3:1

24:1

注意　Photoshop 主要是用来处理位图图像的，但仍然包含矢量信息，如路径。

2.3.2　像素与分辨率

　　像素是构成位图的基本单位，位图图像在高度和宽度方向上的像素总量称为图像的像素大小，当位图图像放大到一定程度时，所看到的一个一个的马赛克就是像素。

　　分辨率是指单位长度上像素的数目，其单位为"像素/英寸"或是"像素/厘米"。包括显示器分辨率、图像分辨率和印刷分辨率等。

● 显示器分辨率

　　显示器分辨率取决于显示器的大小及其像素设置。例如，一幅图像（尺寸为800 像素×600 像素）在 15 英寸显示器上显示时几乎会占满整个屏幕，而同样还是这幅图像，在更大的显示器上所占的屏幕

空间就会比较小，每个像素看起来则会比较大。

打印尺寸小　打印尺寸中等　打印尺寸大

> **注意** 彩色印刷品的分辨率一般设定为 300 像素/英寸，报纸图像的分辨率一般设定为 96 像素/英寸，网页图像的分辨率则为 72 像素/英寸。

● 图像分辨率

图像分辨率由打印在纸上的每英寸像素（像素/英寸）的数量决定。在 Photoshop 中可以更改图像的分辨率。打印时，高分辨率的图像比低分辨率的图像包含的像素更多，因此像素点更小。与低分辨率的图像相比，高分辨率的图像可以重现更多的细节和更细微的颜色过渡，因为高分辨率图像中的像素的密度更高。无论打印尺寸多大，高品质的图像通常都很清晰。下图所示为按不同尺寸打印同一幅低分辨率图像的效果。

> **提示** 视频文件只能以 72 像素/英寸的分辨率显示。即使图像的分辨率高于 72 像素/英寸，在视频编辑应用程序中显示图像时，图像品质看起来也不一定会非常好。

● 印刷的分辨率

印刷的分辨率是单位长度上的线数，单位为线/英寸。在实际工作中，150 线/英寸的分辨率即可满足印刷的需要。

2.4　颜色模式

本节视频教学录像：23 分钟

颜色模式决定显示和打印电子图像的色彩模型（简单地说，色彩模型是用于表现颜色的一种数学算法），即一幅电子图像用什么样的方式在计算机中显示或打印输出。

常见的颜色模式包括位图模式、灰度模式、双色调模式、HSB（色相、饱和度、亮度）模式、RGB（红、绿、蓝）模式、CMYK（青、洋红、黄、黑）模式、Lab 模式、索引色模式、多通道模式以及 8 位/16 位模式，每种模式的图像描述和重现色彩的原理及所能显示的颜色数量是不同的。Photoshop 的颜色模式基于色彩模型，而色彩模型对于印刷中使用的图像非常有用，可以从以下模式中选取：RGB（红色、绿色、蓝色），CMYK（青色、洋红、黄色、黑色），Lab（基于 CIE L*a*b）和灰度。

下图所示为选择【Image】（图像）➤【Mode】（模式）命令打开的子菜单。

```
  Bitmap
  Grayscale
  Duotone
  Indexed Color...
✓ RGB Color
  CMYK Color
  Lab Color
  Multichannel

✓ 8 Bits/Channel
  16 Bits/Channel
  32 Bits/Channel

  Color Table...
```

其中包含了各种颜色模式命令，如常见的灰度模式、RGB 模式、CMYK 模式及 Lab 模式等，Photoshop 也包含了用于特殊颜色输出的索引颜色模式和双色调模式。

2.4.1　RGB 模式

概念小贴士

RGB

Photoshop 的 RGB 颜色模式使用 RGB 模型，对于彩色图像中的每个 RGB（红色、绿色、蓝色）分量，为每个像素指定一个 0（黑色）到 255（白色）之间的强度值。例如亮红色可能 R 值为 246，G 值为 20，B 值为 50。

不同的图像中 RGB 的各个成分也不尽相同，可能有的图中 R（红色）成分多一些，有的 B（蓝色）成分多一些。在电脑中，RGB 的所谓"多少"就是指亮度，并使用整数来表示。通常情况下 RGB 各有 256 级亮度，用数字表示为从 0、1、2……直到 255。注意：虽然数字最高是 255，但 0 也是数值之一，因此共有 256 级。当这 3 种颜色分量的值相等时，结果是中性灰色。

当所有分量的值均为 255 时，结果是纯白色。

当所有分量的值都为 0 时，结果是纯黑色。

RGB 图像使用 3 种颜色或 3 个通道在屏幕上重现颜色。

这 3 个通道将每个像素转换为 24 位（8 位×3 通道）色信息。对于 24 位图像，可重现多达 1 670 万种颜色，对于 48 位图像（每个通道 16 位），可重现更多的颜色。新建的 Photoshop 图像的默认模式为 RGB，计算机显示器、电视机、投影仪等均使用 RGB 模式显示颜色，这意味着在使用非 RGB 颜色模式（如 CMYK）时，Photoshop 会将其图像插值处理为 RGB，以便在屏幕上显示。

2.4.2　CMYK 模式

CMYK 模式是一种基于印刷油墨的颜色模式，具有青色、洋红、黄色和黑色 4 个颜色通道，每个通道的颜色也是 8 位，即 256 种亮度级别，4 个通道组合使得每个像素具有 32 位的颜色容量，在理论上能产生 2^{32} 种颜色。由于目前的制造工艺还不能造出高纯度的油墨，CMYK 相加的结果实际上是一种暗红色，因此还需要加入一种专门的黑墨来中和。黑色通道产生的效果如下图所示。

CMYK 模式以打印纸上的油墨的光线吸收特性为基础，当白光照射到半透明油墨上时，色谱中的一部分被吸收，而另一部分被反射回眼睛。理论上，青色（C）、洋红（M）和黄色（Y）混合将吸收所有的颜色并生成黑色，因此 CMYK 模式是一种减色模式，即为最亮（高光）颜色指定的印刷油墨颜色百分比较低，而为较暗（暗调）颜色指定的百分比较高。例如亮红色可能包含 2%青色、93%洋红、90%黄色和 0%黑色。因为青色的互补色是红色（洋红和黄色混合即能产生红色），减少青色的百分含量，其互补色红色的成分也就越多，因此，CMYK 模式是靠减少一种通道颜色来加亮它的互补色的，这显然符合物理原理。

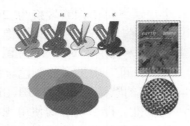

CMYK 通道的灰度图和 RGB 类似，RGB 灰度表示色光亮度，CMYK 灰度表示油墨浓度，但二者对灰度图中的明暗有着不同的定义。

RGB 通道灰度图较白表示亮度较高，较黑表示亮度较低，纯白表示亮度最高，纯黑表示亮度为零。RGB 模式下通道明暗的含义如下图所示。

CMYK 通道灰度图较白表示油墨含量较低，较黑表示油墨含量较高，纯白表示完全没有油墨，纯黑表示油墨浓度最高。CMYK 模式下通道明暗的含义如下图所示。

在制作要用印刷色打印的图像时应使用 CMYK 模式。将 RGB 图像转换为 CMYK 即产生分色，如果从 RGB 图像开始，则最好首先在 RGB 模式下编辑，然后在处理结束时转换为 CMYK。在 RGB 模式下，可以使用【Proof Setup】（校样设置）（选择【View】（视图）➤【Proof Setup】（校样设置）命令）命令模拟 CMYK 转换后的效果，而无需真的更改图像的数据。也可以使用 CMYK 模式直接处理从高端系统扫描或导入的 CMYK 图像。

2.4.3 灰度模式

所谓灰度图像，就是指纯白、纯黑以及两者中的一系列从黑到白的过渡色。平常所说的黑白照片、黑白电视实际上都应该称为灰度色才确切。灰度色中不包含任何色相，即不存在红色、黄色这样的颜色。灰度的通常表示方法是百分比，范围从 0%~100%。在 Photoshop 中只能输入整数，百分比越高颜色越偏黑，百分比越低颜色越偏白。灰度最高相当于最高的黑，就是纯黑，灰度为 100%。

　　灰度最低相当于最低的黑，也就是"没有黑"，那就是纯白，灰度为 0%。

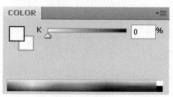

　　当灰度图像是从彩色图像模式转换而来时，灰度图像反映的是原彩色图像的亮度关系，即每个像素的灰阶对应着原像素的亮度。每个像素的灰阶对应着原像素的亮度如下图所示。

　　在灰度图像模式下，只有一个描述亮度信息的通道。

2.4.4　位图模式

　　在位图模式下，图像的颜色容量是一位，即每个像素的颜色只能在两种深度的颜色中选择，不是"黑"就是"白"，其相应的图像也就是由许多个小黑块和小白块组成的。

　　选择【Image】（图像）➢【Mode】（模式）➢【Bitmap】（位图）命令，弹出【Bitmap】

（位图）对话框，从中可以设定转换过程中的减色处理方法。

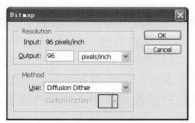

<table>
<tr><td>注意</td><td>只有在灰度模式下图像才能转换为位图模式。其他颜色模式的图像必须先转换为灰度图像，然后才能转换为位图模式。</td></tr>
</table>

● 【Resolution】（分辨率）设置区

用于在输出中设定转换后图像的分辨率。

● 【Method】（方法）设置区

在转换的过程中可以使用 5 种减色处理方法。【50% Threshold】（50%阈值）会将灰度级别大于 50%的像素全部转换为黑色，将

灰度级别小于 50%的像素转换为白色；【Pattern Dither】（图案仿色)可使用黑白点的图案来模拟色调；【Diffusion Dither】（扩散仿色）会产生一种颗粒效果；【Halftone Screen】（半调网屏）是商业中经常使用的一种输出模式；【Custom Pattern】（自定义图案）可以根据定义的图案来减色，使得转换更为灵活自由。

在位图图像模式下图像只有一个图层和一个通道，滤镜全部被禁用。

2.4.5 双色调模式

双色调模式可以弥补灰度图像的不足，灰度图像虽然拥有 256 种灰度级别，但是在印刷输出时，印刷机的每滴油墨最多只能表现出 50 种左右的灰度，这意味着如果只用一种黑色油墨打印灰度图像，图像将非常粗糙。

如果混合另一种、两种或三种彩色油墨，因为每种油墨都能产生 50 种左右的灰度级别，理论上至少可以表现出 5050 种灰度级别，这样打印出来的双色调、三色调或四色调图像就能表现得非常流畅了。这种靠几盒油墨混合打印的方法被称之为"套印"，绿色套印的双色调图像如下图所示。

以双色调套印为例，一般情况下双色调套印应用较深的黑色油墨和较浅的灰色油墨进行印刷。黑色油墨用于表现阴影，灰色油墨用于表现中间色调和高光，但更多的情况是将一种黑色油墨与一种彩色油墨配合，

用彩色油墨来表现高光区。利用这一技术能给灰度图像轻微上色。

双色调使用不同的彩色油墨重新生成不同的灰阶，因此在 Photoshop 中将双色调视为单通道、8 位的灰度图像。在双色调模式中，不能像在 RGB、CMYK 和 Lab 模式中那样直接访问单个的图像通道，而是通过【Duotone Options】（双色调选项)对话框中的曲线来控制通道。

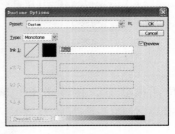

● 【Type】（类型）下拉列表框

用于从单色调、双色调、三色调和四色调中选择一种套印类型。

● 【Ink】（油墨）设置项

选择了套印类型后，即可在各色通道中用曲线工具调节套印效果。

2.4.6　索引颜色模式

索引颜色模式用最多 256 种颜色生成 8 位图像文件。当图像转换为索引颜色模式时，Photoshop 将构建一个 256 种颜色查找表，用以存放索引图像中的颜色。如果原图像中的某种颜色没有出现在该表中，程序将选取最接近的一种或使用仿色来模拟该颜色。

索引颜色模式的优点是它的文件可以做得非常小，同时保持视觉品质不单一，非常适于用来做多媒体动画和 Web 页面。在索引颜色模式下只能进行有限的编辑，若要进一步进行编辑，则应临时转换为 RGB 模式。索引颜色文件可以存储为 Photoshop、BMP、GIF、Dicom、Photoshop EPS、大型文档格式 （PSB）、FXG、PCX、Photoshop PDF、Photoshop Raw、PICT、PNG、Targa 或 TIFF 等格式。

选择【Image】（图像）➤【Mode】（模式）➤【Indexed Color】（索引颜色）命令，即可弹出【Indexed Color】（索引颜色）对话框。

● 【Palette】（调板）下拉列表框

用于选择在转换为索引颜色时使用的调色板，例如需要制作 Web 网页，则可选择 Web 调色板。还可以设置强制选项，将某些颜色强制加入到颜色列表中，例如选择黑白，就可以将纯黑和纯白强制添加到颜色列表中。

● 【Options】（选项）设置区

在【Matte】（杂边）下拉列表框中可指定用于消除图像锯齿边缘的背景色。

在索引颜色模式下图像只有一个图层和一个通道，滤镜全部被禁用。

2.4.7　Lab 模式

Lab 模式是在 1931 年国际照明委员会（CIE）制定的颜色度量国际标准模型的基础上建立的，1976 年，该模式经过重新修订后被命名为 CIE L*a*b。

Lab 模式与设备无关，无论使用何种设备（如显示器、打印机、计算机或扫描仪等）创建或输出图像，这种模式都能生成一致的颜色。

Lab 模式是 Photoshop 在不同颜色模式之间转换时使用的中间颜色模式。

Lab 模式将亮度通道从彩色通道中分离出来，成为了一个独立的通道。将图像转换为 Lab 模式，然后去掉色彩通道中的 a、b 通道而保留亮度通道，就能获得 100%逼真的图像亮度信息，得到 100%准确的黑白效果。

2.5 图像格式

📹 本节视频教学录像：14分钟

要确定理想的图像格式，必须首先考虑图像的使用方式，例如用于网页的图像一般使用 JPEG 和 GIF 格式，用于印刷的图像一般要保存为 TIFF 格式。其次要考虑图像的类型，最好将具有大面积平淡颜色的图像存储为 GIF 或 PNG-8 图像，而将那些具有颜色渐变或其他连续色调的图像存储为 JPEG 或 PNG-24 文件。

2.5.1 PSD 格式

PSD 是 Photoshop 软件专用的文件格式，它是 Adobe 公司优化格式后的文件，能够保存图像数据的每一个细小部分，包括图层、蒙版、通道以及其他的少数内容，但这些内容在转存成其他格式时将会丢失。另外，因为这种格式是 Photoshop 支持的自身格式文件，所以 Photoshop 能比其他格式更快地打开和存储这种格式的文件。

该格式唯一的缺点是：使用这种格式存储的图像文件特别大，尽管 Photoshop 在计算的过程中已经应用了压缩技术，但是因为这种格式不会造成任何的数据流失，所以在编辑的过程中最好还是选择这种格式存盘，直到最后编辑完成后再转换成其他占用磁盘空间较小、存储质量较好的文件格式。在存储成其他格式的文件时，有时会合并图像中的各图层以及附加的蒙版通道，这会给再次编辑带来不少麻烦，因此最好在存储一个 PSD 的文件备份后再进行转换。

PSD 格式是 Photoshop 软件的专用格式，它支持所有的可用图像模式（位图、灰度、双色调、索引色、RGB、CMYK、Lab 和多通道等）、参考线、Alpha 通道、专色通道和图层（包括调整图层、文字图层和图层效果等）等格式，它可以保存图像的图层和通道等信息，但使用这种格式存储的文件较大。

2.5.2 TIFF 格式

TIFF 格式直译为"标记图像文件格式"，是由 Aldus 公司为 Macintosh 开发的文件格式。

TIFF 用于在应用程序之间和计算机平台之间交换文件，被称为标签图像格式，是 Macintosh 和 PC 上使用很广泛的文件格式，它采用无损压缩方式，与图像像素无关。TIFF 常被用于彩色图片的扫描，它以 RGB 的全彩格式存储。

TIFF 格式支持带 Alpha 通道的 CMYK、RGB 和灰度文件，支持不带 Alpha 通道的 Lab、索引色和位图文件，也支持 LZW 压缩。

存储 Adobe Photoshop 图像为 TIFF 格式时，可以选择存储文件为 IBM-PC 兼容计算机可读的格式或 Macintosh 可读的格式。要自动压缩文件可单击【LZM】单选项。对 TIFF 文件进行压缩可减少文件大小，但会增加打开和存储文件的时间。

TIFF 是一种灵活的位图图像格式，实际上被所有的绘画、图像编辑和页面排版应用程序所支持，而且几乎所有的桌面扫描仪都可以生成 TIFF 图像。TIFF 格式支持带 Alpha 通道的 CMYK、RGB 和灰度文件，支持不带 Alpha 通道的 Lab、索引色和位图文件。Photoshop 可以在 TIFF 文件中存储图层，但是如果在另一个应用程序中打开该文件，则只有拼合图像是可见的。Photoshop 也能够以 TIFF 格式存储注释、透明度和多分辨率金字塔数据，TIFF 文件格式在实际工作中主要用于印刷。

2.5.3　JPEG 格式

　　JPEG 是 Macintosh 上常用的存储格式，也可以在 Photoshop 中开启此类格式的文件。JPEG 格式是所有压缩格式中最卓越的，也是较常用的图像格式。此格式支持真彩色，文件较小，在保存时能够将人眼无法分辨的部分删除，以节省存储空间，但这些被删除的部分无法在解压时还原，所以 JPEG 格式并不适合放大观看，输出成印刷品时品质也会受到影响，这种类型的压缩格式称为失真压缩。JPEG 格式的最大优点是所占的存储空间比其他格式的图像文件小得多。JPEG 格式可以实现 Windows 文件和 Macintosh 文件之间的交流。

　　在 World Wide Web 和其他网上服务的 HTML 文件中，JPEG 普遍用于显示图片和其他连续色调的图像文档。JPEG 格式支持 CMYK、RGB 和灰度颜色模式，不支持 Alpha 通道。JPEG 格式文件保留 RGB 图像中的所有颜色信息，通过选择性地去掉数据来压缩文件。JPEG 图像在打开时自动解压缩，高等级的压缩会导致较低的图像品质，低等级的压缩则产生较高的图像品质。在大多数情况下，采用"最佳"品质选项产生的压缩效果与原图几乎没有什么区别。

2.5.4　GIF 格式

　　GIF（Graphics Interchange Format，图形交换格式）是 Compuserve 公司所制定的格式，因为 Compuserve 公司开放使用权限，所以应用的范围很广泛，且适用于各种平台，并被众多软件所支持。现今的 GIF 格式仍只能达到 256 色，但是它的 GIF89a 格式则能存储成透明化的形式，并且可以将数张图像存储成一个文件，以形成动画效果。

　　在 World Wide Web 和其他网上服务的 HTML 文件中，GIF 文件格式普遍用于显示索引颜色图形和图像。GIF 是一种 LZW 压缩格式，用来最小化文件大小和电子传递时间。GIF 格式不支持 Alpha 通道，此种格式的文件是 8 位的压缩过的文件，它比其他格式的文件在网络上传输的速度快得多，因此在网络上多是采用这种格式的文件。但是它不能用来存储真彩的图像文件，因为它最多只有 256 种色彩。

　　使用【File】（文件）下拉菜单中的【Save As】（存储为）命令，可以将位图模式（只用黑和白两种颜色表示图像像素的模式）、灰度模式或索引色模式（只用 256 种颜色表现图像颜色的模式）图像存储为 GIF 格式，并指定一种交错显示。交错显示的图像从 Web 下载时是以逐步增加的精度显示的，但这种模式会增加文件的大小，也不能存储 Alpha 通道。

2.5.5 BMP 格式

BMP 是微软公司 Paint 软件的专用格式，可以被多种 Windows 和 OS/2 应用程序所支持。

在存储 BMP 格式的图像文件时，还可以使用 RLE 压缩方案进行数据压缩。RLE 压缩方案是一种极其成熟的压缩方案，它的特点是无损压缩，它能节省磁盘空间而又不牺牲任何的图像数据，它的弊端是当打开此种压缩方式压缩过的文件时速度很慢，而且一些兼容性不太好的应用程序可能不支持这类文件。

BMP 文档是最普遍的点阵图格式之一，也是 DOS 和 Windows 兼容计算机系统的标准 Windows 图像格式。Windows 的画笔生成的文档就是 BMP 格式。对于使用 Windows 格式的 4 位和 8 位图像，可以指定是否采用 RLE 压缩。在 Photoshop 中最多可以使用 16M 的色彩来渲染 BMP 图像，因此 BMP 格式的图像可以具有极其逼真和绚丽的色彩。

2.5.6 EPS 格式

EPS 格式是专门为存储矢量图形而设计的，用于在 PostScript 输出设备上打印。Adobe 公司的 Illustrator 软件是绘图领域中一个极为优秀的程序，它既可以用来创建流动曲线，也可以用来创建专业级的精美图像，它的作品一般存储为 EPS 格式。Adobe 公司的 Photoshop 也可以读取这种格式的文件，这样就可以与 Illustrator 相互交换 EPS 格式的文件了。EPS 格式虽然在 PostScript 打印机上比较可靠，但它也有许多缺陷。首先，用 EPS 格式存储图像的效率特别低；其次，EPS 格式的压缩方案也是比较差的，一般同样的图像经 TIFF 的 LZW 压缩后是 EPS 的 1/4~1/3。可惜的是早期的 Illustrator 仅支持 EPS，这就给 Photoshop 与 Illustrator 之间的交流带来了很多麻烦，但随着高版本的 Illustrator 的推出，这个问题将会逐步解决。

EPS 格式可以包含矢量图像和位图图像，几乎为所有的图形和页面排版程序所支持。EPS 格式用于在应用程序之间传输 PostScript 语言图稿。在 Photoshop 中打开其他应用程序创建的包含矢量图形的 EPS 文件时，Photoshop 会对此文件进行栅格化，将矢量图形转换为像素。EPS 格式支持 Lab、CMYK、RGB、索引色、双色调、灰度和位图等颜色模式，但不支持 Alpha 通道。EPS 支持剪贴路径。

2.5.7 PDF 格式

PDF 格式被用于 Adobe Acrobat 中。Adobe Acrobat 是 Adobe 公司用于 Windows、Mac OS、UNIX 和 DOS 操作系统中的一种电子出版软件。使用在应用程序 CD-ROM 上的 Acorbat Reader 软件可以查看 PDF 文件。与 PostScript 页面一样，PDF 文件可以包含矢量图形和位图图形，还可以包含电子文档的查找和导航功能，如电子链接等。

PDF 格式支持 RGB、索引色、CMYK、灰度、位图和 Lab 等颜色模式，但不支持 Alpha 通道。PDF 格式支持 JPEG 和 ZIP 压缩，但位图模式文件除外。位图模式文件在存储为 PDF 格式时采用 CCITT Group4 压缩。在 Photoshop 中打开其他应用程序创建的 PDF 文件时，Photoshop 会对文件进行栅格化。

2.5.8　PCX 格式

　　PCX 格式普遍用于 IBM-PC 兼容计算机上。大多数 PC 软件支持 PCX 格式版本 5，版本 3 文件采用标准 VGA 调色板，该版本不支持自定调色板。

　　PCX 格式可以支持 DOS 和 Windows 下绘图的图像格式。PCX 格式支持 RGB、索引色、灰度和位图颜色模式，不支持 Alpha 通道。PCX 支持 RLE 压缩方式，支持位深度为 1、4、8 或 24 的图像。

2.5.9　PNG 格式

　　PNG 格式是作为 GIF 的免专利替代品开发的，用在 World Wide Web 上无损压缩和显示图像。目前有越来越多的软件开始支持这一格式，在不久的将来它有可能在整个网络上流行。与 GIF 格式不同，PNG 格式支持 24 位图像，产生的透明背景没有锯齿边缘。PNG 格式的图像可以是灰阶的，为了缩小文件尺寸，它还可以是 8bit 的索引色。PNG 格式使用新的、高速的交替显示方案，可以迅速地显示。只要下载 1/64 的图像信息就可以显示出低分辨率的预览图像。PNG 格式不支持动画。

　　PNG 用存储的 Alpha 通道定义文件中的透明区域，以确保将文件存储为 PNG 格式之前删除那些除了想要的 Alpha 通道以外的所有的 Alpha 通道。

2.6　职场演练

书籍封面设计

　　按照封面需求新建一个图像，这里以 16 开（185mm×260mm）大小封面书籍为例，在新建图像前，首先计算封面的尺寸。封面一般包括封面、封底和书脊，这里书脊宽度以 20mm 为例来设计。新建图像的宽度＝封面宽度＋书脊厚度＋封底宽度＝185mm＋20mm＋185mm＝390mm，在真正设计过程中一般需要在四边各增加 3mm（也叫"出血"尺寸），所以至此封面的总尺寸为 396mm×266mm。

　　新建图像的高为 26.6cm，宽为 39.6cm，分辨率为 300，模式设置为 RGB 颜色，以方便编辑；因为在 Photoshop 中很多功能必须在 RGB 颜色模式下进行操作，比如一些滤镜的功能。我们可以在 RGB 颜色模式下完成后，再将其转化成 CMYK 模式（适应印刷的要求）。

　　图像建立完成后，在菜单栏里选择【View】（视图）➤【Rulers】（标尺）命令，使在图像窗口显示标尺，再使用【View】（视图）➤【New Guide】（新参考线）工具在图像中标出封底、封面、书脊和出血的位置。

书籍封面的美术设计是书籍设计成功与否的重要环节，设计师在设计时不仅要突出书籍本身的知识源，更要巧妙利用装帧设计特有的艺术语言，为读者构筑丰富的审美空间，通过读者眼观、手触、味觉、心会，在领略书籍精华神韵的同时，得到连续畅快的精神享受。这正是书籍封面设计的根本宗旨。在设计时要特别注意色彩搭配的整体性，字体安排是否使标题醒目突出、不同字体的混合是否恰当，字的行距、字距是否协调，图片的选取能否体现出全书的精神内涵等。还要考虑到封面选用的材料是否合理，封面设计是否适应书籍装订的工艺要求（例如封面与书脊连接处，平装书的折痕和精装书的凹槽等）。

在输出前要把封面图像的模式由 RGB 模式转换成 CMYK 模式。在菜单栏中选择【Image】（图像）➢【Mode】（模式）➢【CMYK Color】（CMYK 颜色）命令，即可实现图像模式的转化，这样有助于后面书籍的印刷。

保存图像，输出为 TIF 或 EPS 格式，因为出片时 EPS 和 TIF 格式的图像可以直接发出胶片。保存 TIF 之前，最好先导出一个原文件，方便修改，这是使用 Photoshop 的一个良好习惯。

封面制作完成以后，将图像复制到连接有照排机的电脑上，通过发排软件进行 4 色出片，直到印刷。

现在常用的一些版式规格如下。

诗集：通常用比较狭长的小开本。

理论书籍：大 32 开比较常用。

儿童读物：接近方形的开度。

小字典：42 开以下的尺寸，106mm×173mm。

科技技术书：需要较大、较宽的开本。

画册：接近于正方形的比较多。

2.7　本章小结

本章系统地讲解了图像处理的相关知识，如常用的图形图像处理软件，图像的类型、格式和模式等，读者可以在现实操作中正确而快捷地选择合适的软件及方式来更好地工作。

第 3 章　Photoshop CS4 基本操作

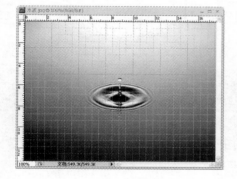

小马开始使用 Photoshop CS4 了，可是打开一个图像后，却不知道该做什么，小马问小龙："现在是不是要开始学习 Photoshop CS4 的基本操作呀，要不都不知道怎么下手了？"小龙回答说："是的，对于任何一个软件而言，我们开始学习的时候都是从基本操作开始的，例如文件的打开、关闭与保存，图像显示调整，标尺、测量工具、网格、辅助线和捕捉的运用等。让我们赶快开始吧！"

- ◈ 文件的基本操作
- ◈ 查看图像
- ◈ 使用辅助工具
- ◈ 调整图像尺寸

3.1 文件的基本操作

本节视频教学录像：9分钟

Photoshop CS4 的基本操作包括文件的新建、打开、保存以及一些基本的视图查看等。

3.1.1 新建文件

方法 1

选择【File】（文件）➤【New】（新建）命令，打开【New】（新建）对话框。

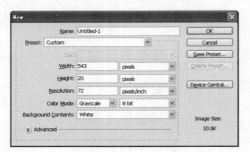

注意 在制作网页图像的时候一般用【像素】作单位，在制作印刷品的时候则用【厘米】作单位。

● 【Name】（名称）文本框

用于填写新建文件的名称，【Untitled-1】（未标题-1）是 Photoshop 默认的名称，可以将其改为其他名称。

● 【Preset】（预设）下拉列表框

用于提供预设文件尺寸及自定义尺寸。

● 【Width】（宽度）设置框

用于设置新建文件的宽度，默认以像素

为宽度单位，也可以选择英寸、厘米、毫米、点、派卡和列为单位。

🔵　【Height】（高度）设置框

用于设置新建文件的高度，单位同上。

🔵　【Resolution】（分辨率）设置框

用于设置新建文件的分辨率。像素/英寸默认为分辨率的单位，也可以选择像素/厘米为单位。

🔵　【Color Mode】（颜色模式）下拉列表框

用于设置新建文件的模式，包括位图、灰度、RGB 颜色、CMYK 颜色和 Lab 颜色等几种模式。

🔵　【Background Contents】（背景内容）下拉列表框

用于选择新建文件的背景内容，包括白色、背景色和透明等 3 种。

(1)　【White】（白色）：白色背景。

(2)　【Background Color】（背景色）：以所设定的背景色（相对于前景色）为新建文件的背景。

(3)　【Transparent】（透明）：透明的背景（以灰色与白色交错的格子表示）。

方法 2

使用快捷键【Ctrl+N】。

3.1.2　打开文件

方法 1

❶选择【File】（文件）➢【Open】（打开）命令，打开【Open】（打开）对话框。一般情况下，【文件类型】默认为【All Formats】（所有格式），也可以选择某种特定的文件格式，然后在大量的文件中进行筛选。

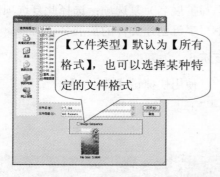

【文件类型】默认为【所有格式】，也可以选择某种特定的文件格式

❷单击【Open】（打开）对话框中的【查看】菜单图标，可以选择以缩略图的形式来显示图像。

【查看】菜单图标

❸选中要打开的图片，然后单击 打开(O) 按钮或者直接双击图像即可打开图像。

在对话框的下部可以对要打开的图片进行预览，【File Size】（文件大小）为文件的大小。

方法 2

使用快捷键【Ctrl+O】。

方法 3

在工作区域内双击也可打开【Open】（打开）对话框。

3.1.3　保存文件

方法 1

选择【File】（文件）➢【Save】（存储）命令可以以原有的格式存储正在编辑的文件。对于正在编辑的文件应该随时存储，以免出现意外而丢失。

方法 2

选择【File】（文件）➤【Save As】（存储为）命令打开【Save As】（存储为）对话框进行保存。对于新建的文件或已经存储过的文件，可以使用【Save As】（存储为）命令将文件另外存储为某种特定的格式。

（1）【Save Options】（存储选项）选项区：用于对各种要素进行存储前的取舍。

● 　【As a Copy】（作为副本）复选项

选择此复选项，可将所编辑的文件存储为文件的副本并且不影响原有的文件。

● 　【Alpha Channels】（Alpha 通道）复选项

当文件中存在 Alpha Channels 时，可以选择存储 Alpha Channels（选择此复选项）或不存储 Alpha Channels（撤选此复选项）。要查看图像是否存在 Alpha Channels，可执行【Window】（窗口）➤【Channels】（通道）命令，打开【Channels】（通道）调板，然后在其中查看即可。

● 　【Layers】（图层）复选项

当文件中存在多图层时，可以保持各图层独立进行存储（选择此复选项）或将所有图层合并为同一图层存储（撤选此复选项）。要查看图像是否存在多图层，可执行【Window】（窗口）➤【Layers】（图层）命令打开【Layers】（图层）调板，然后在其中查看即可。

● 　【Annotations】（注释）复选项

当文件中存在注释时，可以通过选择或撤选此复选项将其存储或忽略。

● 　【Spot Colors】（专色）复选项

当图像中存在专色通道时，可以通过选择或撤选此复选项将其存储或忽略。专色通道可以在【Channels】（通道）调板中查看。

（2）【Colors】（颜色）选项区：用于为存储的文件配置颜色信息。

（3）【Thumbnail】（缩览图）复选项：用于为存储文件创建缩览图，该选项为灰色表明系统自动地为其创建缩览图。

（4）【Use Lower Case Extension】（使用小写扩展名）复选项：选择此复选项，则用小写字母创建文件的扩展名。

方法 3

使用快捷键【Ctrl+S】。

3.2　查看图像

🎥 本节视频教学录像：16 分钟

在处理图像的时候，我们会频繁地在图像的整体和局部之间切换，通过对整体的把握和对局部的修改来达到最终的完美效果。Photoshop CS4 提供有一系列的图像查看命令用于完成这一系列的操作。

3.2.1　使用导航器查看

选择【Window】（窗口）➤【Navigator】（导航器）命令，可以实现对局部图像的查看。

在导航器缩略窗口中使用抓手工具可以改变图像的局部区域。

图像，单击放大图标  可以放大图像。也可以在左下角的位置直接输入缩放的数值。

单击导航器中的缩小图标 ⌃ 可以缩小

3.2.2 使用缩放工具查看

利用缩放工具可以实现对图像的缩放查看。使用缩放工具拖曳出想要放大的区域即可对局部区域进行放大。也可以利用快捷键来实现：【Ctrl++】以画布为中心放大图像；【Ctrl+－】以画布为中心缩小图像；【Ctrl+0】以满画布显示图像，即图像窗口充满整个工作区域。

3.2.3 使用抓手工具查看

当图像放大到窗口中只能够显示局部图像的时候，如果需要查看图像中的某一个部分可通过 3 种方法：使用抓手工具；在使用抓手工具以外的工具时，按住空格键的同时拖曳鼠标可以将所要显示的部分图像在图像窗口中显示出来；也可以拖曳水平滚动条和垂直滚动条来查看图像。下图所示为使用抓手工具查看部分图像。

3.2.4 画布旋转查看

单击可平稳地旋转画布，以便以所需的任意角度进行无损查看。

实例名称：无损旋转查看图像	
实例目的：使用旋转视图工具对图形进行任意角度旋转查看	
素材	素材\ch03\1-2.jpg
结果	无

① 单击【Edit】（编辑）▷【Preferences】（首选项）▷【Performance】（性能）命令，在弹出的【Preferences】（首选项）对话框中 "GPU settings" 选项区中勾选 "Enable OpenGL Drawing" 复选项，然后单击【OK】（确定）按钮。

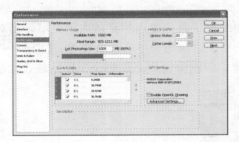

② 打开随书光盘中的 "素材\ch03\1-2.jpg" 文件。

③ 在标题栏上单击【Rotate View Tool】（旋转视图工具）按钮，然后在图像上单击即可出现旋转图标。

④ 移动鼠标即可实现图像的旋转。

⑤ 选择工具箱中的【Rectangular Marquee Tool】（矩形选框工具）按钮，在图像中拖拉绘制选区。可以看到绘制选区的角度与图像旋转的角度是一致的。

⑥ 双击工具箱中的【Rotate View Tool】（旋转视图工具）按钮则可返回到图像原来的状态。

3.2.5　更平滑的平移和缩放

　　使用更平滑的平移和缩放，顺畅地浏览到图像的任意区域。在缩放到单个像素时仍能保持清晰度，并且可以使用新的像素网格，轻松地在最高放大级别下进行编辑。

实例名称：更平滑的平移和缩放		
实例目的：熟练的选择图像及在放大图像的情况下更快捷的查看图像		
	素材	素材 \ch03\1-1.jpg 、 1-2.jpg 、1-3.jpg、1-4.jpg、1-5.jpg、1-6.jpg、1-7.jpg、1-8.jpg、1-9.jpg、1-10.jpg
	结果	无

①打开随书光盘中的 "素材\ch03\1-1.jpg、1-2.jpg、1-3.jpg、1-4.jpg、1-5.jpg、1-6.jpg、1-7.jpg、1-8.jpg、1-9.jpg、1-10.jpg" 文件。

②此时可以看到图像会自动的排列，单击图像标签可以在打开的素材文件中进行图像切换。还可以单击三角按钮 >> ，选择相应的文件名来选择查看素材文件。

③拖曳图像标签可更改图像的排类顺序。单击三角按钮 >> ，可看到图像的排列顺序已经发生了变化。

④单击【Zoom Tool】(缩放工具)按钮 🔍，对图像进行放大。当图像放大到一定程度时会出现网格。

> **注意**　在 Photoshop 以前的版本中，当图像放大到一定程度时，会出现马赛克。但在 Photoshop CS4 版本中，当图像放大到一定程度时，图像上会出现网格，每个网格表示每个像素的范围。

⑤缩放图像，对图像的局部进行查看。按【H】

键，可以切换到抓手工具随意拖动图像进行查看。

⑥ 但是由于图像过大不容易查看另一处的图像时，可以按住【H】键，然后在图像中单击，此时图像会变为全局图像且图像中会出现一个方框，移动方框到需要查看的位置。

⑦ 松开【H】键即可跳转到需要查看的区域。

3.2.6 多样式的排列文档

实例名称：多样式的排列文档		
实例目的：熟练地对文档进行多样式的排列		
	素材	素材 \ch03\1-1.jpg、1-2.jpg、1-3.jpg、1-4.jpg、1-5.jpg、1-6.jpg
	结果	无

在打开多个图像时，系统可以对图像进行多样性的排列。

① 打开随书光盘中的"素材\ch03\1-1.jpg、1-2.jpg、1-3.jpg、1-4.jpg、1-5.jpg、1-6.jpg"文件。

② 单击标题栏中的【Arrange Documents】（排列文档）按钮，在打开的菜单中选择【Tile All Vertically】（全部垂直拼贴）命令。图像的排列将发生明显的变化。

③ 切换为抓手工具，选择"1-6.jpg"文件，可拖曳进行查看。

④ 按住【Shift】键的同时，拖曳"1-6.jpg"文件，可以发现其他图像也跟着移动。

5 单击标题栏中的【Arrange Documents】（排列文档）按钮 ，选择【6 Up】（六联）命令。

用户可以根据需要选择排列的样式。

选择【Float All in Windows】（使所有内容在窗口中浮动）命令可将所有文件以浮动的样式进行排列。

选择【New Window】（新建窗口）命令，可将选择的文件复制为一个新的文件。

选择【Actual Pixels】（实际像素）命令，图像将以实际 100% 像素显示。

选择【Fit On Screen】（按屏幕大小缩放）命令，图像将根据屏幕的大小对图像进行缩放。

选择【Match Zoom】（匹配缩放）命令，图像将以当前选中的图像为基础对其他的图像进行缩放。

选择【Match Location】（匹配位置）命令，图像将以当前选中的图像为基础对其他的图像调整位置。

选择【Match Zoom and Location】（匹配缩放和位置）命令，图像将以当前选中的图像为基础对其他的图像进行缩放和调整位置。

3.3　使用辅助工具

📹 本节视频教学录像：9分钟

辅助工具的主要作用是辅助操作，可以利用辅助工具提高操作的精确程度和工作效率。在 Photoshop 中可以利用参考线、网格和标尺等工具来完成辅助操作。

3.3.1　使用标尺

利用标尺可以精确地定位图像中的某一点以及创建参考线。

选择【View】（视图）➤【Rulers】（标尺）命令或使用快捷键【Ctrl+R】后，标尺会出现在当前窗口的顶部和左侧。

标尺内的虚线可显示出当前鼠标移动时的位置。更改标尺原点，即左上角标尺上的

（0.0）标志，可以从图像上的特定点开始度量。在左上角按下鼠标左键，然后拖曳到特定的位置释放鼠标即可改变原点的位置。

要恢复原点的位置，只需在左上角处双击鼠标即可。

改变标尺的单位可以在标尺上单击鼠标右键弹出一列单位，然后选择相应的单位

标尺原点还决定网格的原点，网格的原点位置会随着标尺的原点位置的改变而改变。

默认情况下标尺的单位是厘米，如果要改变标尺的单位，可以在标尺上单击鼠标右键，弹出一列单位，然后选择相应的单位即可。

3.3.2 使用网格

网格对于对称地布置图像很有用。选择【View】（视图）➤【Show】（显示）➤【Grid】（网格）命令或按快捷键【Ctrl+'】，显示网格。网格在默认的情况下显示为不打印出来的线条，但也可以显示为点。使用网格可以查看和跟踪图像扭曲的情况。

下图所示为以直线方式显示的网格。

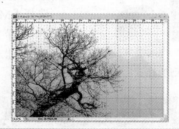

下图所示为以虚线方式显示的网格。

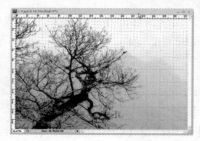

下图所示为以点方式显示的网格。

可以选择【Edit】（编辑）➤【Preferences】（首选项）➤【Guides，Grid & Slices】（参考线、网格、切片和计数）命令来设定网格的大小和颜色。也可以存储一幅图像中的网格，然后将其应用到其他的图像中。

选择【View】（视图）➤【Snap To】（对齐到）➤【Grid】（网格）命令，然后拖曳选区、选区边框和工具，如果拖曳的距离小于8 个屏幕（不是图像）像素，那么它们将与网格对齐。

3.3.3　使用参考线

参考线是浮在整个图像上但不打印出来的线条。可以移动或删除参考线，也可以锁定参考线，以免不小心移动了它。

选择【View】（视图）➤【Show】（显示）➤【Guides】（参考线）命令或按快捷键【Ctrl+;】即可显示参考线。

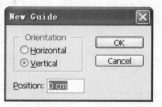

也可以将图像放大到最大程度，然后直接从标尺位置拖曳出参考线。

创建参考线的方法如下。

（1）从标尺处直接拖曳出参考线，按下【Shift】键并拖曳参考线可以使参考线与标尺对齐。

（2）如果要精确地创建参考线，可以选择【View】（视图）➤【New Guide】（新建参考线）命令打开【New Guide】（新建参考线）对话框，然后输入相应的【Horizontal】（水平）和【Vertical】（垂直）参考线数值，单击【OK】按钮即可。

删除参考线的方法如下。

（1）使用移动工具将参考线拖曳到标尺位置，可以一次删除一条参考线。

（2）选择【View】（视图）➤【Clear Guides】（清除参考线）命令可以一次将图像窗口中的所有参考线全部删除。

锁定参考线的方法如下。

为了避免在操作中移动参考线，可选择【View】（视图）➤【Lock Guides】（锁定参考线）命令将参考线锁定。

隐藏参考线的方法如下。

按【Ctrl+H】组合键可隐藏参考线。

3.4　调整图像尺寸

📹 本节视频教学录像：14 分钟

扫描或导入图像以后还需要调整其大小，以使图像满足实际操作的需要。

3.4.1　调整图像大小

在 Photoshop 中可以使用【Image Size】（图像大小）对话框来调整图像的像素大小、打印尺寸和分辨率。

选择【Image】（图像）➤【Image Size】（图像大小）命令打开【Image Size】（图像大小）对话框。

注意　在调整图像大小时，改变位图数据和矢量数据会产生不同的效果。位图数据与分辨率有关，因此更改位图图像的像素大小可能导致图像品质和锐化程度损失。相反，矢量数据与分辨率无关，调整其大小不会降低图像边缘的清晰度。

● 【Pixel Dimensions】（像素尺寸）设置区

在此输入【Width】（宽度）值和【Height】（高度）值。如果要输入当前尺寸的百分比值，应选取【percent】（百分比）作为度量单位。图像的新文件大小会出现在【Image Size】（图像大小）对话框的顶部，而旧文件大小则在括号内显示。

● 【Scale Styles】（缩放样式）复选项

如果图像带有应用了样式的图层，则可选择【Scale Styles】（缩放样式）复选项，在调整大小后的图像中，图层样式的效果也被缩放。只有选中了【Constrain Proportions】（约束比例）复选项，才能使用此复选项。

● 【Constrain Proportions】（约束比例）复选项

如果要保持当前的像素宽度和像素高度的比例，则应选择【Constrain Proportions】（约束比例）复选项。更改高度时，该选项

将自动更新宽度，反之亦然。

● 【Resample Image】（重定图像像素）复选项

在其后面的下拉列表框中包括【Nearest Neighbor】（邻近）、【Bilinear】（两次线性）和【Bicubic】（两次立方）3 个选项。

① 【Nearest Neighbor】（邻近）选项

选择此项，速度快但精度低。建议对包含未消除锯齿边缘的插图使用该方法，以保留硬边缘并产生较小的文件。但是，该方法可能导致锯齿状效果，在对图像进行扭曲或缩放或在某个选区上执行多次操作时，这种效果会变得非常明显。

② 【Bilinear】（两次线性）选项

对于中等品质方法可使用两次线性插值。

③ 【Bicubic】（两次立方）选项

选择此项，速度慢但精度高，可得到最平滑的色调层次。

3.4.2　调整画布大小

使用【Canvas Size】（画布大小）命令可添加或移去现有图像周围的工作区。该命令还可用于通过减小画布区域来裁切图像。在 Photoshop 中，所添加的画布有多个背景选项。如果图像的背景是透明的，那么添加的画布也是透明的。

选择【Image】（图像）➢【Canvas Size】（画布大小）命令，打开【Canvas Size】（画布大小）对话框。

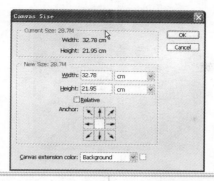

【Width】（宽度）和【Height】（高度）参数框

在【Width】（宽度）和【Height】（高度）参数框中输入想要的画布尺寸，在参数框后边的下拉列表中选择所需的度量单位。

【Relative】（相对）复选项

选中【Relative】（相对）复选项，然后在【Width】（宽度）和【Height】（高度）参数框内输入希望画布大小增加或减少的数值（输入负数将减小画布大小）。

【Anchor】（定位）设置项

单击某个方块可以指示现有图像在新画布上的位置。

【画布扩展颜色】下拉列表框

从【Canvas extension Color】（画布扩展颜色）下拉列表框中选取一个选项。

① 【Foreground】（前景）项：选中此项则用当前的前景颜色填充新画布。

② 【Background】（背景）项：选中此项则用当前的背景颜色填充新画布。

③ 【White】（白色）、【Black】（黑色）或【Gray】（灰色）项：选中这 3 项之一则用所选颜色填充新画布。

④ 【Other】（其他）：选中此项则使用拾色器选择新画布颜色。

实例名称：调整画布的大小	
实例目的：使用画布大小命令，调整画布的大小	
素材	素材\ch03\蛋壳. jpg
结果	结果\ch03\调整画布的大小. jpg

1 打开随书光盘中的"素材\ch03\蛋壳.jpg"文件。

2 选择【Image】（图像）➤【Canvas Size】（画布大小）命令，弹出【Canvas Size】（画布大小）对话框。

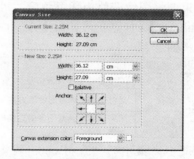

3 在弹出的【Canvas Size】（画布大小）对话框中进行设置，具体参数设置如下图所示。

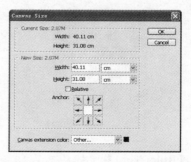

4 单击【OK】（确定）按钮后的图像效果如下图所示。

> **注意** 如果图像中不包含【Background】（背景）图层，那么【Canvas extension color】（画布扩展颜色）下拉列表框不可用。

3.4.3 调整图像方向

选择【Image】（图像）➤【Image Rotation】（图像旋转）命令中的子命令可以将图像旋转90°或者180°等。

```
180°
90°  CW
90°  CCW
Arbitrary...

Flip Canvas Horizontal
Flip Canvas Vertical
```

如果想将图像调整为任意角度，可以选择【Arbitrary】（任意角度）命令来完成，其操作步骤如下。

实例名称：	调整图像的方向
实例目的：	使用旋转画布命令，对图像进行调整
素材	素材\ch03\调整图像的方向.jpg
结果	结果\ch03\调整图像的方向的最终效果图.jpg

①打开随书光盘中的"素材\ch03\调整图像的方向.jpg"文件，如下图所示，图像在水平方向上略微倾斜，需要调整。

②使用【Ruler Tool】（标尺工具）在背景的底部拖曳出度量线。

③选择【Image】（图像）➤【Image Rotation】（图像旋转）➤【Arbitrary】（任意角度）命令，弹出【Rotate Canvas】（旋转画布）对话框，单击【OK】（确定）按钮。

❹ 最终的效果如下图所示。

3.5　职场演练

数码照片输出

现在数码相机越来越多地走进普通家庭，数码彩扩冲印店也多了起来，拥有数码相机的朋友们不再满足于在电脑上欣赏自己的精彩照片，而是渴望将数码照片输出为传统照片来保存和欣赏。为了得到自己满意的数码照片，我们需要在照片输出前对数码照片进行一些处理，因此需要了解输出的方法和使用的材料。

现在市场上数码照片输出主要有两种方法：一是打印，二是冲印。

数码照片打印输出，随心所欲，十分方便，还可以合理配置打印设备，节约费用。比如，购买大幅照片卷纸做打印纸，裁成 6 英寸，每张照片打印纸的成本不到 0.3 元。由于墨水成本也不高，每次打一张 6 英寸照片的成本合计约 0.5 元。这比数码冲印店每张 2 元左右的价格便宜多了。

打印的照片长时间暴露在空气中会褪色，不如冲印的照片保存的时间长久。

数码照片冲印，可以保证其专业品质。通常数码冲印店的冲印用纸有光纸和绒纸两种，光纸的色彩饱和度好，适合冲印风景照片；而绒纸对人物面部色彩能够起到柔化的作用，适合冲印人像照片。普通的打印机很难达到数码冲印的效果。所以对于对打印设备不是很精通的用户来说数码冲印是比较稳妥的选择。

选择照片冲印后，首先要确定数码照片的最佳冲印尺寸，数码照片的冲印效果和尺寸取决于图像文件的分辨率。也就是说数码照片的分辨率越高，压缩率越小，图像文件就越大，图像就越清晰，可冲印照片的尺寸也就越大。

3.6　本章小结

　　本章主要介绍了文件的基本操作、图像的查看、调整图像尺寸等，通过本章的学习，读者可以在 Photoshop CS4 中对文件进行一些简单而基本的操作了。

第 2 篇　功能篇

本篇的内容主要涉及 Photoshop CS4 的基本操作和选取功能。

对于处理图像而言，特别是在处理数码照片和广告图片时，经常需要使用不同的选取图像的方法。

通过本篇的学习，读者可以学到 Photoshop CS4 这个软件最实用也是最基本的内容。读者应能利用这个软件进行图像处理的设计工作。

第 4 章　图像的选取

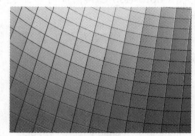

马问小龙："为什么要选取图像？"

小龙回答说："一般情况下要想在Photoshop中画图或者修改图像，首先要选取图像，然后就可以对被选取的区域进行操作。这样即使误操作了选区以外的内容也不会破坏图像，因为Photoshop不允许对选区以外的内容进行操作。灵活地使用多种选取工具可以创造出非常精确的选区，而运用选区对图像进行编辑可以变化出多种视觉效果。"

◈　使用选取工具

◈　如何调整选区

◈　其他选择方法

选取工具的运用操作效果如下图所示。

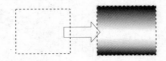

【Rectangular Marquee Tool】矩形选框工具

【Elliptical Marquee Tool】椭圆选框工具

【Magnetic Lasso Tool】磁性套索工具

1．选取图像的方法

在 Photoshop CS4 中，可以通过以下几种方法选取图像。

（1）通过不同的选取工具建立的选区来选取不同的图像。

【Rectangular Marquee Tool】矩形选框工具

【Elliptical Marquee Tool】椭圆选框工具

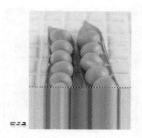

【Single Row Marquee Tool】单行选框工具

【Single Column Marquee Tool】单列选框工具

【Lasso Tool】套索工具

【Polygonal Lasso Tool】多边形套索工具

【Magnetic Lasso Tool】磁性套索工具

【Magic Wand Tool】魔棒工具

（2）在菜单栏上单击【Select】（选择）➤【Color Range】（色彩范围）命令或【Filter】（滤镜）➤【Extract】（抽出）命令选取图像，效果如下图所示。

【Color Range】色彩范围命令

【Extract】抽出命令

（3）将路径转换为选区也可以选取图像，效果如下图所示。

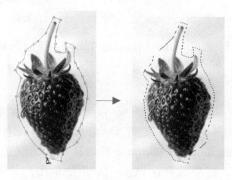

（4）使用蒙版创建选区，效果如下图所示。

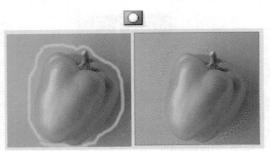

（5）使用通道创建存储选区，效果如下图所示。

注意　请务必牢记工具的形状和名称，本书以后将沿用这些名称。

2．修改选区的几种方法

对一部分图像进行选择后，可能还需要对选区进行修改，以使之更精确。Photoshop CS4同样提供有这样的功能。本章 4.2 节介绍了 11 种调整选区的命令，综合使用这些与选区修改相关的工具是进行位图操作的必备技能。

4.1　使用选取工具

本节视频教学录像：39 分钟

本节介绍工具箱中常用的选取工具的使用方法。

4.1.1　【Rectangular Marquee Tool】（矩形选框工具）

【矩形选框工具】在 Photoshop CS4 中是比较常用的工具，仅限于选择矩形区域，不能选取其他形状。

1．【Rectangular Marquee Tool】（矩形选框工具）的基本操作

（1）创建选区

方法一：打开随书光盘中的"素材\ch04\4-8.jpg"文件，选择工具箱中的【Rectangular Marquee Tool】（矩形选框工具），在要选择区域的左上角处单击，并拖动鼠标到要选择区域的右下角，松开鼠标即可创建矩形选区。

在左上角单击

方法二：选择工具箱中的【Rectangular

Marquee Tool】（矩形选框工具）[ ]，按住
【Alt】键，在要选择区域的中心位置处单击，
并拖动鼠标到要选择区域的右下角，松开鼠
标即可创建矩形选区。

在中心位置单击

（2）移动选区

❶使用【Rectangular Marquee Tool】（矩形选
框工具）选择图形区域。

❷将鼠标指针放到选区上，按住【Ctrl】键，
此时鼠标指针变成 ▶_⊕ 形状，单击并拖动鼠
标即可移动选区。

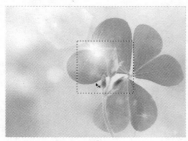

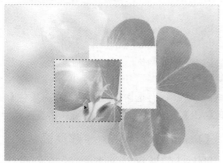

（3）复制选区

❶使用【Rectangular Marquee Tool】（矩形选
框工具）选择图形区域。

❷将鼠标指针放到选区上，按住【Ctrl+Alt】
组合键，此时鼠标指针变成 ▶ 形状，单击

并拖动鼠标即可复制选区。

小技巧　　在创建选区的过程中，按住【Shift】键
同时拖动鼠标，可创建正方形选区（要先松开鼠标
左键再松开【Shift】键）；同时按住【Shift】键和
【Alt】键并拖动鼠标，则以第一点为中心创建正方
形选区。

2.【Rectangular Marquee Tool】（矩形选框工具）参数设置

在使用【Rectangular Marquee Tool】（矩
形选框工具）时，可对【选区的加减】、
【Feather】（羽化）、【Style】（样式）和【Refine
Edge】（调整边缘）进行设置，矩形选框工具
的选项栏如下图所示。

● 选区的加减

❶打开随书光盘中的"素材\ch04\4-8.jpg"文
件，在工具箱中选择矩形选框工具，并在
选项栏上单击"新选区"按钮 ▣。

❷如果需要在现有选区中添加选区，可在选项栏中单击【Add to selection】（添加到选区）按钮，添加选区。

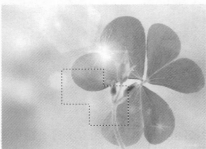

提示　在已有选区的基础上，按住【Shift】键，在图像中绘制可添加选区。

❸如果需要在现有选区中减去选区，可在选项栏中单击【Subtract from selection】（从选区减去）按钮，减去选区。

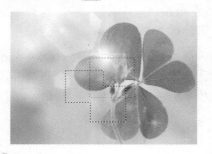

提示　在已有选区的基础上，按住【Alt】键，在图像中绘制可减去选区。

❹如果需要选择与原有选区交叉的区域，可在选项栏中单击【Intersect with selection】"与选区交叉"按钮，获得交叉选区。

提示　在已有选区的基础上，同时按住【Shift】键和【Alt】键，在图像中绘制可获得交叉选区。

●【Feather】（羽化）参数设置

羽化是使选区内外衔接的部分虚化，起到渐变的作用，从而达到自然衔接的效果。羽化值越大，虚化范围越宽，羽化值越小，虚化范围越窄。

❶打开随书光盘中的"素材\ch04\4-8.jpg"文件，在工具箱中选择【Rectangular Marquee Tool】

（矩形选框工具）［⃝］，在图像中绘制选区。此时的【Feather】（羽化）为 0px。然后按【Delete】键可看到删除的边缘比较生硬。

❷在选项栏中设置【Feather】（羽化）为 20px。然后在图像中绘制选区并按【Delete】键删除选区内的图像。可看到图像的边缘发生了变化。

● 【Style】（样式）参数设置

【正常】状态下可以随意框选矩形。

选择【Fixed Ratio】（固定比例）选项应设置【Width】（高度）和【Height】（宽度）的比例，即输入长宽比的值。

选择【Fixed Size】（固定大小）选项应指定选框的【Width】（宽度）和【Height】（高度）值，即输入整数像素值。

小技巧　创建 1 英寸选区所需的像素数取决于图像的分辨率。

● 【Refine Edge】（调整边缘）参数设置

　　建立好矩形选区后，单击 `Refine Edge...`（调整边缘）按钮打开【Refine Edge】（调整边缘）对话框，可以对选框进行调整，可以调整【Radius】（半径）、【Contrast】（对比度）、【Smooth】（平滑）、【Feather】（羽化）和【Contract/Expand】（收缩/扩展）参数，在对话框的下方有参数调整后的效果示例。

　　本实例使用【Rectangular Marquee Tool】（矩形选框工具）多次复制来创建一幅花卉图案。

实例名称：选框复制	
实例目的：学会使用【矩形选框工具】选择和复制选区	
素材	素材\ch04\4-3.jpg
结果	结果\ch04\选框复制.jpg

① 选择【File】（文件）➤【Open】（打开）命令或者在工作区中的空白区域双击，打开【Open】（打开）对话框。从中选择"素材\ch04\4-3.jpg"文件，然后单击【Open】（打开）按钮打开素材图像。

选取需要使用的素材文件

② 在工具箱中选择【Rectangular Marquee Tool】（矩形选框工具），并设置工具参数。

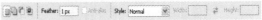

③ 在打开的素材图像上按住鼠标左键拖曳出一个矩形选区。

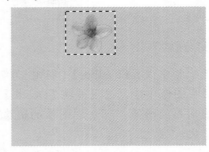

④ 将鼠标指针置于选区中，按住【Ctrl】键，鼠标指针会由＋变成形状。然后按住鼠标左键拖移选区可以剪切图像，如下图所示。但是一般不对图像进行剪切，这里仅仅是一个测试，不要这么做。如果已经做了，则可按【Ctrl＋Z】组合键取消剪切。

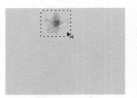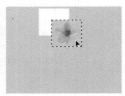

⑤ 正确的操作是同时按住【Ctrl】键和【Alt】键，鼠标指针会变成形状，然后按住鼠标左键复制图像并且拖移到画面的下方，

如下图所示。

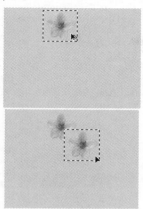

⑥ 拖移复制的图像到理想的位置之后，选择
【Select】（选择）➢【Deselect】（取消选择）
命令。

⑦ 这样应用矩形选框工具多次复制就完成了
一幅作品。通过此实例可以了解 Photoshop
的基本工作原理，即只能对所选择的区域
进行操作处理。

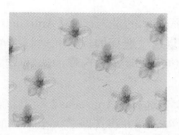

⑧ 选择【File】（文件）➢【Save As】（存储为）
命令。

⑨ 随即会打开【Save As】（存储为）对话框。
在【保存在】下拉列表框中选择文件存放
的具体位置，在【文件名】输入框中把制
作完成的作品命名为"选框复制"，在
【Format】（格式）下拉列表框中选择
【JPEG】格式，然后单击【保存】按钮即
可保存作品。

4.1.2　【Elliptical Marquee Tool】（椭圆选框工具）

【Elliptical Marquee Tool】（椭圆选框工具）用于选取圆形的图像，只能选取圆或者椭圆。

【Elliptical Marquee Tool】（椭圆选框工

具）与【Rectangular Marquee Tool】（矩形选
框工具）的参数设置基本一致。这里主要介
绍它们之间的不同之处。

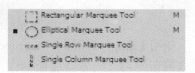

下面演示的是未选择【Anti-alias】(消除锯齿)复选项选择的选区和选择【Anti-alias】(消除锯齿)复选项选择的选区边缘部分的区别。

(1) 未选择【Anti-alias】(消除锯齿)复选项 □ Anti-alias，并将选区放大至原图的 8 倍后的边缘如下图所示，可以看到边缘有明显的锯齿。

> 提示　在系统默认的状态下，【Anti-alias】(消除锯齿)项自动处于开启状态。另外，出现锯齿也不一定是坏事，例如现在流行的像素艺术要的就是锯齿效果。

(2) 选择【Anti-alias】(消除锯齿)复选项 ☑ Anti-alias，并将选区放大至原图的 8 倍后的边缘如下图所示，可以看到边缘通过渐变柔化了。

4.1.3 【Single Row Marquee Tool/ Single Column Marquee Tool】(单行选框工具/单列选框工具)

【Single Row Marquee Tool】(单行选框工具)和【Single Column Marquee Tool】(单列选框工具)主要用于选择单行像素或单列像素。

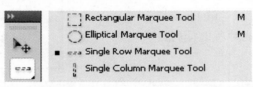

使用【Single Row Marquee Tool】(单行选框工具)可以选择单行像素，为了更清楚地看到所选择的像素的色彩，可以按住【Alt+Ctrl+↓】组合键将选择的图像拉伸，效果如下图所示。

使用【Single Column Marquee Tool】(单列选框工具)可以选择单列像素，为了更清楚地看到所选择的像素的色彩，可以按

住【Alt+Ctrl+ →】组合键将选择的图像拉伸，效果如右图所示。

4.1.4　【Lasso Tool】（套索工具）

应用【Lasso Tool】（套索工具）可以方便随意地手绘选择区域。

● 【Lasso Tool】（套索工具）的基本操作

选择【Lasso Tool】（套索工具），单击图像上的一点作为始点，按住鼠标左键拖曳出需要选择的区域，到达合适的位置后释放鼠标左键，选区将自动闭合。

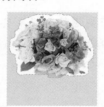

● 【Lasso Tool】（套索工具）的使用技巧

在使用【Lasso Tool】（套索工具）创建选区时，如果释放鼠标左键后，起点和终点没有重合，Photoshop 会在它们之间创建一条直线来连接选区。

在使用【Lasso Tool】（套索工具）创建选区时，按住【Alt】键然后释放鼠标左键，此时可切换为多边形套索工具，移动鼠标至其他区域单击可绘制直线，释放【Alt】键可恢复为套索工具。

4.1.5　【Polygonal Lasso Tool】（多边形套索工具）

可绘制选框的直线边框，适合选择多边形选区。

选择【Polygonal Lasso Tool】（多边形套

索工具），单击图像上的一点作为始点，选择好直线的另一点，然后按下鼠标左键确定这一点，再重复选择其他的直线点，最后汇合到始点或者双击鼠标就可以自动闭合选区。

4.1.6 【Magnetic Lasso Tool】（磁性套索工具）

可以智能地自动选取，特别适用于快速选择与背景对比强烈而且边缘复杂的对象。

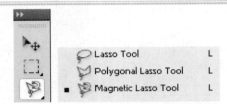

1.【Magnetic Lasso Tool】（磁性套索工具）的基本操作

① 选择【Magnetic Lasso Tool】（磁性套索工具），在图像上单击以确定第一个紧固点。如果想取消使用【Magnetic Lasso Tool】（磁性套索工具），可按【Esc】键返回。

② 将鼠标指针沿着要选择的图像的边缘慢慢地移动，紧固点会自动吸附到色彩差异的边沿。

③ 需要选择的图像如果与边缘的其他色彩接近，自动吸附会出现偏差，这时可单击鼠标以手动添加一个紧固点。如果要抹除刚

绘制的线段和紧固点，则可按【Delete】键，连续按【Delete】键可以倒序依次删除紧固点。

④ 若要临时切换至其他的套索工具，可以启动套索工具，然后按住【Alt】键并拖动鼠标进行拖移即可。

⑤ 拖移鼠标使线条至起点，鼠标指针会变为 形状，然后单击则可闭合选框。假如线条还未至起点而要闭合选框，那么双击鼠标或按【Enter】键即可。若要用直线段闭合边框，则可按住【Alt】键并双击鼠标。

2. 【Magnetic Lasso Tool】（磁性套索工具）基本参数设置

　　【Magnetic Lasso Tool】（磁性套索工具）的前几个参数与【Rectangular Marquee Tool】（矩形选框工具）的参数基本相似。下面主要介绍【Magnetic Lasso Tool】（磁性套索工具）特有的参数的设置。

● 【Width】（宽度）

　　检测从指针开始指定距离以内的边缘。若要更改套索光标以指定套索宽度，首先应选中套索工具，在键盘上按【Caps Lock】键，套索光标即可更改为圆状，然后在图像中单击鼠标。下图所示为【Magnetic Lasso Tool】（磁性套索工具）的宽度设置效果。

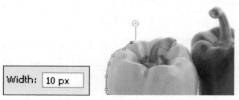

● 【Contrast】（边对比度）

　　要指定使用套索工具时线条吸附图像边缘的灵敏度，可在 Contrast（边对比度）文本框中输入 1%~100%之间的值。下图所示为【Contrast】（边对比度）设置为 100%时的效果。

　　较高的数值检测要选择的图像与其周围的颜色对比鲜明的边缘。下图所示为【Contrast】边对比度）设置为 90%时的效果。

　　较低的数值则检测要选择的图像与其周围的颜色对比不鲜明的边缘。下图所示为【Contrast】（边对比度）设置为 1%时的效果。

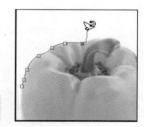

　　小技巧　在边缘精确定义的图像上，可以使用更大的【Width】（宽度）和更高的【Contrast】（边对比度），然后大致地跟踪边缘。在边缘较柔和的图像上，可尝试使用较小的【Width】（宽度）和较低的【Contrast】（边对比度），然后更精确地跟踪边缘。

● 【Frequency】（频率）

若要指定套索以什么频度设置紧固点，可在【Frequency】（频率）文本框中输入 0 到 100 之间的数值。使用较高的数值可以使选择的区域更细腻，但编辑起来会很费时间。

● 光笔压力

如果使用的是光笔绘图板，可以选择或不选择光笔压力选项。若选择该选项，则会增大光笔压力而使边缘宽度减小。

4.1.7　【Magic Wand Tool】（魔棒工具）

可以自动地选择颜色一致的区域，不必跟踪其轮廓，特别适用于选择颜色相近的区域。

> **注意**　不能在位图模式的图像中使用【Magic Wand Tool】（魔棒工具）。

1.【Magic Wand Tool】（魔棒工具）的基本操作

选择【Magic Wand Tool】（魔棒工具），在图像中单击想要选取的颜色，即可选取相近颜色的区域。

2.【Magic Wand Tool】（魔棒工具）基本参数

【Magic Wand Tool】（魔棒工具）的基本参数如下图所示。

● 选区的加减

请参考【Rectangular Marquee Tool】（矩形选框工具）参数设置。

● 【Tolerance】（容差）

利用【Tolerance】（容差）文本框可以设置色彩范围，输入值的范围为 0～255，单位为像素。输入较大的值可以选择更宽的色彩范围。

① 打开随书光盘中的"素材\ch04\4-9.jpg"文件，在选项栏中设置容差为 10，然后使用【Magic Wand Tool】（魔棒工具）在图像中单击，效果如下图所示。

删除选区内图
像后的效果

❷将图像恢复到原始状态，设置容差为 50，然后使用【Magic Wand Tool】（魔棒工具）在图像中单击，效果如下图所示。

删除选区内图
像后的效果

● 【Anti-alias】（消除锯齿）

若要使所选图像的边缘平滑，可选择【Anti-alias】（消除锯齿）复选项，具体参数设置可参照椭圆选框工具的参数设置。

● 【Contiguous】（连续）

【Contiguous】（连续）复选项用于选择相邻的区域。选择【Contiguous】（连续）复选项只能选择具有相同颜色的相邻区域。不选择【Contiguous】（连续）复选项，则可使具有相同颜色的所有区域图像都被选中。

● 【Sample All Layers】（对所有图层取样）

要使用所有可见图层中的数据选择颜色，则可选择【Sample All Layers】（对所有图层取样）复选项 ；否则，魔棒工具将只能从当前图层中选择图像。

如果图片不止一个图层，则可选择【Sample All Layers】（对所有图层取样）复选项 ☑ Sample All Layers 。

❶打开随书光盘中的"素材\ch04\4-9.jpg"文件，新建一个图层，并在新建的图层中绘制一个圆，从背景图层中吸取颜色对圆进行填充。

❷选择"圆"所在的图层，使用【Magic Wand Tool】（魔棒工具）单击选择图像。选择后的效果如下图所示。

❸按【Ctrl+D】组合键取消选区，选择【Sample All Layers】（对所有图层取样）复选项，然后在"圆"上单击。则对所有的图层选取具有相同颜色的相邻区域。选择后的效果如下图所示。

> **注意** 黑白格代表透明区域。若不选择【Sample All Layers】（对所有图层取样）复选项，然后单击此处选择的只是图层 1 中的透明区域。

4.1.8 【Quick Selection Tool】（快速选择工具）

有了【Quick Selection Tool】（快速选择工具）就可以更加方便快捷地进行选取操作了。

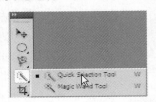

【Quick Selection Tool】（快速选择工具）的基本操作如下。

① 打开随书光盘中的"素材\ch04\柠檬.jpg"文件，选择【Quick Selection Tool】（快速选择工具） ，单击工具控制面板中【Brush】（画笔）右边的下三角符号，在弹出的菜单中设置合适的画笔大小。

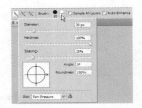

② 在图像中单击想要选取的颜色即可选取相近颜色的区域。

③ 如果需要继续选取，单击工具控制面板中的 按钮，继续单击或者双击进行选取。

4.2 如何调整选区

📹 本节视频教学录像：20 分钟

建立选区之后，还需要对选区进行修改。可以通过添加或删除像素（使用【Delete】键）或者改变选区范围的方法修改选区。在【Select】（选择）菜单中包含有调整选区的命令。

本节介绍在【Select】（选择）菜单下的 11 个调整选区的命令。

4.2.1　【All】（全选）和【Deselect】（取消选择）命令

执行【All】（全选）命令可以选择当前图层上的图像的全部。

执行【Deselect】（取消选择）命令可以取消对当前图层上的图像的选择。

4.2.2　【Reselect】（重新选择）和【Inverse】（反向）命令

执行【Select】（选择）➢【Reselect】（重新选择）命令可以重新选择已取消的选区。

选择【Select】（选择）➢【Inverse】（反向）命令，可以选择图像中除选中区域以外的所有区域。

小技巧　　如果需要选择纯色背景中的图像，可以先使用魔棒工具选择背景，然后反选选区即可选中图像。

注意　　使用【Magic Wand Tool】（魔棒工具）时，在选项栏中要选择【Contiguous】（连续）复选项。

4.2.3 【Modify】（修改）命令

使用【Select】（选择）➢【Modify】（修改）命令可以对当前选区进行修改，增加或减少现有选区的范围。

```
Border...
Smooth...
Expand...
Contract...
Feather...    Shift+F6
```

● 【Border】（边界）命令

使用【Border】（边界）命令可以使当前选区的边缘产生一个相框。

实例名称：制作边界相框		
实例目的：能够更好的灵活运用边界命令		
	素材	素材\ch04\4-1.jpg
	结果	结果\ch04\边界相框

① 打开随书光盘中的"素材\ch04\4-1.jpg"文件。应用【Rectangular Marquee Tool】（矩形选框工具）在图像中建立一个矩形边框选区。

② 选择【Select】（选择）➢【Modify】（修改）➢【Border】（边界）命令，弹出【Border Selection】（边界选区）对话框。在【Width】（宽度）文本框中输入"40"像素，然后单击【OK】（确定）按钮。

③ 选择【Edit】（编辑）➢【Clear】（清除）命令（或按【Delete】键），再按【Ctrl+D】组合键取消选择，即可制作出一个选区相框。

● 【Smooth】（平滑）命令

使用【Smooth】（平滑）命令可以使尖锐的边缘变得平滑，从而制作一个五角形边框。

实例名称：制作五角形相框		
实例目的：能够更好的运用平滑命令		
	素材	素材\ch04\4-2.jpg
	结果	结果\ch04\五角形相框

① 打开随书光盘中的"素材\ch04\4-2.jpg"文件，然后使用【Polygonal Lasso Tool】（多边形套索工具）在图中建立一个多边形选区。

② 选择【Select】（选择）▷【Modify】（修改）▷【Smooth】（平滑）命令，弹出【Smooth Selection】（平滑选区）对话框。在【Sample Radius】（取样半径）文本框中输入"50"像素，然后单击【OK】（确定）按钮，即可看到图像的边缘变得平滑了。

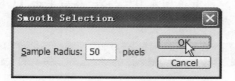

③ 按【Ctrl+Shift+D】组合键反选选区，按【Delete】键删除选区内的图像。然后按【Ctrl+D】组合键取消选区。此时，一个五角形的相框就制作好了。

● 　【Expand】（扩展）命令

使用【Expand】（扩展）命令可以对已有的选区进行扩展。

① 打开随书光盘中的 "素材\ch04\4-2.jpg" 文件，然后使用【Polygonal Lasso Tool】（多边形套索工具）在图中建立一个多边形选区。

② 选择【Select】（选择）▷【Modify】（修改）▷【Expand】（扩展）命令，弹出【Expand Selection】（扩展选区）对话框。在【Expand By】（扩展量）文本框中输入"10"像素，然后单击【OK】（确定）按钮，即可看到图像的边缘得到了扩展。

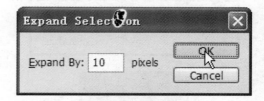

● 　【Contract】（收缩）命令

使用【Contract】（收缩）命令可以使选区收缩。

① 打开随书光盘中的 "素材\ch04\4-1.jpg"

文件，应用【Elliptical Marquee Tool】（椭圆选框工具）在图像中建立一个椭圆形选区。

2 选择【Select】（选择）➤【Modify】（修改）➤【Contract】（收缩）命令，弹出【Contract Selection】（收缩选区）对话框。在【Contract By】（收缩量）文本框中输入"10"像素，然后单击【OK】（确定）按钮，即可看到图像边缘得到了收缩。

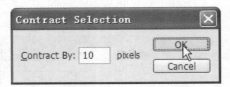

> **注意** 物理距离和像素距离之间的关系取决于图像的分辨率。例如 72 点/英寸图像中的 5 像素距离就比在 300 点/英寸图像中的长。

● 【Feather】（羽化）命令

选择【Feather】（羽化）命令，可以通过羽化使硬边缘变得平滑。

1 打开随书光盘中的"素材\ch04\4-10.jpg"文件，使用【Elliptical Marquee Tool】（椭圆选框工具）在图像中建立一个椭圆形选区。

2 选择【Select】（选择）➤【Modify】（修改）➤【Feather】（羽化）命令，弹出【Feather Selection】（羽化选区）对话框。在【Feather Radius】（羽化半径）文本框中输入数值"5"，其范围是 0 ~ 255，然后单击【OK】（确定）按钮。

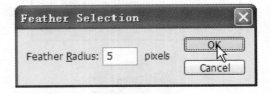

3 执行【Select】（选择）➤【Inverse】（反选）命令进行反选，之后选择【Edit】（编辑）➤【Clear】（清除）命令清除反选的区域。下图所示是在不同的 Feather Radius（羽化半径）下图像显示的不同效果。

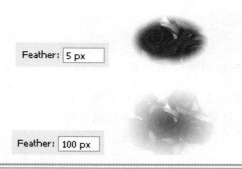

Feather: 5 px

Feather: 100 px

注意　如果选区小而【Feather Radius】（羽化半径）数值过大，小选区则可能变得非常模糊，以至于看不到其显示，因此不可选。系统会出现"任何像素都不大于 50%选择"的提示，此时应减小【Feather Radius】（羽化半径）数值或增大选区大小，或者单击【OK】（确定）按钮，接受蒙版当前的设置并创建看不到边缘的选区。

4.2.4　【Grow】（扩大选取）命令

使用【Grow】（扩大选取）命令可以选择所有的和现有选区颜色相同或相近的相邻像素。

❶打开随书光盘中的"素材\ch04\4-11.jpg"文件，选择【Rectangular Marquee Tool】(矩形选框工具)，在图中黄色区域用鼠标拖移出一小块矩形选框。

❷选择【Select】(选择)➢【Grow】(扩大选取) 命令，即可看到与矩形选框内颜色相近的相邻像素都被选中了。

❸可以多次执行此命令，直至到达选择了合适的范围为止。

4.2.5　【Similar】（选取相似）命令

使用【Similar】（选取相似）命令可以选择整个图像中与现有选区颜色相邻或相近的所有像素，而不只是相邻的像素。

仍然使用上面的图形，选择【Select】（选择）➢【Similar】（选取相似）命令，这样包含于整个图像中的与当前选区颜色相邻或相近的所有像素就都被选中。

4.2.6 【Transform Selection】（变换选区）命令

使用【Transform Selection】（变换选区）命令可以对选区的范围进行变换。

❶使用【Rectangular Marquee Tool】（矩形选框工具）创建一个矩形选区。

❷选择【Select】（选择）➤【Transform Selection】（变换选区）命令，或者在选区内单击鼠标右键，然后从弹出的快捷菜单中选择【Transform Selection】（变换选区）命令，此时矩形选框四周出现可调节的小方块。

❸在选区上单击鼠标右键，弹出如下菜单。选择相应菜单，再拖动边框的小方块，即可改变选框的形状。

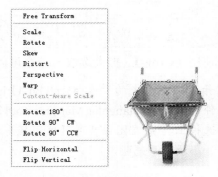

❹按【Enter】键完成对选区的变换。

4.2.7 【Save Selection】（存储选区）命令

使用【Save Selection】（存储选区）命令可以将制作好的选区存储到 Alpha 通道中，以方便下一次的操作。

❶打开随书光盘中的"素材\ch04\4-6.jpg"文件，创建并变换选区如下图所示。

❷选择【Select】（选择）➤【Save Selection】（存储选区）命令，打开【Save Selection】

（存储选区）对话框。在【Name】（名称）文本框中输入"存储"，然后单击【OK】（确定）按钮。

❸此时在【Channels】（通道）面板中就可以

看到新建立的一个名为"存储"的通道。

❹ 如果在【Save Selection】（存储选区）对话框中的【Document】（文档）和【Channel】（通道）下拉列表框中选择【New】（新建）选项，那么就会出现一个新建的【存储】通道的文件。

4.2.8　【Load Selection】（载入选区）命令

存储好选区以后，就可以根据需要随时地载入保存好的选区。

❶ 选择【Select】（选择）➢【Load Selection】（载入选区）命令，打开【Load Selection】（载入选区）对话框。

❷ 在【Channel】（通道）下拉列表框中选择存储好的通道的名称——"存储"，单击【OK】（确定）按钮即可。如果想选择相反的选区，则可选择【Invert】（反相）复选项。

4.2.9　移动选区

❶ 使用选取工具在图像中选择新选区。

❷ 将鼠标指针放在选区内，鼠标指针会变为 ▶┄ 形状，单击并拖动鼠标即可移动选区。移动的过程中鼠标指针会变为 ▶ 形状。

❸ 拖移选区边框可选择图像的不同区域。也可以将选区边框拖移到画布边界之外，然后再拖移回图像中。

④还可以将选区边框拖移到另一个图像窗口中。

4.3　其他选择方法

本节视频教学录像：28 分钟

本节介绍图像选取的其他方法。

4.3.1　【Color Range】（色彩范围）命令

使用【Color Range】（色彩范围）命令可以对图像中的现有选区或整个图像内需要的颜色或颜色子集进行选择。

1.【Color Range】（色彩范围）命令的基本操作

实例名称：选取图像		
实例目的：灵活运用【色彩调整】命令选取图像		
	素材	素材\ch04\菊花.jpg
	结果	结果\ch04\色彩范围选取图像

①打开随书光盘中的 "素材\ch04\菊花.jpg" 文件，然后选择【Select】（选择）➢【Color Range】（色彩范围）命令。

②弹出【Color Range】（色彩范围）对话框，从中选择【Image】（图像）或【Selection】（选择范围）单选项，再用鼠标单击图像或预览区选取想要的颜色，然后单击 OK 按钮即可。如果想要退出选择，则可单击 Cancel （取消）按钮

③这样在图像中就建立了与选择的色彩相近的图像选区。

❹选择【Image】（图像）➤【Adjustments】（调整）➤【Hue/Saturation】（色相/饱和度）命令，这样就可以改变菊花的颜色了。

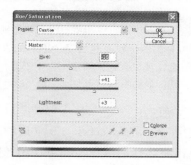

2.【Color Range】（色彩范围）命令的基本参数

⚫ 【Selection】（选择范围）/【Image】（图像）

这里介绍【Color Range】（色彩范围）对话框中的【Selection】（选择范围）单选项和【Image】（图像）单选项，了解【Color Range】（色彩范围）命令的灰度图像与色彩图像。选择【Image】（图像）单选项，对话框显示的是正常的图像。

选择【Selection】（选择范围）单选项，图像就会呈黑白显示。透白的部分为选择的区域，越白的部分所含的色素越饱和，越黑的部分所含的色素越稀少。

下图是选择到的色彩区域，实际上是一个有着不同的透明度的色彩分布区域。

为了帮助读者加深理解，这里将底色加上了黑色。

⚫ 【Select】（选择）下拉列表框

【Color Range】（色彩范围）对话框中的【Select】（选择）下拉列表框中有 11 种选项，其中 📏 Sampled Colors （取样颜色）工具将在后面的内容中讲解，这里仅介绍其他选项的作用。例如选取【Reds】（红色）选项，那么整个图像中含有红色的区域将被选中，其他选项同理。【Color Range】（色彩范围）对话框中的【Select】（选择）下拉列表框中的选项设置如下图所示。

含红色区域的部分如下图所示。

Reds

含黄色区域的部分如下图所示。

 Yellows

含绿色区域的部分如下图所示。

 Greens

含青色区域的部分如下图所示。

 Cyans

含蓝色区域的部分如下图所示。

 Blues

含洋红色区域的部分如下图所示。

 Magentas

图像的亮部色彩如下图所示。

 Highlights

图像的中间色彩如下图所示。

 Midtones

图像的暗部色彩如下图所示。

 Shadows

图像的溢色部分如下图所示。

Out Of Gamut

注意　在图中，青色和蓝色没有选择到明显的区域，可见图像中没有包含完全饱和的青色和蓝色。此时会出现"任何像素都不大于 50% 选择"的信息，选区的边框则不可见。

● 🖋 Sampled Colors （取样颜色）工具

使用 🖋 Sampled Colors （取样颜色）工具单击要选择的颜色，即可在图像中选取含有此种颜色的区域。

【取样颜色】工具有 3 种：🖋 重新选取颜色、🖋 增加选取的颜色（若要添加颜色，可选择加色吸管工具并在预览或图像区域中选择颜色）、🖋 减少选取的颜色。

● 【Locali zed Color Clusters】（本地化颜色簇）

如果已选定【Locali zed Color Clusters】（本地化颜色簇），则使用【Fuzziness】（范围）滑块以控制要包含在蒙版中的颜色与取样点的最大和最小距离。

【Fuzziness】（颜色容差）值：使用【Fuzziness】（颜色容差）滑块或输入 0~200 之间的数值，可以调整颜色范围。若要减小选中的颜色范围，则应减小输入值。应用【Fuzziness】（颜色容差）选项可以部分地选择图像。它是通过输入值控制颜色包含在选区中的程度而达到某一效果的。

● 【Selection Preview】（选区预览）下拉列表框

使用【Selection Preview】（选区预览）

功能可以预览图像的效果，有助于在图像选择的过程中没有达到理想的效果时，可以及时修正。【Selection Preview】（选区预览）下拉列表框中的【None】（无）选项表示没有预览。使用【Selection Preview】（选区预览）选项可以预览图像的效果。

Selection Preview: Grayscale：按选区在灰度通道中的外观显示选区。

Selection Preview: Black Matte：在黑色背景上用彩色显示选区。

Selection Preview: White Matte：在白色背景上用彩色显示选区。

Selection Preview: Quick Mask：使用当前的快速蒙版设置显示选区。

● 【Invert】（反相）复选项

选择【Invert】（反相）复选项可以把已经选好的范围反转。

● 【Lode/Save】（载入/存储）按钮

单击 Save... 【存储】按钮可以对当前的设置进行存储，可以将其存储为一个 *.AXT 文件。

单击 Load... 【载入】按钮打开【Load】（载入）对话框，打开 *.AXT 文件，可以重新使用设置。

4.3.2　【Extract】（抽出）命令

使用此命令可以对图像中的当前选区或整个图像内需要的颜色或颜色子集进行选择。

Filter　Analysis　3D　View　Window

Last Filter　　　　　　　　Ctrl+F

Convert for Smart Filters

Extract...
Filter Gallery...
Liquify...　　　　　　　Shift+Ctrl+X

提示　在安装 Photoshop CS4 后，在滤镜菜单中不能找到抽出命令。需要用户从 Adobe 官方网站下载一个 "Photoshop CS4 Content" 文件，复制其安装目录中的 "可选增效工具\增效工具\Filters" 文件中的 "ExtractPlus.8BF" 文件，然后将 "ExtractPlus.8BF" 放到安装目录中的 "Adobe Photoshop CS4\Plug-ins\Filters" 文件夹中，即可在滤镜菜单中找到抽出命令。

1.【Extract】（抽出）命令的基本操作

【Extract】（抽出）对话框为隔离前景对象并抹除它在图层上的背景提供了一种高级操作方法。即使对象的边缘细微、复杂或无法确定，也无需太多的操作就可以将其从背景中剪切。使用【Extract】（抽出）对话框中的工具可指定要抽出图像的部分。

2.【Extract】（抽出）命令的基本参数

选择【Filter】（滤镜）➤【Extract】（抽出）命令，弹出【Extract】（抽出）对话框。在该对话框的右侧可以指定【Tool Options】（工具选项）。在【Brush Size】（画笔大小）文本框中输入一个数值或拖动滑块以改变其大小，指定边缘高光器、橡皮擦、清除和边缘修饰工具的宽度；在【Highlight】（高光）列表框中选择颜色，可以设置选择对象周围的高光选取预设颜色；在【Fill】（填充）列表框中选择颜色，可以指定需填充区域的自定颜色。如果选择的是需要高光精确定义的边缘，则可选择【Smart Highlighting】（智能高光显示）复选项。

选择【边缘高光器工具】 ，绘制需要抽出的图像的闭合区域选框。

选择【填充工具】 对想要抽出的图像区域进行填充。

在绘制的过程中单击【Preview】（预览）按钮可以对效果进行预览。选择【Display】（效果）下拉列表框中的几个选项可以看到不同的预览效果。

选择【White Matte】（白色杂边）选项的预览效果如下图所示，其中有些地方不太精确，还需要修改。

在【Preview】（预览）选项栏中有一个【Show】（显示）下拉列表框中选择【Original】（原稿）选项，图像将回到原稿的状态。

使用橡皮擦工具 ✎ 可以精细地修正高光边缘；使用缩放工具 🔍 可以放大或缩小图片（或者使用快捷键【Ctrl＋＋】放大图片、【Ctrl＋－】缩小图片）；使用抓手工具 ✋ 可以拖动图片（快捷键是【Back Space】）。

预览效果可以发现有漏洞的地方已经修补好了，但是边缘还残留着一些多余的像素。使用【清除工具】 ✐ 把多余的像素清除。使用【边缘修饰】工具 ✐ 修改边缘，使其变得更清晰。这里应根据需要进行修改，边缘太清晰会变得不自然。最后单击【OK】（确定）按钮，这样一张清晰的画面就设计完成了。

如果图像的前景或背景包含有大量的纹理，可选择【Textured Image】（带纹理的图像）复选项；在【Smooth】（平滑）文本框中输入一个数值或者拖移滑块可以增加或降低轮廓的平滑程度；若要使高光作用于存储在 Alpha 通道中的选区，则可从【Channel】（通道）下拉列表框中选取 Alpha 通道；如果要抽出的对象非常复杂或者清晰程度很低，则

可选择【Force Foregroung】（强制前景）复选项。

3. 实例：梦幻时空

本实例主要学习综合使用选取工具选择复杂的选区，然后通过图层叠加效果来创建一副梦幻时空的意境效果图片。

实例名称：梦幻时空		
实例目的：主要是学习综合使用选取工具选取复杂的选区		
	素材	素材\ch04\4-4.jpg 、 4-5.jpg、4-6.jpg、 4-7.jpg
	结果	结果\ch04\梦幻时空.jpg

① 选择【File】（文件）➤【Open】（打开）命令，打开随书光盘中的"素材\ch04\4-4.jpg"至 "素材\ch04\4-7.jpg" 4 幅图像。

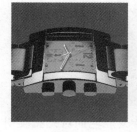 

 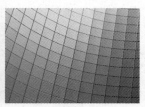

② 因为手表的色彩与背景颜色的对比比较明显，边缘又比较复杂，所以这里使用【Magnetic Lasso Tool】（磁性套索工具）进行选择比较方便。选择【Magnetic Lasso Tool】（磁性套索工具）🧲，然后设置其参数。

❸ 按【Ctrl + +】组合键放大视图，按【Ctrl + -】组合键缩小视图。使用【Magnetic Lasso Tool】（磁性套索工具）![icon]沿着手表慢慢地拖曳鼠标细心地选择边缘。需要移动视图时可按空格键，当鼠标指针变为![icon]形状时即可移动视图。

❹ 选择【Move Tool】（移动工具）![icon]将选区内的手表图像拖移到"4-4.jpg"图像中，然后使用【Edit】（编辑）>【Free Transform】（自由变换）命令调整手表的大小和位置。

❺ 将手表图层的混合模式设置为【Color Burn】（颜色加深）模式，得到现在的效果。

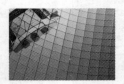

❻ 因为电脑的色彩与背景颜色的对比比较明显，边缘又比较清楚，所以这里使用【Magic Wand Tool】（魔棒工具）进行选择比较方便。选择【Magic Wand Tool】（魔棒工具）![icon]，设置其参数。

❼ 在黄色的背景处单击，选择背景色彩，可以按住【Shift】键进行加选。

❽ 选择【Select】（选择）>【Inverse】（反向）命令，可以选择图像中除选中区域以外的所有区域，然后选择【Move Tool】（移动工具）![icon]将选区内的电脑图像拖移到"4-4.jpg"图像中。

❾ 将水波图层的混合模式设置为【Lighten】（变亮）模式，得到现在的效果。

❿ 选择【Filter】（滤镜）>【Extract】（抽出）命令，弹出【Extract】（抽出）对话框，使用【边缘高光器工具】![icon]选择水波的中间部分图像，然后使用【填充工具】![icon]填充颜色，单击【OK】（确定）按钮后选择中间部分图像。

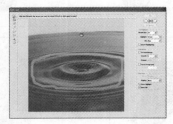

⓫ 选择【Move Tool】（移动工具）![icon]将水波图像拖移到"4-4.jpg"图像中。

⑫ 将电脑图层的混合模式设置为【Vivid Light】（亮光）模式，得到现在的效果。

⑬ 选择【File】（文件）➢【Save As】（存储为）命令，打开【存储为】对话框。在【保存在】下拉列表框中选择一个具体位置，在【文件名】输入框中把刚制作完成的作品命名为"梦幻时空"，在【Format】（格式）下拉列表框中选择 JPEG 的格式，然后单击【保存】按钮保存好自己的作品。

4.3.3　用快速蒙版创建选区

使用任何一种选取工具选择要更改的图像，然后单击工具箱中的【Edit in Quick Mask Mode】（以快速蒙版模式编辑）按钮，颜色则叠加（类似于红片）覆盖并保护选区外的区域。选中的区域不受该蒙版的保护。默认情况下，快速蒙版模式会用红色、50% 不透明的叠加为受保护区域着色。要编辑蒙版，可从工具箱中选择绘画工具，此时工具箱中的色板会自动地变成黑白色。使用"快速蒙板"创建选区如下图所示。

4.4　职场演练

婚纱照片设计

也许是受"写真"的影响，现在的婚纱照风格日益趋向自然、真实、清新、活泼。在拍摄婚纱艺术照时，追求个性的年轻人，已经不满足摄影棚里单调的环境，他们更多地把目光投向大自然，深林原野，清晨湖面，山涧瀑布，旷野草甸，日出月升，淳朴的农舍等成为他们理想的拍摄地点。

婚纱照片设计就是要通过 Photoshop 软件给婚纱照片增添诗情画意的艺术效果。

4.5 本章小结

本章详细讲解了 Photoshop CS4 中各类选取工具的使用。通过知识点的学习和实例的操作，学会如何使用各类选取工具来创建选区、创建各类选区效果以及对选取工具属性进行设置的方法。

第 5 章 图像的创作

小马对小龙说："Photoshop CS4 中的这些工具都是干什么用的啊，而且交互使用会不会更加烦琐呀？"小龙回答说："Photoshop CS4 在图像的创作方面有着非常强大的功能，它在色彩设定、图像绘制、图像变换等方面有着无可比拟的优势。本章我们就结合实际工作介绍使用这些工具进行图像创作的方法，现在就让我们赶快开始吧！"

- ◈ 在 Photoshop CS4 中绘图
- ◈ 使用形状工具
- ◈ 使用色彩进行创作
- ◈ 对选区和图层进行描边处理
- ◈ 图像的裁切、度量及注释

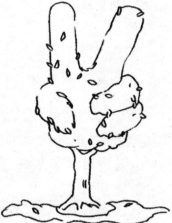

5.1　在 Photoshop CS4 中绘图

本节视频教学录像：35 分钟

掌握画笔的使用方法可以为使用其他工具打下基础，通过画笔工具还可以绘制出美丽的图画。

5.1.1　使用【Brush Tool】（画笔工具）

【Brush Tool】（画笔工具）是直接使用鼠标或是电子笔进行绘画的工具，绘画的原理和现实中的画笔相似。通过设定前景色和背景色可以设定画笔的颜色。

1.【Brush Tool】（画笔工具）选项栏

选中【Brush Tool】（画笔工具）✎，其选项栏如下图所示。

| ✎ · | Brush: * 13 · | Mode: Normal ⌄ | Opacity: 100% › | Flow: 100% › | ✎ |

> 提示　在使用画笔的过程中，按住【Shift】键可以绘制水平、垂直或者以 45°为增量角的直线。如果在确定起点后按住【Shift】键单击画布中任意一点，则两点之间以直线相连接。

在【Brush Tool】（画笔工具）选项栏中

单击画笔后面的三角，会弹出【画笔预设】选取器。在【Master Diameter】（主直径）文本框中输入 1~2500 像素的数值或者直接拖曳滑块更改，也可以通过快捷键更改画笔的大小（按【[】键缩小，按【]】键可放大）。

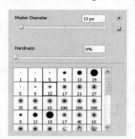

● 设置画笔的硬度

可以在【画笔预设】选取器中的【Hardness】（硬度）文本框中输入 0%~100% 之间的数值或者拖曳滑块更改画笔的硬度。

下图所示为画笔的硬度为 0% 的效果。

下图所示为画笔的硬度为 100% 的效果。

在【画笔预设】选取器中可以选择不同的笔尖样式。

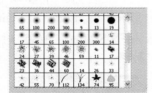

删除画笔、重命名画笔、载入画笔、追加画笔和复位画笔等操作和渐变的操作类同，这里不再赘述。

● 设置画笔的混合模式

在画笔工具的选项栏中通过【Mode】（模式）选项可以选择绘画时的混合模式（关于混合模式在后面的章节中会详细讲解），在选项栏中的【Mode】（模式）下拉列表框中选择即可。

● 设置画笔的不透明度

在画笔工具的选项栏中的【Opacity】（不透明度）文本框中可以输入 1%~100% 之间的数值来设定画笔的不透明度（关于不透明度在后面的章节中会详细讲解）。下图所示为不透明度为 20% 和不透明度为 100% 时的对比效果。

● 设置画笔的流量

流量控制画笔在画面中涂抹颜色的速度。在画笔工具的选项栏中的【Flow】（流量）文本框中可以输入 1%~100% 之间的数值来设定绘画时的流量。下图所示为流量为 20% 和流量为 100% 时的对比效果。

● 启用喷枪功能

喷枪功能是用来制造喷枪效果的。在画笔选项栏中单击 图标，图标为反白时为启动喷枪功能，图标为灰色则表示取消该功能。

2. 画笔调板的使用

选择【Window】(窗口)➤【Brushes】(画笔)命令打开该调板。也可以按快捷键【F5】或者在画笔的选项栏中单击 按钮打开调板。

● **Brush Presets**(画笔预设)

可以选择预设的画笔及更改画笔的直径。

● **Brush Tip Shape**(画笔笔尖形状)

不仅可选择画笔的样式、直径硬度,还可以设置画笔在 xy 轴上的翻转角度、画笔的圆度以及画笔的间距等。下图所示为间距为 100% 时的效果。

● **Shape Dynamics**(形状动态)

下图所示为选择【Shape Dynamics】(形状动态)复选项后的调板,【Size Jitter】(大小抖动)、【Angle Jitter】(角度抖动)和【Roundness Jitter】(圆度抖动)等项的值不同效果也会发生变化。

下图所示为【Size Jitter】(大小抖动)为 100%、【Minimum Diameter】(最小直径)为 25% 时的效果。

【Control】(控制)下拉列表框中的状态对抖动的效果进行控制,共有 5 种状态:Off(关)、Fade(渐隐)、Pen Pressure(钢笔压力)、Pen Tilt(钢笔斜度)和 Stylus Wheel(光笔轮)。其中【Fade】(渐隐)状态很重要,选择【Fade】(渐隐)状态可以做出一些特殊的效果。

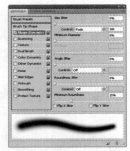

下图所示为使用【Fade】(渐隐)效果、【Minimum Diameter】(最小直径)为 20% 时的效果。

● **Scattering**(散布)

选择【散布】复选项后可以控制画笔在路径两侧的分布情况。下图所示分别为【Scatter】(散布)值为 0%、【Count】(数量)为 1 时的效果和【Scatter】(散布)值为 200%、【Count】(数量)为 5 时的效果。

● **Color Dynamics**（颜色动态）

选择此复选项后可以控制画笔颜色的色相、亮度和饱和度等的变化。下图所示分别为以上各项参数都为最小时的效果和各项参数都为最大时的效果。

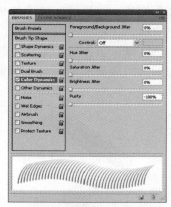

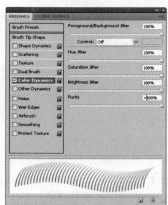

● **Other Dynamics**（其他动态）

选择此复选项后的调板如下图所示，它控制不透明度和流量动态的变化。

通过画笔调板还可以为画笔设置 Texture（纹理）、Dual Brush（双重画笔）和 Noise（杂色）等效果。

● 附加参数

附加参数包括 5 个参数，分别是 Noise（杂色）、Web Edges（湿边）、Airbrush（喷枪）、Smoothing（平滑）和 Ptotect Texture（保护纹理）。

选中【Noise】（杂色）复选项可向画笔中添加额外的随机性杂色。

选中【Web Edges】（湿边）复选项可沿画笔描边的边缘增大油彩量，从而创建水彩效果。

选中【Airbrush】（喷枪）复选项可用于对图像应用简便色调，以模拟传统的喷枪手法。

选中【Smoothing】（平滑）复选项可在画笔描边中产生较平滑的曲线。

选中【Ptotect Texture】（保护纹理）复选项可对所有纹理的画笔预设应用相同的图案和比例。选中此复选项后，在使用多个纹理画笔笔尖绘图时，可模拟出一致的画布纹理。

3．自定义画笔

如果调整各项参数后仍不能满足需要，那么可以自定义画笔。

实例名称：自定义画笔		
实例目的：运用定义画笔预设命令自定义画笔		
	素材	素材\ch05\蝴蝶．jpg
	结果	无

❶选择【File】（文件）➤【Open】（打开）命

令，打开随书光盘中的"素材\ch05\蝴蝶.jpg"文件。

❷使用选取工具选择蝴蝶。

❸选择【Edit】(编辑)➤【Define Brush Preset】(定义画笔预设)命令，在弹出的【Brush Name】(画笔名称)对话框中为画笔命名为"蝴蝶"，然后单击【OK】(确定)按钮。

❹在预设的画笔中就可以找到自定义的"蝴蝶"画笔了。

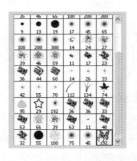

4. Pencil Tool（铅笔工具）

使用【Pencil Tool】(铅笔工具)画出的曲线是硬的、有棱角的，工作方式与画笔相同。

【Pencil Tool】(铅笔工具)的选项栏包括【Brush】(画笔)、【Mode】(模式)、【Opacity】(不透明度)及【Auto Erase】(自动抹除)等。

【Brush】(画笔)、【Mode】(模式)、【Opacity】(不透明度)的含义和画笔相同，这里不再赘述。

【Auto Erase】(自动抹除)功能是铅笔的特殊功能。当选中该复选项后，如果在前景色上开始拖移，该区域则抹成背景色；如果从不包含前景色的区域开始拖移，则用前景色绘制该区域。下图所示分别为起画点与前景色相同时的效果和起画点与前景色不同时的效果。

5.1.2　使用【History Brush Tool】(历史记录画笔工具)

使用【History Brush Tool】(历史记录画笔工具)可以结合历史记录对图像的处理状态进行局部恢复。

历史记录是电脑对我们在处理图像时操作状态的记录。记录步骤的多少是可以设定的。选择【Edit】(编辑)➤【Preferences】(首选项)➤【Performance】(性能)命令，弹出【Preferences】(首选项)对话框。在【History ＆ Cache】(历史记录与高速缓存)设置框中可以输入 1~1000 之间的数值，默认值为 20，记录越多占用的内存就越多。具体记录的内容可以通过【History】(历史记录)调板来查看。

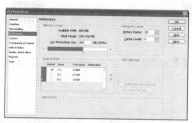

打开一幅图像，然后使用画笔工具手写几个数字。

选择【Window】（窗口）➤【History】（历史记录）命令即可打开【History】（历史记录）调板。

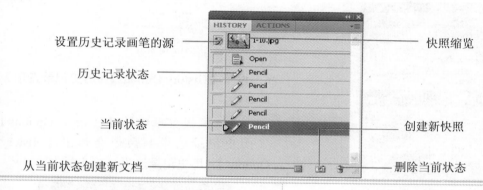

设置历史记录画笔的源

历史记录状态

当前状态

从当前状态创建新文档

快照缩览

创建新快照

删除当前状态

1．恢复到图像的前一个状态有以下几种方法

（1）单击状态的名称。

（2）将该状态左边的滑块向上或向下拖移到另一个状态。

（3）从调板菜单或【Edit】（编辑）菜单中选取【Step Forward】（向前）或【Step Backward】（返回）菜单项，以移动到下一个或前一个状态。

2．删除图像的一个或多个状态有以下几种方法

（1）将状态拖移到【Delete current state】（删除当前状态）按钮上，可以删除此更改及随后的更改。

（2）选取【Edit】（编辑）➤【Purge】（清理）➤【History】（历史记录）命令，将所有打开文档的状态列表从【History】（历史记录）调板中清除。此动作无法还原。

注意　　方法（1）和方法（2）虽然都可以清除历史记录，但方法（1）只清除当前所操作文档的历史记录，方法（2）则是将所有打开文档的状态列表从【History】（历史记录）调板中清除，而且无法还原。

3. 根据图像的所选状态或快照创建新文档有以下几种方法

（1）将状态或快照拖曳至【Greate new document from Current state 】（从当前状态创建新文档）按钮 上。

（2）选择状态或快照，然后单击【Greate new document from Current state 】（从当前状态创建新文档）按钮 。

4. 创建新快照

单击【History】（历史记录）调板上的【Create new snapshot】（创建新快照）按钮 ，可为当前文档的处理状态创建一个新的快照。

单击快照的名称可以选择该快照。

双击该快照，然后输入名称可以为该快照重命名。选择快照，然后单击【Delete current state】（删除当前状态）按钮 或将快照拖曳至该按钮上即可将该快照删除。

> **注意**　如果所做的工作相对复杂一些就要结合快照和创建新文档使用。快照和历史记录不会被保存。

5.【History】（历史记录）调板菜单的使用方法

单击【History】（历史记录）调板右上角的黑色三角 会弹出【History】（历史记录）调板菜单，在此菜单中可以选择【Step Forward】（前进）、【Step Backward】（后退）、【New Snapshot】（新快照）、【Delete】（删除）、【Clear History】（清除历史记录）、【New Document】（新文档）及【History Options】（历史记录选项）等命令，这些操作和前面的操作类似，这里不再赘述。

6. 设置【History Options】（历史记录选项）的方法

选择调板菜单中的【History Options】（历史记录选项）命令会弹出【History Options】（历史记录选项）对话框。

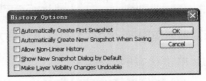

（1）选中【Automatically Create First Snapshot】（自动创建第一幅快照）复选项可以在文档打开时自动地创建图像初始状态的快照。下图所示分别为选中和撤选此复选项的效果。

（2）选中【Automatically Create New Snapshot When Saving】（存储时自动创建新快照）复选项可在每次存储时生成一个快照。下图所示分别为选中和撤选此复选项的效果。

（3）选中【Allow Non-Linear History】（允许非线性历史记录）复选项可以更改所选状态但不删除其后的状态。通常情况下，选择一个状态并更改图像时，所选状态后的所有状态都将被删除。这使【History】（历史记录）调板能够按照操作顺序显示编辑步骤列表。通过以非线性方式记录状态，可以选择某个状态、更改图像并且只删除该状态。更改将附加到列表的最后。下图所示分别为选中此复选项和撤选复选项的效果。

（4）选择【Show New Snapshot Dialog by Default】（默认显示新快照对话框）复选项可以强制 Photoshop 提供快照名称，即使是使用调板上的按钮也会如此。选中此复选项，然后单击【Create new snapshot】（创建新快照）按钮会弹出【New Snapshot】（新建快照）对话框。

（5）【Make Layer Visibility Changes Undoable】（使图层可见性更改可还原）复选项，默认情况下，Photoshop 不会将显示或隐藏图层记录为历史步骤，因而无法将其还原。选择此选项可在历史步骤中包括图层可见性更改。

7．用图像的状态或快照绘画

即在【History】（历史记录）调板上使用【History Brush Tool】（历史记录画笔工具）和【Art History Brush Tool】（历史记录画笔工具）绘画。

【History Brush Tool】（历史记录画笔工具）的作用：将图像的一个状态或快照的拷贝绘制到当前图像窗口中。该工具首先创建图像的拷贝或样本，然后用它来绘画。【History Brush Tool】（历史记录画笔工具）的工作方式与【仿制图章】工具相似，虽然它适用于图像的任意状态或快照，但并不是仅限于当前的状态或快照。

使用【History Brush Tool】（历史记录画笔工具）的方法如下。

实例名称：	历史记录画笔效果	
实例目的：	运用历史记录画笔制作特殊效果	
	素材	素材\ch05\5-1.jpg
	结果	结果\ch05\历史记录画笔效果.jpg

❶打开随书光盘中的 "素材\ch05\5-1.jpg" 文件。

❷先填充一个【Orange Yellow Orange】（橙，黄，橙渐变）。

❸选择【History Brush Tool】（历史记录画笔工具）✎，打开选项栏（与画笔的选项栏相同）。

❹进行相关的设置后在【History】（历史记录）调板中设置历史记录画笔的源。

❺在画布中绘画即可，得到最终结果的效果如下图所示。

8.【Art History Brush Tool】（历史记录画笔工具）

使用【Art History Brush Tool】（历史记录画笔工具）可以使用指定历史记录状态或快照中的源数据，以风格化描边进行绘画。通过尝试使用不同的绘画样式、大小和容差等选项，可以用不同的色彩和艺术风格模拟绘画的纹理。像【History Brush Tool】（历史记录画笔工具）一样，【Art History Brush Tool】（历史记录艺术画笔工具）也会将指定的历史记录状态或快照用做源数据。但是【History Brush Tool】（历史记录画笔工具）是通过重新创建指定的源数据来绘画；而【Art History Brush Tool】（历史记录艺术画笔工具）则在使用这些数据的同时，还会使用创建不同的颜色和艺术风格设置的选项。

使用【Art History Brush Tool】（历史记录艺术画笔工具）的方法如下。

实例名称：	历史记录艺术画笔效果	
实例目的：	运用历史记录艺术画笔制作特殊效果	
	素材	素材\ch05\5-2.jpg
	结果	结果\ch05\历史记录艺术画笔效果.jpg

❶打开随书光盘中的 "素材\ch05\5-2.jpg"。

❷选择【Image】（图像）>【Adjustments】（调

整）➤【Hue/Saturation】（色相／饱和度）命令打开【Hue/Saturation】（色相／饱和度）对话框，设置各项的参数。

③【Art History Brush Tool】（历史记录艺术画笔工具）的选项栏如下图所示，在【History】（历史记录）调板中设置历史记录画笔的源为打开状态，然后在图像内绘画即可。

④绘画后的效果如下图所示。

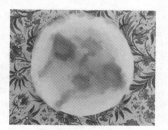

9. 使用历史记录命令制作特殊效果

实例名称：	使用历史记录命令制作特殊效果
实例目的：	能够更熟练的应用历史记录调板及命令
素材	素材\ch05\小孩.jpg
结果	结果\ch05\渐变特殊效果.jpg

① 打开随书光盘中的 "素材\ch05\小孩.jpg" 图像。

②选择【Layer】（图层）➤【New Fill Layer】（新建填充图层）➤【Gradient】（渐变）命令，弹出【New Layer】对话框，单击【OK】（确定）按钮。

③在弹出的【Gradient Fill】（渐变填充）对话框中，单击【Gradient】（渐变）右侧的▼按钮，在 "渐变" 的下拉列表框中选择【透明彩虹】渐变，然后单击【OK】（确定）按钮。

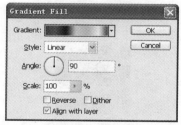

④在图层面板中将【Gradient】（渐变）图层的混合模式设置为【Color】（颜色），效果如下图所示。

5 选择【Window】（窗口）➤【History】（历史记录）命令，在弹出的【History】（历史记录）调板中单击调板中的【New Gradient Fill Layer】（新建渐变填充图层），可将图像恢复为如下图所示的状态。

7 要恢复所有被撤销的操作，可在【History】（历史记录）调板中单击【Blending Change】（混合更改）。

6 单击【快照】区可撤销对图形进行的所有操作，即使中途保存过该文件，也可将其恢复到最初打开的状态。

5.2 使用形状工具

本节视频教学录像：37 分钟

　　使用形状工具可以方便地绘制出许多特定的形状，还可以通过形状的运算及自定义形状使形状更加丰富。绘制形状的工具有 Rectangle Tool（矩形工具）、Rounded Rectangle Tool（圆角矩形工具）、Ellipse Tool（椭圆工具）、Polygon Tool（多边形工具）、Line Tool（直线工具）及

Custom Shape Tool（自定形状工具）等。

5.2.1　绘制规则形状

在选择基本形状的绘制工具时有 3 种模式供选择，分别是形状图层、路径和填充像素。

形状图层是一种特殊的图层，它与分辨率无关。创建时会自动地生成新的图层。

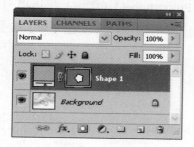

1. 形状图层模式的选项栏

形状图层模式的选项栏如下图所示。

● 【Color】（颜色）设置项

单击选项中的色块可以弹出【Color Picker】（拾色器）对话框，从中可以实现颜色的调整。也可以通过【前景色填充】命令（按【Alt+BackSpace】组合键）直接使其更改颜色。

● 【Styles】（样式）设置项

通过此选项可以对形状图层添加样式，也可以通过【Styles】（样式）调板直接为其添加图层样式。

形状图层的形状可以通过修改路径的工

具修改，例如钢笔工具等。选择【Layer】（图层）➤【Rasterize】（栅格化）➤【Fill Content】（填充内容）命令可以将形状图层转换为一般图层。注意：一旦将形状图层栅格化，将无法再使其转换为形状图层，它也不再具有形状图层的特性。

2.【Fill pixels】（填充像素）模式

【Fill pixels】（填充像素）模式就好比是一次性完成建立选区和用前景色添充这两个命令，效果如下图所示。

3．绘制矩形

使用【Rectangle Tool】（矩形工具） □ 可以很方便地绘制矩形或正方形。

选中【Rectangle Tool】（矩形工具） □ ，然后在画布上单击并拖曳鼠标即可绘制出所需要的矩形，若在拖曳时按住【Shift】键则可绘制出正方形。

【Rectangle Tool】（矩形工具）的选项栏如下图所示。

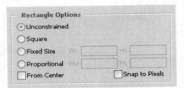

单击 □ 右侧的三角将弹出矩形工具选项菜单，包括【Unconstrained】（不受约束）、【Square】（方形）、【Fixed Size】（固定大小）、【Proportional】（比例）、【From Center】（从中心）及【Snap to Pixels】（对齐像素）等选项。

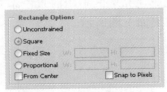

● 【Unconstrained】（不受约束）单选项

选中此单选项，矩形的形状完全由鼠标的拖曳决定。

● 【Square】（方形）单选项

选中此单选项，绘制的矩形为正方形。

● 【Fixed Size】（固定大小）单选项

选中此单选项，可以在【W】参数框和

【H】参数框中输入所需的宽度和高度的值，默认的单位为像素。

● 【Proportional】（比例）单选项

选中此单选项，可以在【W】参数框和【H】参数框中输入所需的宽度和高度的整数比。

● 【From Center】（从中心）复选项

选中此复选项，拖曳矩形时光标的起点则为矩形的中心。

● 【Snap to Pixels】（对齐像素）复选项

选中此复选项，可使矩形边缘自动地与

像素边缘重合。

4．绘制圆角矩形

使用【Rounded Rectangle Tool】（圆角矩形工具）可以绘制具有平滑边缘的矩形。其使用的方法与矩形工具相同，只需用光标在画布上拖曳即可。

【Rounded Rectangle Tool】（圆角矩形工具）的选项栏与【Rectangle Tool】（矩形工具）的基本相同，只是多了【Radius】（半径）参数框一项。

【Radius】（半径）参数框：用于控制圆角矩形的平滑程度。输入的数值越大越平滑，输入 0 时则为矩形，有一定数值时则为圆角矩形。

5．绘制椭圆

使用【Ellipse Tool】（椭圆工具）可以绘制椭圆，按住【Shift】键可以绘制圆。【Ellipse Tool】（椭圆工具）的选项栏中各参数的用法和前面介绍的选项栏基本相同，这里不再赘述。

6．绘制多边形

使用【Polygon Tool】（多边形工具）可以绘制出所需的多边形。绘制时光标的起点为多边形的中心，而终点则为多边形的一个顶点。

【Polygon Tool】（多边形工具）的选项栏如下图所示。

● 【Sides】（边）参数框

用于输入所需绘制的多边形的边数，下图所示为绘制的 5 边形。

● 【Polygon Options】（多边形选项）

包括【Radius】（半径）、【Smooth Corners】（平滑拐角）、【Star】（星形）、【Indent Sides By】（缩进边依据）和【Smooth Indents】（平滑缩进）等参数。

（1）【Radius】（半径）参数框：用于输入多边形的半径长度，单位为像素。

（2）【Smooth Corners】（平滑拐角）复选项：选中此复选项，可使多边形具有平滑的顶角。多边形的边数越多越接近圆形，下图所示为选择【Smooth Corners】（平滑拐角）复选项的效果。

（3）【Star】（星形）复选项：选中此复选项，可使多边形的边向中心缩进呈星状。

（4）【Indent Sides By】（缩进边依据）设置框：用于设定边缩进的程度。下图所示分别为设置为 20%缩进和 80%缩进的效果。

（5）【Smooth Indents】（平滑缩进）复选项：只有选中【Star】（星形）复选项时此复选项才可选。平滑缩进可使多边形的边平滑地向中心缩进，平滑缩进的效果如下图所示。

7．绘制直线

使用【Line Tool】（直线工具）＼可以绘制直线或箭头的线段。

使用的方法是：指针拖曳的起始点为线段起点，拖曳的终点为线段的终点。按住【Shift】键可以将直线的方向控制在0°、45°或90°方向。

【Line Tool】（直线工具）的选项栏如下图所示，其中【Weight】（粗细）参数框用于设置直线的宽度。

单击选项栏中的黑色三角▼可弹出【Arrowheads】（箭头）设置区，包括【Start】（起点）、【End】（终点）、【Width】（宽度）、【Length】（长度）和【Concavity】（凹度）等项。

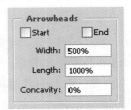

● 【Start】（起点）和【End】（终点）复选项

二者可选择一个，也可以都选，用以决定箭头在线段的哪一方。下图所示为选中【起点】复选项的效果。

● 【Width】（宽度）参数框

用于设置箭头宽度和线段宽度的比值，可输入10%～1000%之间的数值。

● 【Length】（长度）参数框

用于设置箭头长度和线段长度的比值，可输入10%～5000%之间的数值。

● 【Concavity】（凹度）参数框

用于设置箭头中央凹陷的程度，可输入-50%～50%之间的数值。下图所示为-20%时的效果和30%时的效果。

5.2.2　绘制不规则形状

使用【Custom Shape Tool】（自定形状工具）可以绘制出一些不规则的图形或是自定义的图形。

【Custom Shape Tool】（自定形状工具）的选项栏如下图所示。

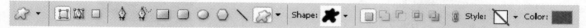

【Shape】（形状）设置项：用于选择所需绘制的形状。单击 Shape:🟣 ▾ 右侧小三角按钮会出现形状调板，这里储存着可供选择的形状。

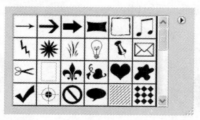

单击调板右上侧的小圆圈 ▶ 可以弹出一个下拉菜单，如下图所示。

选择【Load Shapes】（载入形状）菜单项可以载入外形文件，其文件类型为"*.CSH"。

使用形状工具绘制图像的方法如下。

实例名称：绘制中秋红灯笼		
实例目的：学会使用形状工具绘制中秋红灯笼		
	素材	无
	结果	结果\ch05\中秋红灯笼.jpg

❶ 新建一个大小为 500 像素×500 像素的画布。

❷ 选择【Ellipse Tool】（椭圆工具）⬭，并在椭圆工具的选项栏中选择形状图层▢

来创建下面的图形。

③ 选择【Shape 1】（形状 1）图层，然后复制
出【Shape 1 copy】（形状 1 副本）图层，
按【Ctrl+T】组合键使用自由变换路径命令
来调整形状 1 图层副本椭圆的形状。

④ 将形状 1 图层副本填充为绿色（C:100,
Y:100）。

⑤ 新建图层，选择【Elliptical Marquee Tool】
（椭圆选框工具）[图标]，绘制一个圆形，并
设置羽化值为 "10"，然后将其填充为下图
所示的渐变色。

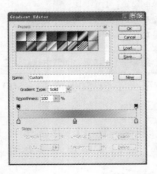

⑥ 选择【Pen Tool】（钢笔工具）[图标]来绘制
树影效果。

⑦ 将前景色设置为深绿色，继续绘制小树影。

⑧ 选择【Elliptical Marquee Tool】（椭圆选框
工具）[图标]，绘制灯笼，并填充为下图所示
的渐变色。

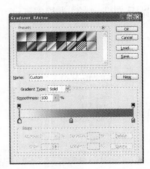

⑨ 使用【Rounded Rectangle Tool】（圆角矩
形工具）[图标]绘制灯笼的上部，然后将路
径转化为选取，并填充为下图所示的渐变
颜色。

⑩使用【Pen Tool】（钢笔工具）  绘制灯
　笼的提绳，并将其填充为红色。

⑪复制多个灯笼，放置在适当的位置，我们
　的中秋灯笼就出现了。

5.2.3　图形之间的运算

图形之间可以产生运算，通过图形的运算可以使形状更加丰富，运算的方法有 5 种。
形状模式的选项栏如下图所示。

● （创建新的形状图层）

单击此按钮后创建的形状与先创建的形
状无关，而是生成一个新的图层，创建新的
形状图层的效果如下图所示。

● （添加到形状区域）

单击此按钮不生成新的图层，后创建的
形状与先创建的形状将生成一个新的形状。
分为相交、不相交和重叠 3 种情况。

● （从形状中减去）

单击此按钮不生成新的图层，后创建的
形状与先创建的形状将生成一个新的形状。
分为相交、不相交、包括和被包括 4 种情况。

-

● ▣（交叉形状区域）

单击此按钮不生成新的图层，后创建的形状与先创建的形状将生成一个新的形状。分为相交、不相交、包括和被包括 4 种情况。

 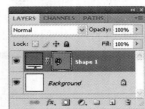

路径模式的选项栏如下图所示。

路径之间可以产生运算，运算的方法有 4 种。其原理和形状模式的运算相同，但需注意的是：只有路径在转换为选区或被填充后才能看出作用。下图所示为转换为选区前和转换为选区后的效果。

● ▣（重叠形状区域除外）

单击此按钮不生成新的图层，后创建的形状与先创建的形状将生成一个新的形状。分为相交、不相交、包括和被包括 4 种情况。

5.2.4 自定义形状

我们不仅可以使用预置的形状，还可以将自己绘制的形状定义为自定义形状，以便于以后使用。

实例名称：自定义形状		
实例目的：学会将自己绘制的形状定义为自定义形状		
	素材	无
	结果	无

① 绘制喜欢的图形。

② 选择【Edit】（编辑）➤【Define Custom Shape】（定义自定形状)命令，打开【Shape Name】（形状名称）对话框。在该对话框中可以为该图形命名，然后单击【OK】（确定）按钮。

③ 选择【Custom Shape Tool】（自定形状工具） ，然后在选项中找到自定义的形状即可绘制图形。

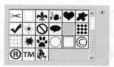

5.3　使用色彩进行创作

本节视频教学录像：31 分钟

色彩是事物外在的一个重要特征，不同的色彩可以传递不同的信息，带给我们不同的感受。成功的设计师应该有很好的驾驭色彩的能力。Photoshop 提供了强大的色彩设置功能，本节介绍在 Photoshop 中随心所欲地进行颜色的设置。

5.3.1　在工具箱中设置前景色和背景色

利用色彩控制图标，可以设置前景色和背景色。

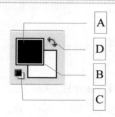

A（设置前景色）：单击此按钮将弹出拾色器来设定前景色，它会影响到画笔工具、填充命令和滤镜等的使用。

B（设置背景色）：和设置前景色按钮的使用方法相同。

C（默认前景色和背景色）：单击此按钮默认前景色为黑色、背景色为白色，也可以使用快捷键【D】来完成。

D（切换前景色和背景色）：单击此按钮可以使前景色和背景色相互交换，也可以使用快捷键【X】来完成。

设定前景色和背景色的方法有以下几种：

(1) 单击设置前景色或者设置背景色 按钮，然后使用弹出的拾色器来设定；

(2) 使用【Color】（颜色）面板设定；

(3) 使用【Swatches】（色板）面板设定；

(4) 使用【Eyedropper Tool】（吸管工具） 设定。

5.3.2　填充前景色和背景色

设置好前景色和背景色之后可以通过以下方法对图像填充。

● 使用菜单命令填充前景色和背景色

选择【Edit】（编辑）➤【Fill】（填充）命令，弹出【Fill】（填充）对话框，其中【Use】（使用）下拉列表框用于选择【Foreground Color】（前景色）或【Background Color】（背景色）。

通过【Mode】（模式）下拉列表框可以选择填充时的混合模式（关于混合模式在后面的章节中会详细讲解）。在【Opacity】（不透明度）参数框中可以输入 1~100 之间的数值来设定填充时的不透明度（关于不透明度在后面的章节中会详细讲解）。如果选中【Preserve Transparency】（保留透明区域）复选项，则会只对画布中有像素的部分进行填充。

① 新建一个透明画布，在画布中绘制图形。

② 选择【Edit】（编辑）➤【Fill】（填充）命令，在弹出【Fill】（填充）对话框中设置【Opacity】（不透明度）为"50%"，然后单击【OK】（确定）按钮。

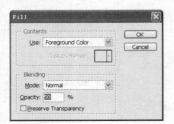

③ 在原来绘制好的图像上，选择【Edit】（编辑）➤【Fill】（填充）命令，在弹出的【Fill】（填充）对话框中设置【Mode】（模式）为"Vivid Light"，【Opacity】（不透明度）为"50%"，并选中【Preserve Transparency】（保留透明区域）复选框。然后单击【OK】（确定）按钮。

● 使用【Paint Bucket Tool】（油漆桶工具）填充

选择【Paint Bucket Tool】（油漆桶工具），其选项栏如下图所示。

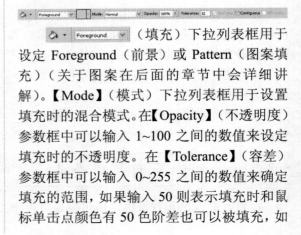

【Foreground】（填充）下拉列表框用于设定 Foreground（前景）或 Pattern（图案填充）（关于图案在后面的章节中会详细讲解）。【Mode】（模式）下拉列表框用于设置填充时的混合模式。在【Opacity】（不透明度）参数框中可以输入 1~100 之间的数值来设定填充时的不透明度。在【Tolerance】（容差）参数框中可以输入 0~255 之间的数值来确定填充的范围，如果输入 50 则表示填充时和鼠标单击点颜色有 50 色阶差也可以被填充，如下图所示。【Anti-alias】（消除锯齿）、【Contiguous】（连续）和【All Layers】（所有图层）等 3 个复选项的原理和【Magic Wand Tool】（魔棒）工具的类同，这里不再赘述。

> **注意**　使用以上填充方法时如果有选区存在，将只对选区填充，若没有选区则对整个画布填充。

● 使用快捷键填充

使用【Alt+Back Space】或【Alt+Delete】组合键可填充前景色，使用【Ctrl+Back Space】或【Ctrl+Delete】组合键可填充背景色。

5.3.3　使用【Color Picker】（拾色器）设置颜色

单击设置前景色或设置背景色按钮即可弹出拾色器。在拾色器中有 4 种色彩模式可供选择，分别是 HSB、RGB、LAB 和 CMYK。

① 单击【Set foreground color】（设置前景色）按钮，弹出【Color Picker（Foreground color）】（拾色器（前景色））对话框。

> **注意**　通常使用 HSB 色彩模式，它是以人们对色彩的感觉为基础的。它把颜色分为色相、饱和度和明度 3 个属性，这样便于观察。

② 在设置颜色时可以拖曳彩色条两侧的三角滑块来设置色相。

③ 在拾色器的大方框中单击鼠标（这时鼠标会变为一个圆圈）来确定饱和度和明度。设置完成后单击【OK】（确定）按钮即可。也可以在色彩模式不同的组件后面的文本框中输入数值来设置。

> **注意**　在实际工作中一般是用数值来确定颜色。

在拾色器右上方有一个颜色预览框，分为上下两个部分，上边代表新设置的颜色，下边代表原来的颜色，这样便于进行对比。如果在它的旁边出现了惊叹号，则表示该颜色无法被打印。

如果在拾色器中选中【Only Web Colors】（只有 Web 颜色）复选项，颜色则变为很少，这主要用来确定网页上使用的颜色。

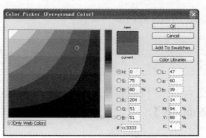

5.3.4 使用【Color】（颜色）调板

【Color】（颜色）调板是设计工作中使用比较多的一个面板，它的快捷键是【F6】。可以通过选择【Window】（窗口）➤【Color】（颜色）命令调出【Color】（颜色）调板。

在设置颜色时要单击调板右侧的黑三角弹出调板菜单，然后在菜单中选择合适的色彩模式和色谱。

● **RGB Spectrum（RGB 色谱）**

在 RGB 颜色模式（监视器使用的模式）中指定 0 到 255（0 是黑色，255 是纯白色）之间的图素值。

● **HSB Sliders（HSB 滑块）**

在 HSB 颜色模式中指定饱和度和亮度的百分数，指定色相为一个与色轮上位置相关的 0°到 360°之间的角度。

● **CMYK Spectrum（CMYK 色谱）**

在 CMYK 颜色模式中（PostScript 打印机使用的模式）指定每个图案值（青色、洋红、黄色和黑色）的百分比。

● **Lab Sliders（Lab 滑块）**

在 Lab 模式中输入 0 到 100 之间的亮度值（L）和从-128 到+127 的 A 值（从绿色到洋红）以及从-128 到+127 的 B 值（从蓝色到黄色）。

● **Web Color Sliders（Web 颜色滑块）**

在 8 位屏幕上显示颜色时，浏览器会将图像中的所有颜色更改成这些颜色，这样可以确保为 Web 准备的图片在 256 色的显示系统上不会出现仿色。可以在文本框中输入颜色代号来确定颜色。

单击调板前景色或背景色按钮来确定要设定的或者要更改的是前景色还是背景色。

接着可以通过拖曳不同色彩模式下不同颜色组件中的滑块来确定色彩。也可以在文本框中输入数值来确定色彩。其中，在灰度模式下可以在文本框中输入不同的百分比来确定颜色。

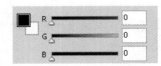

当把鼠标指针移至调板下方的色条上时指针会变为吸管工具，这时单击左键同样可以设置需要的颜色。

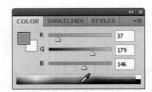

5.3.5 使用【Swatches】（色板）

在设计中有些颜色可能会经常用到，这时可以把它放到【Swatches】（色板）面板中。选择【Window】（窗口）➤【Swatches】（色板）命令即可打开【Swatches】（色板）面板。

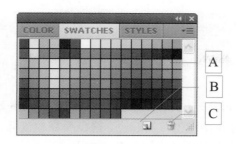

A（色标）：在它上面单击可以把前景色设置为该色。

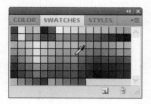

如果在它上面双击则会弹出【Color Swatch Name】（色板名称）对话框，从中可以为该色板重新命名。

B【Creat new swatch of foreground color】（创建前景色的新色板）：单击此按钮可以把常用的颜色设置为色板。

C【Delete swatch】（删除色板）：选择一个色板，然后拖曳到该按钮上可以删除该色板。

5.3.6　使用【Eyedropper Tool】（吸管工具）

选择【Eyedropper Tool】（吸管工具）在所需要的颜色上单击，可以把同一图像中不同部分的颜色设置为前景色。也可以把不同图像中的颜色设置为前景色。

实例名称：使用吸管工具吸取颜色		
实例目的：熟练的使用吸管工具选择颜色		
	素材	素材\ch05\5-3.jpg、5-4.jpg
	结果	无

❶打开随书光盘中的"素材\ch05\5-3.jpg"文件。

❷使用吸管工具吸取花上的颜色，此时可以看到前景色已经变为与花相同的颜色。

❸打开随书光盘中的"素材\ch05\5-4.jpg"文件。

❹使用吸管工具吸取花上的颜色，然后选择"5-3.jpg"文件，此时可以看到前景色也已改变。

5.3.7 使用【Gradient Tool】(渐变工具)填充

渐变是由一种颜色向另一种颜色实现的过渡,以形成一种柔和的或者特殊规律的色彩区域。

使用【Gradient Tool】(渐变工具)  可以创造出多种渐变效果。使用时首先选择好渐变方式和渐变色彩,使用鼠标在图像上单击起点,拖曳后释放鼠标为终点,这样一个渐变就做好了。可以通过拖曳线段的长度和方向来控制渐变效果。

1.【Gradient Tool】(渐变工具)选项

【Gradient Tool】(渐变工具)的选项栏如下图所示。

包括所选渐变的缩览图,渐变方式按钮,【Mode】(模式)下拉列表框,【Opacity】(不透明度)参数框,【Reverse】(反向)、【Dither】(仿色)及【Transparency】(透明区域)等复选项。

(1)所选渐变的缩览图:选择和编辑渐变的色彩,是渐变工具最重要的部分,通过它能够大至看出渐变的情况。

(2)渐变方式按钮:有 Linear Gradient(线性渐变)、Radial Gradient(径向渐变)、Angle Gradient(角度渐变)、Reflected Gradient(对称渐变)和 Diamond Gradient(菱形渐变)5种。

❶新建一个文件,然后单击工具箱中的渐变工具。

❷单击 ▨ (点按可编辑渐变)按钮,在弹出【Gradient Editor】(渐变编辑器)对话框中的【Preset】(预设)选项中选择"Spectrum"(色谱),然后单击【OK】(确定)按钮。

❸在选项栏中单击【Linear Gradient】(线性渐变)按钮 ▨ ,然后在文档中拖曳。可以看出从起点到终点颜色在一条直线上过渡。

❹在选项栏中单击【Radial Gradient】(径向渐变)按钮 ▨ ,然后在文档中拖曳。可以看出从起点到终点颜色按圆形向外发散过渡。

❺在选项栏中单击【Angle Gradient】(角度渐变)按钮 ▨ ,然后在文档中拖曳。可以看出从起点到终点颜色做顺时针过渡。

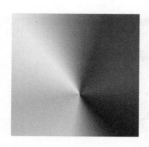

⑥在选项栏中单击【Reflected Gradient】（对称渐变）按钮■，然后在文档中拖曳。可以看出从起点到终点颜色在一条直线上同时做两个方向的对称过渡。

⑦在选项栏中单击【Diamond Gradient】（菱形渐变）按钮■，然后在文档中拖曳。可以看出从起点到终点颜色按菱形向外发散过渡。

（3）【Mode】（模式）下拉列表框：用于选择填充时的色彩混合方式。

（4）【Reverse】（反向）复选项：用于决定掉转渐变色的方向，即把起点颜色和终点颜色进行交换。

（5）【Dither】（仿色）复选项：选中此复选项会添加随机杂色以平滑渐变填充的效果。

（6）【Transparency】（透明区域）复选项：只有选中此复选项，不透明度的设定才会生效，包含有透明的渐变才能被体现出来。

2．使用预设渐变

　　Photoshop 软件自带了很多种渐变，直接选择就可以使用。

❶单击 ▭▾ （点按可编辑渐变）按钮，打开【Gradient Editor】（渐变编辑器）对话框。

❷在【Preset】（预设）选项中可以选择其中的小色标作为当前要使用的渐变，鼠标指针在色标上停留时会自动提示该渐变的名称。在色标上右击在弹出的快捷菜单中选择【Rename Gradient】（重命名渐变)选项。

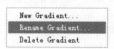

❸弹出【Gradient Name】（渐变名称)对话框，在对话框中的【Name】（名称）文本框中可以输入渐变色的名称，然后单击【OK】（确定）按钮，即可更改渐变的名称。

注意　　默认情况下在渐变缩览图中有几种特殊的渐变，分别是【Foreground to Background】（前景到背景）、【Foreground to Transparent】（前景到透明）、【Black，White】（黑色到白色）以及【Transparent Stripes】（透明条纹）。

❹如果所有的渐变都不是我们所需要的，那么可以再追加或替换。单击渐变缩览图右上角的黑色三角 ▶ 会弹出一个菜单。

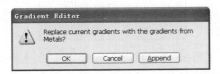

⑤ 在弹出的菜单中选择【Metals】（金属）选项，此时弹出【Gradient Editor】（渐变编辑器）对话框。

⑧ 选择需要的渐变，然后单击【Load】（载入）按钮即可载入需要的渐变。

⑨ 如果想要把预设框中的渐变恢复默认状态，单击【Reset Gradient】（复位渐变）选项，弹出【Gradient Editor】（渐变编辑器）对话框。

提示 在【Gradient Editor】（渐变编辑器）对话框中单击【OK】（确定）按钮，将替换原来预设框中的所有渐变。单击【Append】（追加）按钮，将添加金属渐变并保留原来的渐变。

⑥ 单击【Append】（追加）按钮，即可把金属渐变放到预设框中。

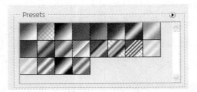

⑦ 如果所有追加的渐变也都不是我们所需要的，可以载入渐变。单击【Load】（载入）按钮，弹出【Load】（载入）对话框。

提示 在【Gradient Editor】（渐变编辑器）对话框中单击【OK】（确定）按钮，将恢复默认状态。单击【Append】（追加）按钮，将会把默认状态时的所有渐变添加到预设框中。

⑩ 单击【OK】（确定）按钮，即可恢复到默认状态下的渐变。

3. 自己编辑渐变

如果预设渐变没有所需要的渐变，还可以自己编辑。单击【Gradient Tool】（渐变工具）选项栏中的渐变缩览图会出现【Gradient Editor】（渐变编辑器）对话框。

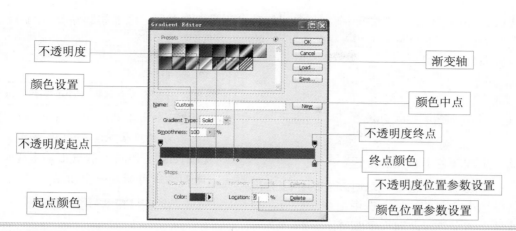

不透明度
颜色设置
渐变轴
颜色中点
不透明度起点
不透明度终点
终点颜色
起点颜色
不透明度位置参数设置
颜色位置参数设置

- 不透明度起点

渐变色彩不透明度的起始色标。

- 起点颜色

渐变的起始颜色。

- 【Opacity】（不透明度）参数框

用来设置不透明度的值。

- 【Color】（颜色）设置框

用来设置颜色。

- 颜色中点

两种颜色变化的中点。

- 不透明度的【Location】（位置）参数框
（上面的一个）

用于设置不透明度的位置。

- 颜色的【Location】（位置）参数框（下
面的一个）

用于设置颜色的位置。

- 不透明度终点

不透明度终点的色标。

- 终点颜色

渐变终点颜色的色标。

- 渐变轴

即渐变的缩览图。

- 选中色标或不透明度色标

在色标上单击即可，这时色标的尖的一
端会变为黑色（选中时为 ⬛，不选中时为 ⬜）。
为色标更改颜色的方法有以下几种。

（1）在色标上双击，在弹出的拾色器中选
择所需的颜色即可。

（2）选中色标后在颜色的缩览图上单击，
然后在弹出的拾色器中选取即可。

（3）选中色标后，当把鼠标指针移至渐变
轴或图像上时鼠标指针会变为吸管工具，然
后在所需的颜色上单击即可。

删除色标的方法有以下几种。

（1）在色标上按住鼠标左键不要松开，然
后向上或向下拖曳至色标消失为止。

（2）选中色标后单击【Delete】键。

（3）选中色标后单击渐变编辑器中的
【Delete】按钮。

> 注意　色标不可能全部被删除，至少会有两个
> 色标存在。

若要添加色标，将鼠标指针移至渐变轴
下方，待鼠标指针变为 🖑 形状时单击即可。

若要更改不透明色标的不透明度，可以
选中不透明度色标，然后在【Opacity】（不透
明度）参数框中输入 0%～100%之间的数值，
或者单击其后的三角，利用弹出的滑块调整。

删除和添加不透明色标的方法和删除色
标、添加色标的方法相同，这里不再赘述。

- 更改色标位置

选中色标后在渐变轴上拖曳即可。可在

【Location】（位置）参数框中输入 0%~100% 之间的数值，下图所示为输入 50% 时色标的位置的效果。

● 更改颜色中心点的位置

先选中一个色标，这时在它的旁边会出现颜色中心点的图标。选中图标，然后在渐变轴上两个色标之间拖曳即可。

● 选择 Gradient Type（渐变类型）

有【Solid】（实底）和【Noise】（杂色）两种。以上参数设置都是在选择了【Solid】（实底）时设置的。下图所示为选中【Noise】（杂色）时的参数设置。

> 注意 色标始终比菱形的颜色中心点图标多一个。

【Roughness】（粗糙度）参数框。

用于控制颜色过渡的平滑程度，可以设置为 0%~100% 之间的数值。

【Color Model】（颜色模型）下拉列表框。

其中有 RGB、HSB 和 Lab 等 3 种，选择后可通过下面的滑块更改。

【Restrict Colors】（限制颜色）复选项。

用于防止颜色过度饱和。

【Add Transparency】（增加透明度）复选项。

用于向渐变中添加透明度色标。

4．绘制五彩羽毛

本实例学习如何利用【Pen Tool】（钢笔工具）绘制五彩羽毛效果，在学习的过程中要学会调节、添加和删除节点的方法。

实例名称：五彩羽毛	
实例目的：学会如何使用渐变绘制五彩羽毛	
素材	无
结果	结果\ch05\五彩羽毛．jpg

1 新建一个大小为 800 像素 × 600 像素、分辨率为 72 像素/英寸的画布，然后在【Layers】（图层）调板上单击【New】（新建）按钮 □ 新建一个图层。

2 使用【Pen Tool】（钢笔工具）画出羽毛的基本外形，再用【Convert Point Tool】（转换点工具）修改出羽毛外形的弧度。

3 新建一个【Layer 2】（图层 2）图层，使用相同的方法绘制出羽毛的梗。

4 打开路径面板，将羽毛的路径转换为选区。

5 选择【Gradient Tool】（渐变工具），选择渐

变为【Linear Gradient】（线性渐变），然后在选区中水平拖曳滑块填充渐变的效果。

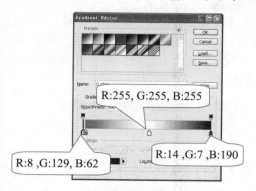

R:255, G:255, B:255

R:8 ,G:129, B:62

R:14 ,G:7 ,B:190

6 使用【Pen Tool】（钢笔工具）绘制羽毛交叉部分的路径，然后将路径转换为选区并填充渐变颜色，接着将羽毛梗路径转换为选区。

7 在【Layer 2】（图层 2）图层上用 （椭圆选框工具）建立一个椭圆的选区并填充灰色。

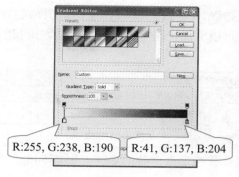

R:255, G:238, B:190

R:41, G:137, B:204

8 取消选择，然后为羽毛梗添加【Bever and Emboss】（斜面和浮雕）效果。

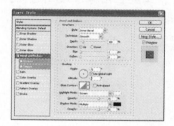

9 使用【Spong Tool】（加深工具） 、【Dodge Tool】（减淡工具） 和【Blur Tool】（模糊工具） 对图像进行调整。

5.4　对选区和图层进行描边处理

本节视频教学录像：9分钟

利用【Edit】（编辑）菜单中的【Stroke】（描边）命令，可以为选区、图层和路径等勾画彩色边缘。与【Layer Style】(图层样式)对话框中的描边样式相比,使用【Stroke】(描边)命令可以更加快速地创建更为灵活、柔和的边界,而描边图层样式只能作用于图层边缘。

实例名称:为图像描边		
实例目的:使用编辑菜单中的描边命令为图像进行描边		
	素材	素材\ch05\5-5.jpg
	结果	结果\ch05\描边.jpg

① 打开随书光盘中的"素材\ch05\5-5.jpg"文件。

② 使用套索工具在图像中绘制选区。

③ 选择【Edit】(编辑) ➤ 【Stroke】(描边)命令,在弹出的【Stroke】(描边)对话框中设置【Width】(宽度)为"5",【Color】(颜色)根据自己喜好设置。设置【Location】(位置)为居中,然后单击【OK】(确定)按钮。最后按【Ctrl+D】组合键取消选区。

④ 双击【Background】(背景)图层,弹出【New Layer】(新建图层)对话框,然后单击【OK】(确定)按钮,将背景层转化为普通图层。

⑤ 选择【Edit】(编辑) ➤ 【Stroke】(描边)命令,在弹出的【Stroke】(描边)对话框中设置【Width】(宽度)为"5",设置【Color】(颜色)为黑色,设置【Location】(位置)为内部,然后单击【OK】(确定)按钮。

当为选区或图层描边时即可弹出【Stroke】(描边)对话框。

● 【Stroke】(描边)设置区
用于设置描边的画笔宽度和边界颜色。

● 【Location】(位置)设置区
用于指定描边位置是在边界内、边界中

还是在边界外。

● 　【Blending】（混合）设置区

用于设置描边颜色的模式及不透明度，并可选择描边范围是否包括透明区域。

5.5　图像的裁切、度量及注释

📹 本节视频教学录像：14 分钟

在处理图像的时候，如果图像的边缘有多余的部分，可以通过【Crop Tool】（裁切工具）将其裁切。另外，为了便于对文件进行批改，Photoshop CS4 提供有注释工具，通过它可以在图像的任何部分添加注释。

5.5.1　【Crop Tool】（裁切工具）

通过这个工具可以保留图像中需要的部分，剪去不需要的内容。

选中【Crop Tool】（裁切工具）🔲，在选项栏中可以通过设置图像的宽、高、分辨率等来确定要保留图像的大小。单击【Front Image】（前面的图像）按钮可以用前图像的大小来裁切当前图像。单击【Clear】（清除）按钮可以将选项栏中的数值清除。

使用【Crop Tool】（裁切工具）裁切图像。

实例名称：裁切图像	
实例目的：应用【Crop Tool】（裁切工具）裁切图像	
素材	素材\ch05\5-6.jpg
结果	结果\ch05\裁切图像.jpg

❶打开随书光盘中的 "素材\ch05\5-6.jpg" 文件。

❷使用【Crop Tool】（裁切工具）在图像中拖曳。

❸此时可以看到【Crop Tool】（裁切工具）选项栏发生了变化。

❹选择【Shield】（屏蔽）复选项，设置【Color】（颜色）为红色（R:243,G:31,B:31），【Opacity】（不透明度）设置为 100%。

> 提示　　如果想要修改拖曳出的选框，可将鼠标指针放在定界框上拖曳边框即可更改边框的大小。按住【Shift】键时则可等比例进行缩放边框的大小。

❺按【Enter】按钮，确定要裁切的内容。

【Crop Tool】（裁切工具）选项栏包括【Shield】（屏蔽）复选项、【Color】（颜色）设置项、【Opacity】（不透明度）设置项和【Perspective】（透视）复选项等。

● 【Shield】（屏蔽）复选项

选择此选项时图像中要被裁切的部分将用颜色标出来。

● 【Color】（颜色）设置项

用于标识屏蔽部分用什么颜色显示。单击【Color】（颜色）设置项会弹出拾色器。可以更改屏蔽部分的颜色。

● 【Opacity】（不透明度）设置项

用于设置标识屏蔽部分的颜色的不透明情况。

● 【Perspective】（透视）复选项

如果要使裁切的内容发生透视，可以选择选项栏中的【Perspective】（透视）复选项，并在 4 个角的定界点上拖曳鼠标，改变图像的透视。

如果要提交裁切，可以单击选项栏中的 ✔ 按钮；如果要取消当前裁切，则可单击 ⊘ 按钮。

> **注意** 按【Enter】键或者在裁切选框内单击两次也可以提交裁切。按【Esc】键可以取消裁切操作。

5.5.2 【Ruler Tool】（标尺工具）

【Ruler Tool】（标尺工具）⬭用来测量两点之间的距离，也可用来测量角度的大小。使用该工具绘制出来的线为不可打印的线条。

【Ruler Tool】（标尺工具）⬭的选项栏如下图所示。

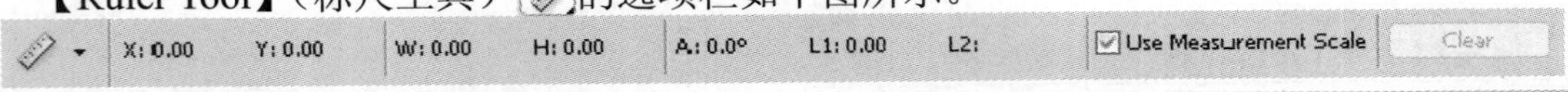

| ⬭ ▾ | X: 0.00 | Y: 0.00 | W: 0.00 | H: 0.00 | A: 0.0° | L1: 0.00 | L2: | ☑ Use Measurement Scale | Clear |

> **注意** 除了角度外的所有测量单位，其他单位都以【Edit】（编辑）菜单下【Preferences】（预置）选项中的【Units & Rulers】（单位与标尺）预置对话框中当前设置的测量单位为准。

X、Y：起始位置。

W、H：在 x 轴和 y 轴上移动的水平（W）和垂直（H）距离。

A：相对于轴测量的角度。

D1：移动的总距离。

D1、D2：使用量角器时移动的两个距离。

● 在两点之间测量

选择【Ruler Tool】（标尺工具）⬭从起点拖曳到终点。

按住【Shift】键可将工具限制为按 45° 的倍数拖曳。如果要从现有测量线创建量角器，可以按【Alt】键并以一个角度从测量线的一端开始拖曳，或者单击两次起始点或结束点并进行拖曳。

● 编辑测量线或量角器

选择【Ruler Tool】（标尺工具）⬭后如果要调整线的长短，可以拖曳现有测量线的一个端点。如果要移动这条线，可以将鼠标指针放在线上远离两个端点的位置并拖曳该线。如果要删除这条线，则可在选项栏中单击【Clear】（清除）按钮。

5.5.3 【Note Tool】（注释工具）

使用【Note Tool】（注释工具）🗎便于对文档进行批阅。使用该工具可以在 Photoshop 图像画布上的任何位置添加文字注释和语音注释。创建文字注释时将出现一个大小可调的窗口用以输入文本。如果要录制语音注释，计算机的音频输入端口中必须插有麦克风。

创建文字注释的方法如下。

【Note Tool】（注释工具）的选项栏如下图所示。在选项栏中可以设置作者的名称、字体及字号大小等。

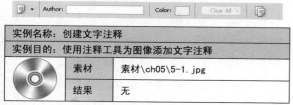

实例名称：创建文字注释		
实例目的：使用注释工具为图像添加文字注释		
	素材	素材\ch05\5-1.jpg
	结果	无

1 打开随书光盘中的"素材\ch05\5-1.jpg"文件。

2 单击工具箱中的【Note Tool】（注释工具），当鼠标指针变为形状时，在图像中单击，在弹出的【Notes】（注释）对话框中输入"Happy birthday！"。

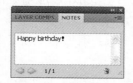

3 单击关闭按钮关闭对话框，则在图像中出现一个图标。

4 在图标上单击，然后在图像的其他位置处单击则可继续添加注释。

5 在第二个注释上右击，在弹出的快捷菜单中选择【Delete Note】（删除注释）选项，在弹出的对话框中单击【Yes】（是）按钮，则可把第二个注释删除。

提示　如果选择【Delete All Notes】（删除所有注释）选项，将删除文挡中的所有注释。

6 如果需要编辑注释，则可在注释图标上双击，在打开的【Notes】（注释）对话框中编辑注释的内容。

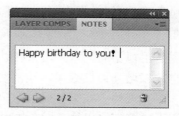

7 单击关闭按钮则可完成注释的编辑。

提示　在注释图标上右击，在弹出的菜单中选择【Open Note】（打开注释）选项也可打开【Notes】（注释）对话框。

5.6　职场演练

平面广告的构成要素如下。

● 标题

标题是表达广告主题的文字内容。标题应具有吸引力，使读者注目，从而引导读者阅读广告正文，观看广告插图。标题是画龙点睛之笔，因此要用较大号字体，要安排在广告画最醒目的位置，并且要注意配合插图造型的需要。

● 正文

广告正文是说明广告内容的文本，广告正文应具体地叙述真实的事实，使读者心悦诚服地产生消费意向。广告正文的文字一般比较集中，因此可安排在插图的左右或上下方。

● 广告语

广告语是配合广告标题、正文，加强商品形象的短语。应顺口易记，要反复使用，使其成为"文章标志"、"言语标志"。广告语必须言简意赅，可以放置在版面的任何位置。

● 插图

插图是用视觉的艺术手段来传达商品或劳务信息，以增强记忆效果，让消费者能够以更快、更直观的方式来接受信息。同时让消费者留下更深刻的印象。插图的内容要突出商品或服务的个性，通俗易懂、简洁明快，有强烈的视觉效果。一般而言插图是围绕着标题和正文展开的，对标题可以起到一个衬托的作用。

● 标志

标志有商品标志和企业形象标志两类。标志是广告对象借以识别商品或企业的主要符号。在广告设计中，标志不是广告版面的装饰物，而是重要的构成要素。在整个广告版面中，标志造型最单纯、最简洁，其视觉效果最强烈。应在一瞬间就能识别，并应给消费者留下深刻的印象。

● 公司名称

一般都放置在广告版面下方次要的位置，也可以和商标放置在一起。

● 色彩

运用色彩的表现力，如同为广告版面穿上漂亮鲜艳的"衣服"，能增强广告注目的效果。

从整体上说，有时为了塑造更集中、更强烈、更单纯的广告形象，以加深消费者的认知程度，可以针对具体的情况，对上述某一个或几个要素进行夸张和强调。

5.7　本章小结

本章主要介绍了运用各类绘图画笔工具、形状工具和色彩工具进行图形创作的方法，学习本章时要注意知识要点与实例的结合，即在学习绘图工具主要功能的同时，多进行操作练习，以达到能灵活使用这些工具的目的。

第 6 章　图像的修饰

小马对小龙说："Photoshop CS4 是图像处理软件，那么它在图像处理上有什么功能，又能制作出什么样的图像效果呢？"小龙回答说："Photoshop CS4 不仅在图像的修饰方面有着非常强大的功能，而且在图像的创作等方面也有着无可比拟的优势。这一章我们就结合实际工作进一步介绍图像的创作和修饰的方法。让我们赶快开始吧！"

◉　对图像进行修饰处理

◉　如何擦除图像

6.1 对图像进行修饰处理

本节视频教学录像: 77 分钟

用户可以通过 Photoshop CS4 所提供的命令和工具对不完美的图像进行修饰，使之符合工作的要求或审美情趣。这些工具包括图章工具、修补工具、修复工具、红眼工具、模糊工具、锐化工具、涂抹工具、加深工具、减淡工具及海绵工具等。

6.1.1 变换图形

在设计工作中有很多的图片或图像的大小和形状不都是符合要求，这时候可以利用变换命令对图像进行调整。

1. 利用自由变换命令对图形进行变换

选择要变换的图层，执行【Edit】（编辑）➤【FreeTransform】（自由变换）命令或使用

快捷键【Ctrl+T】，图形即可进入自由变换状态，此时图形的周围会出现具有 8 个定界点的定界框。在自由变换状态下可以完成对图形的 Scale（缩放）、Rotate（旋转）、Skew（扭

曲）、Distort（斜切）和 Perspective（透视）
等操作。

● Scale（缩放）

在自由变换状态下将鼠标指针移至定界
点上，此时指针会变为 形状，然后拖曳鼠
标可以实现对图像的水平或垂直缩放。

原图

水平缩放

垂直缩放

如果要对图形等比缩放，则可将鼠标指
针移到 4 个角的定界点上，然后按住【Shift】
键同时拖曳鼠标即可。

如果想要以中心等比缩放，可将鼠标指
针移到 4 个角的定界点，然后按住【Shift+Alt】
组合键的同时拖曳鼠标即可。变换完毕在图
像上双击，或者单击【Enter】键，然后在选
项栏中单击 ✔ 按钮即可应用变换效果。

注意　　在设计工作中对人物、动物和产品等对
象等只能使用等比缩放。

● Rotate（旋转）

在自由变换状态下，将鼠标指针移至定
界点附近，当指针变为 形状时，拖曳鼠标
即可对图像进行旋转。

如果旋转时按下【Shift】键，就可以每
次按 15°旋转。

注意　　在 Photoshop 中【Shift】键是一个锁键，
它可以锁定水平、垂直、等比例和 15°等。

● Skew（扭曲）

在自由变换状态下同时按住【Ctrl】键，
将鼠标指针移至 4 个角的定界点上，指针会
变为 形状，这时按住鼠标左键在任意方向
上拖曳可以扭曲图形。

● Distort（斜切）

在自由变换状态下按住【Ctrl+Shift】组合键，将鼠标指针移至 4 个角的定界点上，指针会变为↔形状，这时按住鼠标左键在水平或垂直方向上拖曳，图形将出现斜切效果。

● Perspective（透视）

在自由变换状态下按住【Ctrl+Shift+Alt】组合键，将鼠标指针移至 4 个角的定界点上，指针会变为▷形状，这时按住鼠标左键在水平或垂直方向上拖曳，图形将出现透视效果。

注意　【Free Transform】（自由变换）命令配合快捷键使用和单独使用某一种变换命令的区别在于：【Free Transform】（自由变换）命令可用于在一个连续的操作中应用变换（旋转、缩放、斜切、扭曲和透视等），不必选取其他命令，只需在键盘上按住一个键即可在变换类型之间进行切换。而关联菜单中的变换则需要不断地用右键选择切换。

也可以利用关联菜单实现变换效果。在自由变换状态下，在图像中单击鼠标右键，弹出的菜单称为关联菜单。

```
Free Transform

Scale
Rotate
Skew
Distort
Perspective
Warp
Content-Aware Scale

Rotate 180°
Rotate 90° CW
Rotate 90° CCW

Flip Horizontal
Flip Vertical
```

在该菜单中可以完成 Free Transform（自

由变换）、Scale（缩放）、Rotate（旋转）、Skew（扭曲）、Distort（斜切）、Perspective（透视）、Rotate 180°（旋转 180°）、Rotate 90° CW（顺时针旋转 90°）、Rotate 90° CCW（逆时针旋转 90°）、Flip Horizontal（水平翻转）和 Flip Vertical（垂直翻转）等操作。

原图

水平翻转

垂直翻转

2．利用选项栏做精确变换

自由变换状态下的选项栏如下图所示。

X: 175.0 px　Y: 242.0 px　W: 100.0%　H: 100.0%　0.0　H: 0.0　V: 0.0

在参数框中可更改参考点，在选项栏的【X】（水平位置）和【Y】（垂直位置）参数框中输入参考点的新位置的值。在 Photoshop 中，单击【Use relation positioning for reference point】（相关定位）按钮△可以相对于当前位置指定新位置；【W】、【H】分别表示水平和垂直缩放比例，在参数框中可以输入 0%～100%的数值进行精确的缩放；单击【Maintain aspect ratio】（链接）按钮可以保持长宽比不变；在△参数框中可指定旋转角度；【H】、【V】分别表示水平斜切和垂直斜切的角度；⊞表示在自由变换和变形模式之间切换；✔表示应用变换；⊘表示取消变换，单击【Esc】键也可以取消变换。

3．利用菜单中的变换命令对图形进行变换

选择要变换的图形或图层，执行【Edit】（编辑）➤【Transform】（变换）命令会弹出命令菜单，从中同样可以完成所有的变换操作，但是每次只能完成一种变换。

Again　　Shift+Ctrl+T
✓ Scale
Rotate
Skew
Distort
Perspective
Warp
Rotate 180°
Rotate 90° CW
Rotate 90° CCW
Flip Horizontal
Flip Vertical

如果想再次执行上次的变换命令，可以使用【Ctrl+Shift+T】组合键实现旋转 15°的效果，如右图所示。

再次使用【Ctrl+Shift+T】组合键后的效果（再次使用上次的变换效果）如下图所示。

如果想要再次使用上次的变换效果并同时复制图层，可以使用【Ctrl+Shift+Alt+T】组合键实现，如下图所示。

6.1.2　变形效果应用

本实例学习应用变形效果来创建一张卷曲的纸张页面效果，在学习的过程中要学会调节、添加和删除节点。

实例名称：变形效果		
实例目的：学会如何使用变形		
💿	素材	素材\ch06\ch_12.jpg
	结果	结果\ch06\变形效果.jpg

下面通过一个实例来讲解变形效果的应用。

❶新建一个大小为 800 像素×600 像素、分辨率为 72 像素/英寸的画布。打开随书光盘中的"素材\ch06\ch_12.jpg"图片，选择【Move Tool】（移动工具）➤⊕将它拖曳至新建的画布中。

❷按下【Ctrl+T】组合键或执行【Free Transform】（自由变换）命令，此时图像上会显示出定界框。

③ 将指针移至定界框上，当指针显示为 ↕ 状时，单击并拖动鼠标旋转图像。

④ 将指针移至定界框右上角的方块上，按住【Shift+Ctrl+Alt】组合键，当指针显示为 ▶ 形状时，单击并拖动鼠标透视变换图像。

⑤ 放开键盘中的按键，继续调整图像的定界框。

⑥ 按下【Enter】键确认变形操作。选择【Edit】（编辑）➤【Transform】（变换）➤【Warp】（变形）命令，图像上会显示出变形网格。

⑦ 调整点的位置，使图像符合透视要求。

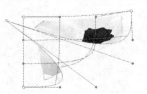

⑧ 按下【Enter】键确认变形操作。选择【Polygonal Lasso Tool】（多边形套索工具）∽，在画面中创建选区。

⑨ 选择【Select】（选择）➤【Modify】（修改）➤【Feather】（羽化）命令，在打开的对话框中设置【Feather Radius】（羽化半径）为"10"像素，并单击【OK】（确定）按钮。

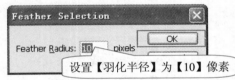

设置【羽化半径】为【10】像素

⑩ 在【LAYERS】（图层）调板中单击【Background】（背景）图层，将它设置为当前图层。

⑪ 将【Set foreground color】（前景色）设置为灰色（R:136,G:132,B:132），按住【Alt+Delete】组合键为选区填充前景色，按【Ctrl+D】组合键取消选择，出现最终效果图。

6.1.3　【Stamp Tool】（图章工具）

图章工具包括【Clone Stamp Tool】（仿制图章工具）和【Pattern Stamp Tool】（图案图章工具）两个。它们的基本功能都是复制图像，但复制的方式不同。

1.【Clone Stamp Tool】（仿制图章工具）

它是一种复制图像的工具，利用它可以做一些图像的修复工作。

仿制图章工具的选项栏包括：【Brush】（画笔）设置项、【Mode】（模式）下拉列表框、【Opacity】（不透明度）设置框、【Flow】（流量）设置框、【Aligned】（对齐的）复选项和【Sample】（样本）下拉列表框等。

【Brush】（画笔）设置项、【Mode】（模式）下拉列表框、【Opacity】（不透明度）设置框、【Flow】（流量）设置框等的使用已在前面介绍过了，这里不再赘述。

● 【Aligned】（对齐）复选项

选中此复选项，不管停笔后再画多少次，最终都可以将整个取样图像复制完毕并且有完整的边缘。使用这种功能可以在修复图像时随时调整仿制图章参数，它常用于多种画笔复制同一个图像。如果撤选此复选项，则每次停笔再画时，都将使用取样点的像素对图像进行修复。

选中【Aligned】（对齐）复选项的效果如下图所示。

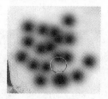

> **注意**　对修复图像取样时最好是在放大的视图中进行，应尽量在要修复的区域附近取样，并且要考虑到图像的整体性。

下面通过一个例子对仿制图章工具的使用方法进行介绍。

实例名称：仿制图章工具		
实例目的：学会仿制图章工具的使用方法		
	素材	素材\ch06\ch_1.jpg
	结果	结果\ch06\仿制图章工具.jpg

❶打开“素材\ch06\ch_1.jpg”文件，如下图所示，图像中荷花花瓣上有只蜜蜂影响了照片的整体效果，现在要通过【Clone Stamp Tool】（仿制图章工具）将其去掉。其原理就是取蜜蜂旁边的像素将其遮盖掉。

❷选中【Clone Stamp Tool】（仿制图章工具），在要覆盖的区域的边缘取样，把鼠标指针移到想要复制的图像上，按住【Alt】键，这时指针会变为准星形状，单击即可

把鼠标指针落点处的像素定义为取样点，然后在要修复的位置单击或拖曳鼠标即可。

③多次取样、多次复制，直到把选定的区域完全修复为止。

2.【Pattern Stamp Tool】(图案图章工具)

使用【Pattern Stamp Tool】(图案图章工具)可以利用图案进行绘画。可以从图案库中选择图案或者自己创建图案。

> **注意** 使用【Pattern Stamp Tool】(图案图章工具)不仅可以在同一个图像中取样并对同一个图像进行修复，而且可以在不同的图像中取样对不同的图像进行修复。

【Pattern Stamp Tool】(图案图章工具)的选项栏包括【Brush】(画笔)设置项、【Mode】(模式)下拉列表框、【Opacity】(不透明度)设置框、【Flow】(流量)设置框、【Aligned】(对齐)复选项、【图案】设置框和【Impressionist】(印象派效果)复选项等。

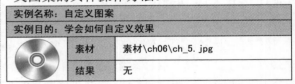

【Brush】(画笔)设置项、【Mode】(模式)下拉列表框、【Opacity】(不透明度)设置框、【Flow】(流量)设置框的用途和使用方法同【Clone Stamp Tool】(仿制图章工具)相似，这里不再赘述。

● **【图案】设置框**

在这里可以选择所要复制的图案。单击右侧的小方块会出现【图案】调板，里面存储着所有的预设图案。单击【图案】调板右上角的小圆圈会出现一个下拉菜单，其用法同画笔调板的下拉菜单相同，在这里可以选择不同种类的图案。

如果这些都不是想要的效果，那么可以自定义图案。下面通过一个实例来介绍自定义图案的具体操作方法。

实例名称：自定义图案	
实例目的：学会如何自定义效果	
素材	素材\ch06\ch_5.jpg
结果	无

①打开随书光盘中的"素材\ch06\ch_5.jpg"文件。

②使用矩形选框工具选择小球，执行【Edit】(编辑)➤【Define Pattern】(定义图案)命令，打开【Pattern Name】(图案名称)对话框。在【Name】(名称)文本框中为图案命名，然后在图案选项中选择所定义图案的名称即可。

注意　定义图案时必须用【Rectangular Marquee Tool】（矩形选框工具）来选择所需要的内容而且不能有任何的羽化。如果不用选区定义，将会把整个画布定义为图案。

● 【Impressionist】（印象派效果）复选项

选中此复项后复制出来的图像会有一种印象派绘画的效果。下图所示分别为选中【Impressionist】（印象派效果）复选项的效果和撤选【Impressionist】（印象派效果）复选项的效果。

【Pattern Stamp Tool】（图案图章工具）的使用方法：在图案中选择所需要的图案，在选项栏中设定各种属性，然后在图像中单击或拖曳鼠标即可。

6.1.4　【Spot Healing Brush Tool】（污点修复画笔工具）

【Spot Healing Brush Tool】（污点修复画笔工具）可以快速移去照片中的污点和其他不理想的部分。【Spot Healing Brush Tool】（污点修复画笔工具）的工作方式与【Healing Brush Tool】（修复画笔工具）类似，它使用图像或图案中的样本像素进行绘画，并将样本像素的纹理、光照、透明度和阴影与所修复的像素相匹配。

与修复画笔不同，污点修复画笔不要求指定样本点。污点修复画笔将自动从所修饰区域的周围取样。

选择【Spot Healing Brush Tool】（污点修复画笔工具）后，其工具选项栏如下图所示。

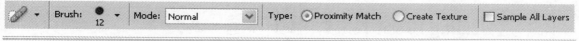

● 【Brush】（画笔）

单击该选项中的按钮，可以在打开的下拉调板中对画笔进行设置。

● 【Mode】（模式）

用来设置修复图像时使用的混合模式，包括【Normal】（正常）、【Replase】（替换）和【Multiply】（正片叠底）等。选择【Replase】（替换），可保留画笔描边的边缘处的杂色、

胶片颗粒和纹理。

● 【Type】（类型）

用来设置修复的方法。选择【Proximity Match】（近似匹配），可使用选区边缘周围的像素来查找要用作选定区域修补的图像区域；选择【Create Texture】（创建纹理），可使用选区中的所有像素创建一个用于修复该区域的纹理。

● 【Sample All Layers】（对所有图层取样）

勾选该项，可从所有可见图层中对数据进行取样，取消勾选则只从当前图层中取样。

下面将通过一个小实例来讲解如何清除照片中的污点。

实例名称：清除照片污点		
实例目的：学会如何清除照片污点的效果		
	素材	素材\ch06\ch_13.jpg
	结果	结果\ch06\清除照片污点.jpg

① 打开随书光盘中的 "素材\ch06\ch_13.jpg"
图片，图片中人物的脸部上有些斑点，下
面将使用【Spot Healing Brush Tool】(污点
修复画笔工具) 进行修复。

开始修复

继续修复

修复结果

② 选择【Spot Healing Brush Tool】(污点修复
画笔工具) ，在工具选项栏设置参数
如下图所示。

③ 将鼠标指针移至图像的斑点上，单击鼠标
即可修复图像，使用相同的方法修复脸部
其他的斑点。

6.1.5 【Healing Brush Tool】(修复画笔工具)

　　【Healing Brush Tool】(修复画笔工具) 可用于校正瑕疵，使它们消失在周围的图像环
境中。与【仿制图章工具】一样，使用【Healing Brush Tool】(修复画笔工具) 可以利用图
像或图案中的样本像素来绘画。但是【Healing Brush Tool】(修复画笔工具) 可将样本像素
的纹理、光照、透明度和阴影等与源像素进行匹配，从而使修复后的像素不留痕迹地融入图
像的其余部分。

　　【Healing Brush Tool】(修复画笔工具) 的选项栏包括：【Brush】(画笔) 设置项、
【Mode】(模式) 下拉列表框、【Source】(源) 选项区和【Aligned】(对齐) 复选项等。

注意　　选择图案的目的是为了使用图案的纹理来修复图像。

　　【Brush】(画笔) 设置项和【Aligned】
(对齐) 复选项的使用与图章工具相同，这
里不再赘述。

● 　　【Mode】(模式) 下拉列表框

　　其中的选项包括【Replace】(替换)、
【Normal】(正常)、【Multiply】(复合)、

【Screen】(滤色)、【Darken】(变暗)、
【Lighten】(变亮)、【Color】(颜色) 和
【Luminosity】(亮度) 等，这些模式的作用
将在后面的章节中做详细的讲解。

● 　　【Source】(源) 选项区

　　可以选择【Sampled】(取样) 或者

【Pattern】(图案)单选项。按下【Alt】键定义取样点，然后才能使用【Source】(源)选项区。选择图案选项后要先选择一个具体的图案，然后使用才会有效果。

下面利用【Healing Brush Tool】(修复画笔工具)来修复一张照片。

实例名称：修复照片		
实例目的：学会如何清除照片划痕的效果		
	素材	素材\ch06\ch_11.jpg
	结果	结果\ch06\修复照片.jpg

❶打开随书光盘中的"素材\ch06\ch_11.jpg"图像，这是一张扫描后的照片，可以清楚地看到照片上有些划痕。

❷选择【Healing Brush Tool】(修复画笔工具)，在选项栏上设定各项参数，如右图所示。

❸按住【Alt】键单击复制图像的起点，在需要修饰的地方单击并拖曳鼠标。

❹多次改变取样点并进行修饰，图片修饰完毕的效果如下图所示。

注意　在对照片修复特别是针对人物的面部进行修复时，修复画笔工具的效果要远远好于仿制图章工具。

6.1.6 【Patch Tool】(修补工具)

【Patch Tool】(修补工具)是对【Healing Brush Tool】(修复画笔工具)的一个补充。【Healing Brush Tool】(修复画笔工具)使用画笔来进行图像的修复，而【Patch Tool】(修补工具)则是通过选区来进行图像修复的。像【Healing Brush Tool】(修复画笔工具)一样，修补工具会将样本像素的纹理、光照和阴影等与源像素进行匹配，还可以使用修补工具来仿制图像的隔离区域。

【Patch Tool】(修补工具) 的选项栏包括【Patch】(修补)选项区、【Transparent】(透明)复选项和【Use Pattern】(使用图案)设置框等。

在【修补】选项区中可以选择【Source】(源)或者【Destination】(目标)单选项。打开需要修补的图像。

● 【Source】（源）单选项

先用修补工具选择需要修饰的区域 A。

按住鼠标左键，把选区拖到用来修饰的目的地 B，松开鼠标左键就会自动地按照 B 处选区的图像来修饰 A 处。取消选择后可以看到修补工具把选区的边缘处理得特别好，与选区外面的图像很好地结合在一起了。

● 【Destination】（目标）单选项

先用修补工具选择用来修饰的图像选区 A。

按住鼠标左键，把选区拖到需要修饰的地方 B，松开鼠标左键 Photoshop 就会自动地

按照 A 处选区的图像来修饰 B 处，取消选择即可修饰完毕。

● 【Transparent】（透明）复选项

复选此项，可对选区内的图像进行模糊处理，可以除去选区内细小的划痕。先用修补工具选择所要处理的区域，然后在其选项栏上选中【Transparent】（透明）复选项，区域内的图像就会自动地消除细小的划痕等。

● 【Use Pattern】（使用图案）设置框

用指定的图案修饰选区。先用修补工具选择所要处理的区域。

> **注意** 利用修补工具修复图像时创建的选区与创建的方法和工具无关，只要有选区即可。

在其选项栏上选择用来修饰的图案。

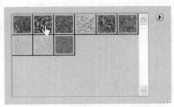

单击 Use Pattern 按钮，系统就会自动地用选择的图案进行修饰。

> **注意**　无论是用仿制图章工具、修复画笔工具还是修补工具，在修复图像的边缘时都应该结合选区完成。

6.1.7　【Red Tool】（红眼工具）

　　【Red Tool】（红眼工具）可移去用闪光灯拍摄的人物照片中的红眼，也可以移去用闪光灯拍摄的动物照片中的白色或绿色反光。

　　【Red Tool】（红眼工具）👁 的选项栏如下图所示。

　　（1）【Pupil Size】（瞳孔大小）：设置瞳孔眼睛暗色的中心的大小。

　　（2）【Darken Amount】（变暗量）：设置瞳孔的暗度。

> **提示**　红眼是由于相机闪光灯在主体视网膜上反光引起的。在光线暗淡的房间里照相时，由于主体的虹膜张开得很宽，将会更加频繁地看到红眼。为了避免红眼，请使用相机的红眼消除功能。或者使用可安装在相机上远离相机镜头位置的独立闪光装置。

　　下面来修复一张有红眼的照片。

实例名称：修复红眼		
实例目的：学会如何清除照片红眼的效果		
💿	素材	素材\ch06\ch_6.jpg
	结果	结果\ch06\修复红眼.jpg

①打开光盘中的"素材\ch06\ch_6.jpg"图像。

❷选择 Red Tool（红眼工具）👁，设置其参数，如下图所示。

❸框选照片中的红眼区域可得到如下图所示的效果。

6.1.8　【Blur Tool】（模糊工具）

　　使用【Blur Tool】（模糊工具）💧可以柔化图像中的硬边缘或区域，从而减少细节。它的主要作用是进行像素之间的对比。比如在做立体包装时可以用它来实现"近实后虚"的效果。下图所示为不使用和使用【Blur Tool】（模糊工具）💧的对比效果。

　　下图为不使用【Blur Tool】（模糊工具）💧放大到 500% 时的效果和使用【Blur Tool】（模

糊工具）后放大到 500%的效果。

从以上两张对比图中可以清楚地看到模糊工具是如何降低像素之间的反差的。

【Blur Tool】（模糊工具）的选项栏包括【Brush】（画笔）设置项、【Mode】（模式）下拉列表框、【Strength】（强度）设置框以及【Sample All Layers】（对所有图层取样）复选项等。

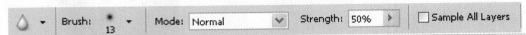

- 【Brush】（画笔）设置项

  用于选择画笔的形状。

- 【Mode】（模式）下拉列表框

  用于选择色彩的混合方式。

- 【Strength】（强度）设置框

  用于设置画笔的强度。

- 【Sample All Layers】（对所有图层取样）复选项

  选中此复选项，可以使模糊工具作用于所有层的可见部分。

6.1.9 【Sharpen Tool】（锐化工具）

使用【Sharpen Tool】（锐化工具）可以聚焦软边缘以提高清晰度或聚焦的程度，也就是增大像素之间的对比度。下图所示分别为未使用锐化工具和使用锐化工具的对比效果。

下图所示分别为未使用锐化工具时图像放大到 500%时的效果和使用锐化工具后图像放大到 500%的效果。

从以上两组对比图中可以清楚地看到锐化工具是如何增加像素之间的反差的。

【Sharpen Tool】（锐化工具）的选项栏与【Blur Tool】（模糊工具）的选项栏完全相同，这里不再赘述。

6.1.10　【Smudge Tool】(涂抹工具)

使用【Smudge Tool】(涂抹工具) 产生的效果好像是用干画笔在未干的油墨上擦过，也就是说笔角周围的像素将随着笔触一起移动。下图所示分别为未使用【Smudge Tool】(涂抹工具) 和使用【Smudge Tool】(涂抹工具) 的效果。

【Smudge Tool】(涂抹工具) 的选项栏包括【Brush】(画笔) 设置项、【Mode】(模式) 下拉列表框、【Strength】(强度) 设置框、【Sample All Layers】(对所有图层取样) 复选项和【Finger Painting】(手指绘画) 复选项等。

【Brush】(画笔) 设置项、【Mode】(模式) 设置框、【Strength】(强度) 设置框和【Sample All Layers】(对所有图层取样) 复选项等在前面已有介绍，这里不再赘述。

🔵　【Finger Painting】(手指绘画) 复选项

选中此复选项后可以设定涂痕的色彩，就好像用蘸上色彩的手指在未干的油墨上绘画一样。下图左图所示为撤选【Finger Painting】(手指绘画) 复选项的效果，右图所示为选中【Finger Painting】(手指绘画) 复选项且前景色为黄色时对比效果。

6.1.11　【Dodge Tool】(减淡工具) 和【Burn Tool】(加深工具)

概念小贴士

减淡和加深

【Dodge Tool】(减淡工具) 和【Burn Tool】(加深工具) 基于调节照片特定区域的曝光度的传统摄影技术，可以使图像区域变亮或变暗。摄影师减弱光线可以使照片中的某个区域变亮 (减淡)，或增加曝光度使照片中的某个区域变暗 (加深)。

【Dodge Tool】(减淡工具) 和【Burn Tool】(加深工具) 的选项栏相同，包括【Brush】(画笔) 设置项、【Range】(范围) 下拉列表框以及【Exposure】(曝光度) 设置框等。

Brush: 2100 | Range: Shadows | Exposure: 100% | Protect Tones

有关【Brush】（画笔）设置项的内容在前面已有介绍，这里不再赘述。

【Range】（范围）下拉列表框有以下选项。

● 【Shadows】（阴影）
选中后只作用于图像的阴影区域。

● 【Midtones】（中间调）
选中后只作用于图像的中间调区域。

● 【Highlights】（高光）
选中后只作用于图像的高光区域。

使用减淡工具和加深工具进行特殊色调区域处理是手工处理所望尘莫及的。

实例名称：使用减淡工具		
实例目的：学会如何使用减淡工具		
	素材	素材\ch06\ch_7.jpg
	结果	结果\ch06\减淡工具.jpg

①打开随书光盘中的"素材\ch06\ch_7.jpg"文件。

②选择【Dodge Tool】（减淡工具），对工具选项栏进行如下图所示的设置。

③最终效果如下图所示。

下图分别是原图在选择中间调和高光范围下使用减淡工具处理后的效果。

在 Midtones（中间调）处使用【减淡工具】

在 Highlights（高光）处使用【减淡工具】

由于加深工具的操作方法与减淡工具相同，这里就不再详细讲解，下图所示为对原图的各个色调使用加深工具后的效果。

在 Shadows（阴影）处使用【加深工具】

在 Midtones（中间调）处使用【加深工具】

在 Highlights（高光）处使用【加深工具】

注意　在使用【Dodge Tool】（减淡工具）时，如果同时按下【Alt】键可暂时切换为【Burn Tool】（加深工具）。同样在使用【Burn Tool】（加深工具）时，如果同时按下【Alt】键则可暂时切换为【Dodge Tool】（减淡工具）。

● 【Exposure】（曝光度）设置框

用于设置图像的曝光强度。建议使用时

先把【Exposure】（曝光度）的值设置得小一些，一般设置为 15%比较合适。

6.1.12 【Sponge Tool】（海绵工具）

使用【Sponge Tool】（海绵工具）可以精确地更改区域的色彩饱和度。在灰度模式下，该工具通过使灰阶远离或靠近中间灰色来增加或降低对比度。

【Sponge Tool】（海绵工具）的选项栏包括【Brush】（画笔）设置项、【Mode】（模式）下拉列表框和【Flow】（流量）设置框等。

【Brush】（画笔）设置项和【Flow】（流量）设置框在前面已经介绍过了，这里不再赘述。

在【Mode】（模式）下拉列表框中，选择【Desaturate】（去色）选项可以降低色彩饱和度，选择【Saturate】（加色）选项可以提高色彩饱和度。

原图

选择【Desaturate】（去色）

选择【Saturate】（加色）

如果图像为灰度模式，选择【Desaturate】（去色）可使图像趋向于 50%的灰度，选择【Saturate】（加色）可使图像趋向于黑白两色。

灰度模式

选择【Desaturate】（去色）

选择【Saturate】（加色）

6.2 如何擦除图像

本节视频教学录像：23 分钟

在绘制图像时有些多余的像素可以通过擦除工具将其擦除，也可以使用擦除工具做一些图像的选择和拼合操作。

6.2.1 【Eraser Tool】（橡皮擦工具）

【Eraser Tool】（橡皮擦工具）会更改图像中的像素，如果直接在背景上使用就相当于使用画笔用背景色在背景上做画。

在普通图层上使用，则会将像素抹成透明效果，还可以使用橡皮擦使受影响的区域返回【Hoistory】（历史记录）调板中选中的状态。

注意　这一选项只有在选择【Brush】（画笔）和【Pencil】（铅笔）模式时才能使用。

选择【Eraser Tool】（橡皮擦工具），然后打开橡皮擦工具的选项栏，如下图所示。

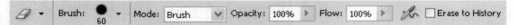

【Brush】（画笔）选项：对橡皮擦的笔尖形状和大小的设置与对画笔的设置相同，这里不再赘述。

橡皮擦的【Mode】（模式）有【Brush】（画笔）、【Pencil】（铅笔）和【Block】（块）3 种。

选中【块】模式时选项栏如下图所示，此时不能设置橡皮的大小、不透明度和流量等参数。

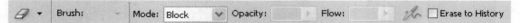

选中【Brush】（画笔）模式时的选项栏如下图所示，此时通过画笔笔尖的设置可以拼合图像。

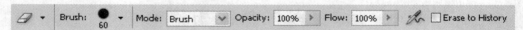

下面通过一个实例介绍使用橡皮擦工具的具体操作方法。

实例名称：使用橡皮擦工具		
实例目的：学会如何使用橡皮擦工具		
	素材	素材\ch06\ch_9.jpg、ch_10.jpg
	结果	结果\ch06\使用橡皮擦工具.jpg

①打开随书光盘中的"素材\ch06\ch_9.jpg"和"素材\ch06\ch_10.jpg"两幅图片。

❷将图 ch_10.jpg 拖曳到图 ch_9.jpg 中，调整图层顺序并设置橡皮擦参数，如下图所示。

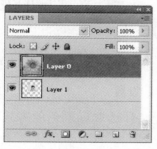

❸在图层中涂抹，涂抹后的最终效果如下图所示。

　　选中【Erase to History】（抹到历史记录）复选项时橡皮擦工具的使用方法和历史记录画笔的用法类似，这里不再赘述。

6.2.2　【Background Eraser Tool】（背景色橡皮擦工具）

　　【Background Eraser Tool】（背景色橡皮擦工具）是一种可以擦除指定颜色的擦除器，这个指定颜色叫做标本色，表示为背景色。使用它可以进行选择性地擦除。

　　【Background Eraser Tool】（背景色橡皮擦工具）只擦除了黑色区域。其擦除的功能非常灵活，在一些情况下可以达到事半功倍的效果。

　　【Background Eraser Tool】（背景色橡皮擦工具）的选项栏包括【Brush】（画笔）设置项、【Limits】（限制）下拉列表框、【Tolerance】（容差）设置框、【Protect Foreground Color】（保护前景色）复选项以及【取样】设置等。

1.【Brush】（画笔）设置项

　　用于选择画笔形状。

2.【Limits】（限制）下拉列表框

　　用于选择【Background Eraser Tool】（背景色橡皮擦工具的擦除界限，包括以下 3 个选项。

　　● 【Discontiguous】（不连续）

　　在选定的色彩范围内可以多次重复擦除。

● 【Contiguous】（连续）

在选定的色彩范围内只可以进行一次擦除，也就是说必须在选定的标本色内连续擦除。

● 【Find Edges】（查找边界）

在擦除时保持边界的锐度。

3. 【Tolerance】（容差）设置框

可以输入数值或者拖曳滑块进行调节。数值越低，擦除的范围越接近标本色。大的容差会把其他颜色擦成半透明的效果。下图所示分别为容差为 25%时的效果和容差为 100%时的效果。

4. 【Protect Foreground Color】（保护前景色）复选项

用于保护前景色，使之不会被擦除。

选中复选项

撤选复选项

5. 【取样】设置

用于选择选取标本色的方式有以下 3 种。

● 连续

单击此按钮，擦除时会自动选择所擦的颜色为标本色，此选项用于抹去不同颜色的相邻范围。在擦除一种颜色时，【Background Eraser Tool】（背景色橡皮擦工具）不能超过这种颜色与其他颜色的边界而完全进入另一种颜色，因为这时已不再满足相邻范围这个条件。当【Background Eraser Tool】（背景色橡皮擦工具）完全进入另一种颜色时，标本色即随之变为当前颜色，也就是说现在所在颜色的相邻范围为可擦除的范围。

擦除白色连续区域，标本色为白色

原图及前景色设置情况

完全进入红色区域擦除的情况

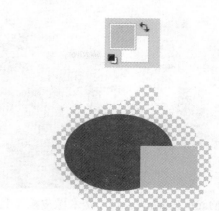

● 一次

单击此按钮，擦除时首先在要擦除的颜色上单击以选择标本色，这时标本色已固定，然后就可以在图像上擦除与标本色相同的颜色范围。每次单击选择标本色只能做一次连续的擦除，如果想继续擦除则必须重新单击选择标本色。

在 Photoshop 中是不支持背景层有透明部分的，而【Background Eraser Tool】（背景色橡皮擦工具）则可直接在背景层上擦除，因此擦除后 Photoshop 会自动地把背景层转换为一般层。下图所示为擦除前和擦除后的对比效果。

在红色区域中单击并拖曳

在绿色区域中单击并拖曳

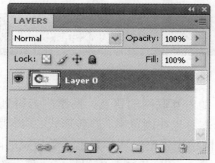

● 背景色板

单击此按钮在擦除之前选择背景色，即选择标本色，然后就可以擦除与背景色相同的色彩范围。下图所示为选中【背景色板】项并将背景色选定为白色时的擦除效果。

6.2.3 　【Magic Eraser Tool】（魔术橡皮擦工具）

　　【Magic Eraser Tool】（魔术橡皮擦工具）相当于魔棒加删除命令。选中【Magic Eraser Tool】（魔术橡皮擦工具），在图像上想擦除的颜色范围内单击，就会自动地擦除与此颜色相近的区域。下图所示分别为单击前的情况和单击后的情况。

【Magic Eraser Tool】（魔术橡皮擦工具）的选项栏与【Magic Wand Tool】（魔棒工具）的相似，包括【Tolerance】（容差）文本框、【Anti-alias】（消除锯齿）复选项、【Contiguous】（连续）复选项、【Sample All Layers】（对所有图层取样）复选项和【Opacity】（不透明度）参数框等。

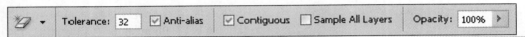

● 【Tolerance】（容差）文本框

　　数值越小选取的颜色范围就越接近，数值越大选取的颜色范围就越大。在文本框中可输入 0～255 之间的数值。

● 【Anti-alias】（消除锯齿）复选项

　　其功能已在前面介绍过，这里不再赘述。

● 【Contiguous】（连续）复选项

　　选择此复选项，只擦除与单击点像素邻近的像素；取消勾选，则可擦除图像中的所

有相似像素。

● 【Sample All Layers】（对所有图层取样）复选项

　　选择此复选项，可对所有可见图层中的取样来擦除色样。

● 【Opacity】（不透明度）参数框

　　用来设置擦除效果的不透明度。

6.3　职场演练

Banner 广告设计

　　随着互联网的普及，网络广告得到蓬勃发展，大型企业逐渐开始认可网络广告，而网络广告本身也在浏览率、广告形式、内容版式等方面表现出一些值得关注的新特点。种种迹象表明，网络广告已经逐步走出了受质疑的阶段，成为重要的企业营销手段。而在众多网络广告形式中 Banner 广告成为应用最广泛最受欢迎的形式之一。

Banner 最常用的是静止图片 Banner 和 GIF 动画 Banner，还有用 Flash 制作的 GIF 的 Banner，动态效果显著，体积也轻巧。

由于网络本身的特点，Banner 的设计与创作有一些特别之处需要注意，一个经过精心设计的 Banner 和一个创意平淡的 Banner 在点击率上将会相差很大。在设计制作的时候特别需要注意以下几点。

（1）Banner 的文字不能太多，一般要求用一句话来表达，配合的图形也无需太繁杂，文字尽量使用黑体等粗壮的字体，否则在视觉上很容易被网页其他内容淹没，也极容易在 72 点/英寸的屏幕分辨率下产生"花字"。文字的旁边要留有一定的空间，这样能使它们更明显。避免广告条的每一个角都有文字。Banner 中出现大号字时用小间距，出现小号字时用大间距。

（2）图形尽量选择颜色数少且能够说明问题的颜色。如果选择颜色很复杂的图形，要考虑一下在低颜色数情况下，是否会有明显的色斑。尽量不要使用彩虹色、晕边等复杂的特技图形效果，这样做会大大增加图形所占据的颜色数，除非存储为 JPG 静态图形，否则颜色最好不要超过 32 色。

（3）当选择单一色背景和使用纯文本时，可以使用 Photoshop 或 Image Ready 对它进行优化。

（4）Banner 的外围边框最好是深色的，因为很多站点不为 Banner 对象加上轮廓，这样，如果 Banner 内容都集中在中央，四周会过于空白而融于页面底色，降低 Banner 的注目率。

（5）Banner 大小应控制在 13KB 以内，最好在 10KB 以内。

（6）在设计 Banner 的视觉流程时让浏览者的视线从左到右，按钮设计在右边。

（7）Banner 广告中虽然闪烁的图案会瞬间产生记忆刺激，引起注意，但这种记忆往往为压迫性的，久之易产生负面效应，从而模糊记忆。而稳定的画面虽不易引发特殊的关注，但如果有良好的界面引导和内容，可产生良性的记忆，持久而牢固。

（8）绝大多数站点应用的网幅广告尺寸如下，它们一般反映了客户和用户的双方需求和技术特征。

尺寸	类型
468×60	全尺寸 Banner
392×72	全尺寸带导航条 Banner
234×60	半尺寸 Banner
125×125	方形按钮
120×90	按钮
120×60	按钮
88×31	小按钮
120×240	垂直 Banner

6.4　本章小结

　　在 Photoshop CS4 中不仅可以绘制各种效果的图形，还可以通过处理各种位图图像制作出满意的图像效果。本章的内容比较简单易懂，可以按照实例步骤进行操作，也可以导入自己喜欢的图片进行编辑处理。

第 7 章　使用路径

马对小龙说："Photo-shop CS4 中的路径到底起什么作用啊？我几乎用不上，你能给我具体地讲讲吗？"小龙回答说："路径在 Photoshop 中主要是用来精确地选择图像和绘制图形的，是在实际工作中运用的比较多的一种方法。每一个优秀的设计师都必须熟练地掌握它。下面就让我们赶快开始学习吧！"

◉　路径概述

◉　如何创建路径

◉　编辑路径

◉　使用路径调板

7.1 路径概述

本节视频教学录像: 7分钟

　　路径是由线条及其包围的区域组成的矢量轮廓,它是选择图像和精确绘制图像的重要媒介,利用路径选择图像和精确绘制图像如下图所示。

7.1.1 路径的特点

　　路径是不包含像素的矢量对象,与图像是分开的,并且不会被打印出来,因此也更易于重新选择、修改和移动。修改后不影响图像的效果。下图所示为路径的特点。

原图

放大到 1600%时的效果

删除效果

7.1.2　路径的组成

路径由一个或多个曲线段或直线段、方向点、锚点和方向线等组成。

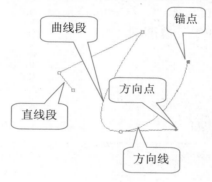

曲线段　　锚点

方向点

直线段

方向线

> **注意**　锚点选中时为一个实心的方点，不选中时是空心的方点。控制点在任何时候都是实心的方点，而且比锚点小。

7.1.3　路径中的基本概念

概念小贴士

锚点

锚点又称为定位点，它的两端会连接直线或曲线。由于控制柄和路径的关系可分为几种不同性质的锚点。平滑点：方向线是一体的锚点。角点：没有公共切线的锚点。拐点：控制柄独立的锚点。

平滑点

角点

拐点

开放路径是指有明显的起点和终点的路径。闭合路径指起点和终点重合的路径。下图所示分别为闭合路径和开放路径的效果。

7.2 如何创建路径

📹 本节视频教学录像：7分钟

使用【Pen Tool】（钢笔工具）、【Freeform Pen Tool】（自由钢笔工具）、【Rectangle Tool】（矩形工具）、【Rounded Rectangle Tool】（圆角矩形工具）、【Ellipse Tool】（椭圆工具）、【Polygon Tool】（多边形工具）、【Line Tool】（直线工具）和【Custom Shape Tool】（自定形状工具）等都可以创建路径。不过，前提是必须选择路径模式 🔲。

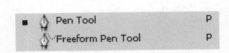 

7.2.1 使用【Pen Tool】（钢笔工具）

【Pen Tool】（钢笔工具）🖊.是创建路径的最主要的工具。它不仅可以用来选取图像，而且可以绘制卡通漫画。作为一个优秀的设计师应能熟练地使用它。

选择【Pen Tool】（钢笔工具）🖊，快捷键为【P】。开始绘制之前鼠标指针显示为 🖊，若大小写锁定键【Caps Lock】被按下则指针显示为 ┼。

● 绘制直线

分别在两个不同的地方单击就可以绘制直线。

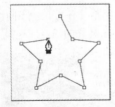 

● 绘制曲线

单击鼠标绘制出第一点，然后单击并拖曳鼠标绘制出第二点，这样就可以绘制曲线并使锚点两端出现方向线。方向点的位置及方向线的长短会影响到曲线的方向和曲度。

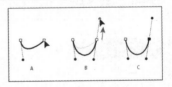

● 曲线之后接直线

绘制出曲线后，若要在之后接着绘制直线，则需要按下【Alt】键，暂时切换为转换点工具，然后在最后一个锚点上单击使控制线只保留一段，再松开【Alt】键在新的地方单击另一点即可。

● 选择钢笔工具

　　单击选项栏中的黑色三角 ，弹出【Pen Options】（钢笔选项）窗口，从中选择【Rubber Band】（橡皮带）复选项则可在绘制时直观地

看到下一节点之间的轨迹。

Pen Options
☑ Rubber Band

7.2.2　使用【Freeform Pen Tool】（自由钢笔工具）

　　用户还可以创建图像路径。选择【Freeform Pen Tool】（自由钢笔工具） ，按住鼠标左键沿图像的边缘拖曳出路径。或者选择【Freeform Pen Tool】（自由钢笔工具）后，在选项栏中选择【Magnetic】（磁性）选项，然后沿图像单击并拖曳鼠标，就可得到图像路径。

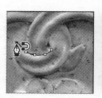

7.3　编辑路径

🎥 本节视频教学录像：12 分钟

　　编辑路径的工具有【Path Selection Tool】（路径选择工具） 、【Direct Selection Tool】（直接选择工具） 、【Add Anchor Point Tool】（添加锚点工具） 、【Delete Anchor Point Tool】（删除锚点工具） 和【Convert Point Tool】（锚点转换工具） 等，使用它们可以对路径作任意的编辑。如选择、添加、删除锚点，改变锚点性质，选择、复制、删除以及移动变换路径等操作。

7.3.1　使用【Path Selection Tool】（路径选择工具）

❶ 打开随书光盘中的"素材\ch07\7-3.jpg"文件，并在图像中创建路径。

❸ 将路径撤销到原来的状态，若要实现对路径的精确移动，可以用光标键配合【Shift】键每次移动 10 像素。若再按下【Alt】键则每相距 10 像素复制一次。

❷ 选择【Path Selection Tool】（路径选择工具） ，可以选择整个路径，也可以用它们来移动路径。

7.3.2 使用【Direct Selection Tool】（直接选择工具）

　　【Direct Selection Tool】（直接选择工具）主要用来选择锚点、方向点。用它在路径上单击则可使锚点出现。

❶ 打开随书光盘中的"素材\ch07\7-3.jpg"文件，并在图像中创建如下图所示的路径。

❷ 选择【Direct Selection Tool】（直接选择工具），在路径上单击可以选择单个锚点，并使锚点两侧的控制柄出现。

❸ 锚点被选中后，可将鼠标指针放在锚点上，通过拖曳鼠标来移动锚点。当方向线出现时，可以用【Direct Selection Tool】（直接选择工具）移动方向点的位置以及改变方向线的长短来影响路径的形状，改变方向线的状态会影响路径的形状。这时按下【Alt】键可暂时切换为路径选择工具。

❹ 如果配合使用【Shift】键则可加选多个锚点。也可以通过框选来选择多个锚点。

❺ 在路径外单击可隐藏锚点。

7.3.3 添加或删除锚点

❶ 打开随书光盘中的"素材\ch07\7-3.jpg"文件，并在图像中创建路径。

❷ 选择工具箱中的【Add Anchor Point Tool】（添加锚点工具）工具，在路径上单击

即可以添加锚点。

❸ 选择工具箱中的【Delete Anchor Point Tool】（删除锚点工具）工具，在路径

上单击即可以删除锚点。

④ 在【Pen Tool】（钢笔工具）状态下，在选项栏中选中【Auto Add/Delete】（自动添加/删除）复选项，此时在路径上单击即可添加锚点，在锚点上单击即可删除锚点。

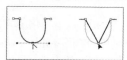

7.3.4　改变锚点性质

使用【Convert Point Tool】（锚点转换工具）可以使锚点在角点、平滑点和拐点之间转换。

● 角点转换成平滑点

使用【Convert Point Tool】（锚点转换工具）在锚点上单击并分别拖曳控制柄即可转换成平滑点。

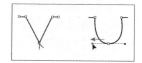

● 平滑点转换成角点

使用【Convert Point Tool】（锚点转换工具）直接单击锚点即可。

● 平滑点转换成拐点

使用【Convert Point Tool】（锚点转换工具）单击方向点并拖曳，然后更改方向点的位置或方向线的长短即可。

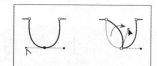

7.3.5　删除路径

选中路径后按【Delete】键，或者在右键菜单中选择【Delete Path】（删除路径）菜单项即可。

单击【Delete current Path】（删除当前路径）按钮，也可删除当前路径。也可选择路径将其拖曳到【Delete current Path】（删除当前路径）按钮上，删除路径。

7.3.6 使用【Free Transform】（自由变换）命令

当锚点被选择后，可以使用【Free Transform】（自由变换）命令对路径进行缩放、旋转等操作。

| 注意 | 在【Pen Tool】（钢笔工具）状态下，使用快捷键对路径编辑时要先按下快捷键，然后再进行操作，操作完毕后要先松开鼠标左键再松开快捷键，这样才不会发生误操作。

在工作中对路径的编辑一般都是通过快捷键完成的。在【Pen Tool】（钢笔工具）状态下，按下【Ctrl】键可以切换为【Direct Selection Tool】（直接选择工具），按下【Alt】

键可以切换为【Convert Point Tool】（锚点转换工具）。在锚点上单击可以删除锚点，在路径上单击可以添加锚点。在【Pen Tool】（钢笔工具）状态的绘制的过程中，按下【Alt】键的同时单击锚点可以使控制柄断开，在后边可以绘制直线；拖曳控制柄可以使控制柄断开，然后可以对锚点两侧的路径段单独操作。

7.4 使用【Paths】（路径）调板

本节视频教学录像：21 分钟

【Paths】（路径）调板中可以对路径快速方便地进行管理。【Paths】（路径）调板可以说是集编辑路径和渲染路径于一身。在这个调板中可以完成从路径到选区和从自由选区到路径的转换，还可以对路径施加一些效果，使得路径看起来不那么单调。下图为打开的【Paths】（路径）调板。

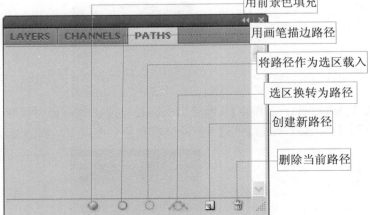

用前景色填充
用画笔描边路径
将路径作为选区载入
选区换转为路径
创建新路径
删除当前路径

7.4.1　【Fill Path】（填充路径）

单击调板上的【Fill path with foreground color】（用前景色填充路径）按钮 可以用前景色对路径进行填充。

❶ 打开随书光盘中的"素材\ch07\7-2.jpg"文件。在图像中绘制路径。

❷ 设置前景色为红色（R:240，G:99，B:147）。新建一个图层。按下【Alt】键的同时单击【Fill path with foreground color】（用前景色填充路径）按钮 ，弹出【Fill Path】（填充路径）对话框，可以对各项参数进行设置，然后单击【OK】（确定）按钮。

❸ 在【Layer】（图层）调板混合模式选项中选择"Soft Light"（柔光）选项为图像添加一种特殊效果。

7.4.2　【Stroke Path】（描边路径）

单击【Stroke path with brush】（用画笔描边路径）按钮 可以实现对路径的描边。

❶ 打开随书光盘中的"素材\ch07\7-2.jpg"文件。在图像中绘制路径并设置前景色为红色（R:240,G:99,B:147）。

❷ 描边情况与画笔的设置有关，所以要对描边进行控制，最好先对画笔进行设置。按下【Alt】键的同时单击【Stroke path with brush】（用画笔描边路径）按钮 则可弹

出【Stroke Path】（描边路径）对话框。

❸ 单击【OK】（确定）按钮后的效果如下图所示。

7.4.3 路径和选区的转换

单击【Load path as a selection】（将路径作为选区载入）按钮 可以将路径转换为选区进行操作，也可以按【Ctrl+Enter】组合键完成这一操作。

如果在按下【Alt】键的同时单击【Load path as a selection】（将路径作为选区载入）按钮 则可弹出【Make Selection】（建立选区）对话框，在该对话框中可以设置【Feather Radius】（羽化半径）等选项。

单击【Make work path from selection】（选区转换为路径）按钮 可以将当前的选区转换为路径进行操作。如果在按下【Alt】键的同时单击【Make work path from selection】

（选区转换为路径）按钮 则可弹出【Make Work Path】（建立工作路径）对话框。

注意 图中的【Tolerance】（容差）是控制路径在转换为选区时的精确度的，【Tolerance】（容差）值越大，建立路径的精确度就越低；【Tolerance】（容差）值越小，精确度就越高，但同时锚点也会增多。

7.4.4 工作路径

在【Paths】（路径）调板中单击路径预览图，路径将以高亮显示。如果在调板中的灰色区域单击，路径将变为灰色，这时路径将被隐藏。

工作路径是出现在【Paths】（路径）调板中的临时路径，用于定义形状的轮廓。用【Pen Tool】（钢笔工具）在画布中直接创建的路径及由选区转换的路径都是工作路径。

如果在工作路径处，在被隐藏状态时再用钢笔工具直接创建路径，那么原来的路径将被新路径代替。双击工作路径的名称将会弹出【Save Path】（存储路径）对话框，从中可以实现对工作路径重命名并保存。

7.4.5 使用【Creat new path】(创建新路径)和【Delete current path】(删除当前路径)按钮

如果在单击【Creat new path】(创建新路径)按钮后再用钢笔工具建立路径，路径将是被保存过的。如果在按下【Alt】键的同时单击此按钮，则可打开【New Path】(新路径)对话框，可以为生成的路径命名。

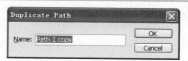

在按下【Alt】键的同时，若将已存在的路径拖曳到【Creat new path】(创建新路径)按钮上，则可实现对路径的复制并得到该路径的副本。

若将已存在的路径拖曳到【Delete current path】(删除当前路径)按钮上则可将该路径删除。也可以选中路径后使用【Delete】键删除路径，还可以按下【Alt】键再单击【Delete current path】(删除当前路径)按钮，将路径直接删除。

7.4.6 剪切路径

剪切路径的主要作用是将路径包围的图像作为其他程序的信息来使用。

实例名称：	剪切路径	
实例目的：	灵活的运用钢笔工作创建路径及路径的编辑	
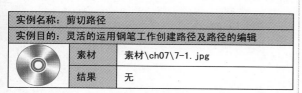	素材	素材\ch07\7-1.jpg
	结果	无

❶打开随书光盘中的"素材\ch07\7-1.jpg"文件。

❷选择【Pen Tool】(钢笔工具)创建路径。

❸单击【Paths】(路径)调板右上角的三角按钮弹出调板菜单，从中可以实现对路径的存储、复制、删除、填充、描边、剪贴等操作以及设置调板选项等操作。

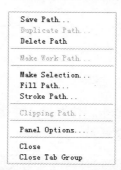

❹单击【Paths】(路径)调板右上角的小三角按钮，选择【Save Path】(存储路径)命令后再选择【Clipping Path】(剪贴路径)命令会弹出【Clipping Path】(剪贴路径)对话框。在这里可以设置路径的名称和展平度(定义路径由多少个直线片段组成)。

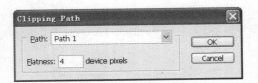

⑤将该文件存储为 TIFF 格式即可。

7.5　职场演练

宣传海报设计

文字、图形、色彩在海报设计中是 3 个密切相联的表现要素，就视觉语言的表现风格而言，在一件作品中要求做到三者相互协调统一，达到这一点十分重要。在其他的设计领域也同样会涉及这样的问题，只是若表现要素发生了变化，将不同的表现要素用共同的、相连的视觉语言统一到一张作品中，并非易事，这就要求设计师能深入地了解设计语言，并在实践中做到准确、灵活地运用，以取得最佳的广告宣传效果。

在农行的基金宣传海报设计中运用到了图层混合功能，使颜色层与图片层很好的融合，烘托出轻松自由的气氛。

农行的基金宣传海报通过盛开的一枝双莲花的特异形象来体现购买农行基金所带来的双倍利润，创意新颖，构思独特。

7.6　本章小结

本章主要介绍了路径工具的使用方法、对路径的编辑（增加节点和调节路径等）以及【Paths】（路径）调板的使用等，并以简单实例进行了详细演示。学习本章时应多尝试在实例操作中应用路径工具，这样可以加强学习效果。

第 8 章　使用文字对象

小 马通过前面章节的学习，已经可以使用 Photoshop CS4 做一张生日贺卡了，在快要做完的时候发现自己想实现的漂亮泡泡文字不会做，于是问小龙："在 Photoshop CS4 中如何输入文字呀，能对文字进行特效处理吗？你能给我讲讲吗？" 小龙回答说："当然可以呀，本章除了讲解文字工具的使用方法外，还介绍一些关于文字设计的基本方法。"

- ✦ 文字的输入与删除
- ✦ 变形文字
- ✦ 路径文字
- ✦ 文字栅格化处理
- ✦ 文字转化为形状
- ✦ 文字转化为选区

来，大家跟我一起念，1，2，3……

8.1 文字的输入与删除

本节视频教学录像：11分钟

文字是人们传达信息的主要方式，在设计工作中显得尤为重要。文字的不同大小、颜色及不同的字体传达给人的信息也不相同，所以我们要熟练地掌握关于文字的输入与设计的方法。

8.1.1 输入文字

输入文字的工具有【Horizontal Type Tool】（横排文字工具）T、【Vertical Type Tool】（竖排文字工具）IT、【Horizontal Type Mask Tool】（横排文字蒙版工具）和【Vertical Type Mask Tool】（竖排文字蒙版工具）4种，后两种工具主要用来建立文字形选区。

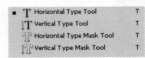

利用文字输入工具可以输入两种类型的文字：点文本和段落文本。

点文本用于较少文字的场合，例如标题、产品和书籍的名称等。输入时选择文字工具在画布中单击输入即可，但它不会自动换行。

段落文本主要用于报纸杂志、产品说明及企业宣传册等。输入时首先选择文字工具，然后在画布中单击并拖曳鼠标以生成文本框，最后在其中输入文字即可。它会自动换行形成一段文字。

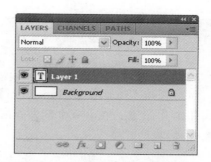

> **注意**　当创建文字时，在【Layer】（图层）调板中会添加一个新的文字图层，在 Photoshop 中还可以创建文字形状的选框。但在 Photoshop 中，因为【多通道】、【位图】或【索引颜色】模式不支持图层，所以不会为这些模式中的图像创建文字图层。在这些图像模式中文字显示在背景上。

8.1.2　设置文字属性

选择【Horizontal Type Tool】（横排文字工具）**T**，其选项栏如下图所示。

- ● **T**（更改文字方向）按钮

单击此按钮可以在横排文字和竖排文字之间进行切换。

- ● Myriad Pro（字体设置）下拉列表框

在该下拉列表框中可以设置字体类型。

- ● **T** 12 pt（字号设置）下拉列表框

在该下拉列表框中可以设置文字大小。

- ● aa Sharp（消除锯齿）下拉列表框

消除锯齿的方法包括【None】（无）、【Sharp】（锐利）、【Crisp】（犀利）、【Strong】（浑厚）和【Smooth】（平滑）等，通常设置为【Smooth】（平滑）。

- ● **≡ ≡ ≡**（段落格式）设置区

包括 **≡**（左对齐）按钮、**≡**（居中对齐）按钮和 **≡**（右对齐）按钮。

- ● **■**（文本颜色）设置项

单击文本颜色设置项可以弹出拾色器，从中可以设置文本颜色。

- ● ◇

取消当前的所有编辑。

- ● ✓

提交当前的所有编辑。

在对文字大小进行设定时，可以先通过文字工具拖曳选择文字，然后使用快捷键更改文字大小，使用【Ctrl+Shift+>】组合键增大字号，使用【Ctrl+Shift+<】组合键减小字号。在对文字间距进行设置时，可以使用【Alt】键加左右方向键来改变字的间距。【Alt】键加左方向键可以减小字符的间距，【Alt】键加右方向键可以增大字符的间距。在对文字行间距进行设置时，可以使用【Alt】键加上下方向键来改变行间距。【Alt】键加上方向键可以减小行间距，【Alt】键加下方向键可以增大行间距。文字输入完毕，可以使用【Ctrl + Enter】组合键提交文字输入。

8.1.3 设置段落属性

❶ 打开随书光盘中的"素材\ch08\8-3.jpg"文件，然后选择【Horizontal Type Tool】（横排文字工具）T，在画布中单击并拖曳鼠标生成文本框。

❷ 在文本框中输入一段文字。当文字过多时，文本框的右下角出现【+】号，表示有隐藏的文本。

❸ 将鼠标指针定位在定界点上，此时鼠标指针会变为双向箭头，然后将文本框拖曳变大，隐藏的文本就会出现。

注意 要在调整界框大小时缩放文字，应在拖曳手柄的同时按住【Ctrl】键。点文本和段落文本可以相互转换。用【Move Tool】（移动工具）选择文字图层，然后执行【Layer】（图层）▷【Type】（文字）▷【Convert to Paragraph Text / Point Text】（转换为段落文本/点文本）命令即可。

❹ 若要旋转定界框，可将鼠标指针定位在定界框外，此时指针会变为弯曲的双向箭头。

提示 按住【Shift】键并拖曳可将旋转限制为按 15° 进行。要更改旋转中心，按住【Ctrl】键并将中心点拖曳到新位置即可。中心点可以在定界框的外面。

❺ 选择文字，单击选项栏中的（切换字符和段落调板）按钮调出【CHARACTER】（字符）调板，在这里可以对文字的各种属性进行设置。

❻ 选择【PARAGRAPH】（段落）调板可以对段落的对齐方式、缩进等进行设置。

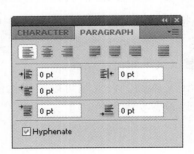

8.2　变形文字

本节视频教学录像：4分钟

为了增强文字的效果，可以创建变形文本。使用文字工具在画布中输入文字，在选项栏中单击 ⏝（创建变形文本）按钮打开【Warp Text】（变形文字）对话框。

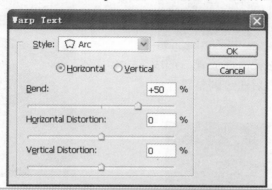

● 　【Style】（样式）下拉列表框

用于选择哪种风格的变形。单击右侧下三角按钮 ▾ 可弹出样式风格菜单。

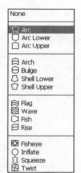

● 　【Horizontal】（水平）单选项和【Vertical】（垂直）单选项

用于选择弯曲的方向。

● 　【Bend】（弯曲）、【Horizontal Distortion】（水平扭曲）和【Vertical Distortion】（垂直扭曲）

用于控制弯曲的程度，输入适当的数值或者拖曳滑块均可。下图所示为使用"鱼形"样式变形前后的文字的效果。

8.3　路径文字

本节视频教学录像：12分钟

路径文字可以输入沿着用钢笔工具或形状工具创建的工作路径的边缘排列的文字。路径文字可以分为绕路径文字和区域文字两种，绕路径文字是让文字沿路径放置，可以通过对路径的修改来调整文字组成的图形效果。

区域文字是在封闭路径内部放置，形成和路径相同的文字块，然后通过调整路径的形状来调整文字块的形状。

创建绕路径文字效果的方法如下。

实例名称：创建绕路径文字	
实例目的：学会创建绕路径文字，并对绕路径文字进行调整	
素材	素材\ch08\8-1.jpg
结果	无

① 打开随书光盘中的"素材\ch08\8-1.jpg"文件。选择适当的工具，例如【Pen Tool】（钢笔工具）或【Freeform Pen Tool】（自由钢笔工具），在工作区顶部的选项栏中单击【Path】（路径）按钮，然后绘制希望文本遵循的路径。

② 选择 T.（文字工具），将鼠标指针移至路径上，当鼠标指针变为 形状时在路径上单击，然后输入文字即可。

③ 对于路径文字的调整，不仅具有文字的所有属性，而且还可以改变字体笔画的形状。如果要调整路径与文字的距离，只要调整文字与基线的距离即可，下图所示为文字与基线的距离为 20 点时的效果。

④ 如果要调整文字在路径上的位置，可选择【Direct Selection Tool】（直接选择工具），当鼠标指针变为 形状时沿路径拖曳即可。下图为原图与变化后的图的对比效果。

5 如果想把文字放在路径的另一侧，可选择
【Direct Selection Tool】（直接选择工具）
，当鼠标指针变为 形状时拖曳文字到
另一侧即可。

6 还可以通过调整路径的形状来影响文字的
效果，选择【Direct Selection Tool】（直接
选择工具），然后对路径进行调整即可。

创建区域文字效果的方法如下。

实例名称：创建区域文字		
实例目的：学会创建绕路径文字，并对绕路径文字进行调整		
	素材	素材\ch08\8-2.jpg
	结果	无

1 打开随书光盘中的"素材\ch08\8-2.jpg"文
件。选择适当的工具，例如【Pen Tool】（钢
笔工具） 或【Freeform Pen Tool】（自由钢
笔工具） ，在工作区顶部的选项栏中单
击【Path】（路径）按钮 ，创建封闭路径。

2 选择 （文字工具），将鼠标指针移至路
径内，当鼠标指针变为 形状时在路径内
单击并输入文字或将复制的文字粘贴到路
径内即可。

3 还可以通过调整路径的形状来调整文字块
的形状。选择【Direct Selection Tool】（直
接选择工具），然后对路径进行调整即
可。

8.4 文字栅格化处理

文字图层是一种特殊的图层，要想对文字进行进一步的处理，可以对文字进行栅格化处理，即先将文字转换成一般的图像再进行处理。

对文字进行栅格化处理的方法如下。

使用【Move Tool】（移动工具） 选择文字图层，然后选择【Layer】（图层）▶【Rasterize】（栅格化）▶【Type】（文字）命令，下图为栅格化前后的效果。

注意　文字图层栅格化处理以后就成为了一般图形而不再具有文字的属性。文字图层成为普通图层后，可以对其直接应用滤镜效果。

8.5 文字转化为形状

Photoshop CS4 还可以将文字转化为形状后再进行处理。选择【Layer】（图层）▶【Type】（文字）▶【Convert to Shape】（转化为形状）命令。

注意　文字转化为形状后就成为形状图层，不再具有文字的属性，但是可以使用调整形状的方法对其进行处理（关于对形状的调整方法，在后面的内容中将做详细的讲解）。

8.6 文字转化为选区

Photoshop CS4 可以通过【Horizontal Type Mask Tool】（横排文字蒙版工具） 和【Vertical

Type Mask Tool】（竖排文字蒙版工具）创建文字形状的选区。文字选区出现在当前图层中，而不生成新的图层。并且可以像任何其他的选区一样可被移动、复制、填充或描边。

创建文字形状的选区的方法如下。

选择【Horizontal Type Mask Tool】（横排文字蒙版工具）或【Vertical Type Mask Tool】（竖排文字蒙版工具）在图层上单击或拖曳，输入文字时当前图层上会出现一个红色的蒙版。

① 打开随书光盘中的"素材\ch08\8-3.jpg"文件。在工具箱中选择【Horizontal Type Mask Tool】（横排文字蒙版工具）。

③ 文字提交后，当前图层上的图像中就会出现文字选框。

② 在图像中输入"天空"。

注意　在输入状态未提交之前，可以更改文字的所有属性。但提交后成为选区，就不再具有文字的任何属性，而只能用修改选区的方法对其进行修改。

8.7　职场演练

卡片设计

卡片是商业贸易活动中的重要媒介体，俗称小广告，它在商业活动中扮演着重要的角色，因此对卡片的设计从构思到形象表现、从开本到印刷、纸张都提出了很高要求。就像得到一张精美的卡片或一本精美的书籍要妥善收藏，而不会随手扔掉一样，精美制作的卡片同样会被长期保存，以起到长久的广告宣传作用。

下面的卡片是针对当代大学生而设计的，大学生们都在追求浪漫的生活情调，对卡通人物

充满无限的喜爱，并寄托了他们一种深厚的情感。这里选取一男一女两个卡通人物形象作为学习卡的主题图形，让其占据了画面面积的 3/4，意在营造一种浪漫、温馨的画面氛围，迎合学生的这种心理需要。

另外卡片的商业性越来越强，除了商品或企业的名称以外，广告宣传语也占有重要的地位。

宣传语"无限关怀，传情 CD！"文字设计制作，电脑系统带有的中文字体很少，不能满足设计者的需求，通常需要在字库文件里安装一些专用字体。目前市场上使用比较多的有方正字库、汉鼎字库及特殊书法字体等。在输入文字后，可以选择合适的字体，然后栅格化文字图层，把文字图层转变为一个普通图层，使用渐变颜色的填充工具给文字填充合适的色彩，最后运用图层样式中的描边效果即可实现本例中的文字特效。

8.8　本章小结

在 Photoshop CS4 中使用文本工具时，可以看到更详细的字体类型改变，使预览和操作文本变得非常简单，用户可以如控制图形一样轻松地控制文本。读者在学习编辑文本方法的同时，可以充分发挥自己的创造力。

第 9 章 使用图层

马对小龙说："Photoshop CS4 的图层是干什么用的呀？我对这个概念有些模糊呢！"

小龙回答说："图层就像是含有文字或图形等元素的胶片，一张张按顺序叠放在一起，组合起来形成页面的最终效果。通过简单地调整各个图层之间的关系，能够实现更加丰富的视觉效果。"

- ⊕ 图层的基本概念和操作
- ⊕ 图层组的应用
- ⊕ 智能对象
- ⊕ 填充图层和调整图层
- ⊕ 图层混合模式
- ⊕ 蒙版层
- ⊕ 图层样式

9.1 图层的基本概念和操作

本节视频教学录像：49 分钟

概念小贴士

图层

　　举例说明，一个图层就好像是一张透明的纸，要做的就是在几张透明的纸上分别作画，再将这些纸按一定次序叠放在一起，使它们共同组成一幅完整的图像。

　　图层的出现，使平面设计进入了另一个世界，那些复杂的图像一下子变得简单清晰起来。通常认为 Photoshop 中的图层有 3 种特性：透明性、独立性和遮盖性。

9.1.1 透明性

　　透明性是图层最基本的特性。图层就像是一层层透明的玻璃，在没有绘制色彩的部分，透过上面图层的透明部分，能够看到下面图层的图像效果。在 Photoshop 中图层的透明部分表现为灰白相间的网格。

实例名称：图层的透明性	
实例目的：通过实际操作了解图层的透明性	
素材	素材\ch09\花.jpg 和球.jpg
结果	无

① 打开随书光盘中的"素材\ch09\球.jpg"和"素材\ch09\花.jpg"文件。

② 选择【Window】（窗口）▷【Layers】（图层）命令，打开【Layers】（图层）调板。

③ 使用工具箱中的【Magic Wand Tool】（魔棒工具）🪄，在球以外蓝色画布的任意区域单击，选中蓝色画布。

④ 按【Ctrl+Shift+I】组合键反选选区，选中球。

⑤ 使用【Move Tool】（移动工具）➤⊕ 将"球"图片拖曳到"花"图片上。从【Layers】（图层）调板中可以看到【Layer 1】（图层 1）图层中有灰白相间的网格，即为透明部分。

【Layer 1】（图层 1）中的灰白相间网格表示透明部分

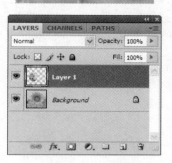

⑥ 使用工具箱中的【Move Tool】（移动工具）➤⊕，选择【Layer 1】（图层 1）图层中的球并移动其位置。

以上操作表明，无论球怎么移动，总能透过球所在图层的透明部分看到背景图层的内容，说明球所在的图层具有透明性。

9.1.2 独立性

把一幅作品的各个部分放到单个的图层中，能方便地操作作品中任何部分的内容。各个图层之间是相对独立的。对其中一个图层进行操作时，其他的图层不受影响。

实例名称：图层的独立性	
实例目的：通过实际操作了解图层的独立性	
素材	素材\ch09\花和球.jpg、花.jpg 和 球.psd
结果	无

① 打开随书光盘中的"素材\ch09\花和球.jpg"文件。

② 使用工具箱中的【Elliptical Marquee Tool】（椭圆选框工具）○，按住【Shift】键的同时拖曳【Elliptical Marquee Tool】（椭圆选框工具）创建一个圆形选区，并放置在球上。

③ 使用工具箱中的【Move Tool】（移动工具）▶⊕，选择并移动选区中的球，会发现背景图层中的图像被破坏。

怎样做才能移动球而不破坏图像呢？

④ 打开随书光盘中的"素材\ch09\花.jpg"和"素材\ch09\球.psd"文件。

⑤ 使用【Move Tool】（移动工具）▶⊕将"球"图片拖曳到"花"图片上，此时从【Layers】（图层）调板中可以看到球和花处于两个图层中。

⑥ 使用工具箱中的【Move Tool】（移动工具）▶⊕，选择并拖曳【Layer 1】（图层 1）图层中球的位置，会发现背景图层中的图像没有被破坏。

以上操作表明，球和花处于同一图层上时，移动球后会破坏图像，而球和花分别放置在 2 个图层上时，无论球怎么移动，均不会破坏背景图层中的图像。说明图层具有独立性。

9.1.3 遮盖性

图层之间的遮盖性指的是当一个图层中有图像信息时，会遮盖住下层图像中的图像信息。

实例名称：图层的遮盖性	
实例目的：通过实际操作了解图层的遮盖性	
素材	素材 \ch09\ 花.jpg、球.jpg 和蝴蝶.psd
结果	无

❶打开随书光盘中的 "素材\ch09\花.jpg" 文件。

❷打开随书光盘中的 "素材\ch09\球.psd" 文件。

❸使用【Move Tool】(移动工具)将 "球" 图片拖曳到 "花" 图片上，此时从【Layers】(图层)调板中可以看到球和花处在不同的图层中。

❹打开随书光盘中的 "素材\ch09\蝴蝶.psd" 文件。

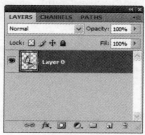

❺使用【Move Tool】(移动工具)将 "蝴蝶" 图片拖曳到 "花" 图片上，此时从

【Layers】(图层)调板中可以看到有 3 个图层。

以上操作表明，球遮盖了花蕊，蝴蝶遮盖了球的一部分，说明图层具有遮盖性。

9.1.4　Layer（图层）的分类

在 Photoshop 中通常将图层分为以下几类。

● 普通图层

在 Photoshop 中普通图层显示为灰色方格的层。

用于承载图像信息，不填充像素的区域是透明的，有像素的区域会遮挡下面图层中的内容。

选择【Edit】(编辑)➤【Preferences】(首选项)➤【Transparency & Gamut】(透明度与色域)命令，打开【Preferences】(首选项)对话框可以改变普通图层网格的大小和颜色。

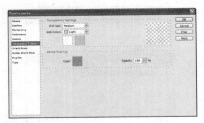

● 文字图层

文字图层是一种特殊的图层，用于承载文字信息。它在【Layers】(图层)调板中的缩略图与普通图层不同。

文字图层

可以通过【Rasterize Type】(栅格化图层)命令将其转换为普通图层，使其具备普通图层的特性。

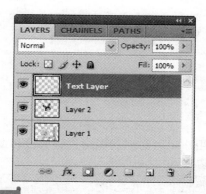

　文字图层在被栅格化以前不能使用编辑工具对其操作。但文字图层被栅格化后将不能再使用文字工具对其进行编辑。

● Background（背景）图层

使用 Photoshop 新建文件时，如果背景图层选择白色或背景色，在新文件中就会被自动创建一个背景图层，并且该图层还有一个锁定的标志🔒。背景图层始终在最底层，就像一栋楼房的地基一样，不能与其他图层调整叠放顺序。

一个图像中可以没有背景图层，但最多只能有一个背景图层。

背景图层的不透明度不能更改，不能为背景图层添加图层蒙版，也不可以使用图层样式。如果要改变背景图层的不透明度、为其添加图层蒙版或者使用图层样式，可以先将背景图层转换为普通图层。

把背景图层转换为普通图层的具体操作如下。

实例名称：背景图层转换为普通图层		
实例目的：能够更熟练地使用多种方法将背景图层转换为普通图层		
	素材	素材\ch09\风景.jpg
	结果	无

① 打开随书光盘中的"素材\ch09\风景.jpg"文件。

② 选择【Window】（窗口）➤【Layers】（图层）命令，打开【Layers】（图层）调板。在【Layers】（图层）调板中选定背景图层。

选定背景图层

③ 选择【Layers】（图层）➤【New】（新建）➤【Layer From Background】（背景图层）命令。

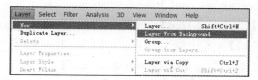

④ 弹出【New Layer】（新建图层）对话框。

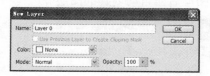

⑤ 单击【OK】（确定）按钮，背景图层即转换为普通图层。

　直接在背景图层上双击，可以快速将背景图层转换为普通图层。使用【Background Eraser Tool】（背景橡皮擦工具）🖌和【Magic Eraser Tool】（魔术橡皮擦工具）🖌擦除背景图层时，背景图层便自动变成普通图层。

形状图层

形状是矢量对象，与分辨率无关。形状图层一般是使用工具箱中的形状工具（【Rectangle Tool】（矩形工具）□、【Rounded Rectangle Tool】（圆角矩形工具）□、【Elliptical Tool】（椭圆工具）○、【Polygon Tool】（多边形工具）○、【Line Tool】（直线工具）\、【Custom Shape Tool】（自定义形状工具）♨ 或【Pen Tool】（钢笔工具）♨）绘制图形后而自动创建的图层。

> **提示** 要创建形状图层，一定要先在选项栏中选择【Shape Layers】（形状图层）按钮□。关于形状工具组的使用方法会在后面的章节中详细讲解。

形状图层包含定义形状颜色的填充图层和定义形状轮廓的矢量蒙版。形状轮廓是路径，显示在【Paths】（路径）调板中。如果当前图层为形状图层，在【Paths】（路径）调板中可以看到矢量蒙版的内容。

用户可以对形状图层进行修改和编辑。具体操作如下。

实例名称：修改和编辑形状图层		
实例目的：熟练地掌握和应用形状图层		
	素材	素材\ch09\风景 2.jpg
	结果	无

① 打开随书光盘中的"素材\ch09\风景 2.jpg"文件。

② 创建一个形状图层，然后在【Layers】（图层）调板中双击图层的缩览图。

③ 打开【Pick a Solid Color:】（拾取实色:）对话框。

④ 选择相应的颜色后，单击【OK】（确定）按钮，即可重新设置填充颜色。

⑤使用工具箱中的【Direct Selection Tool】
（直接选择工具）,即可修改或编辑形
状中的路径。

如果要将形状图层转换为普通图层,需
要栅格化形状图层。有以下 3 种方法。

(1) 完全栅格化法

选择形状图层,选择【Layer】（图层）≻
【Rasterize】（栅格化）≻【Shape】【形状】
命令,即可将形状图层转换为普通图层,同
时不保留蒙版和路径。

(2) 路径和蒙版栅格化法

选择【Layer】（图层）≻【Rasterize】（栅
格化）≻【Fill Content】（填充内容）命令,
将栅格化形状图层填充,同时保留矢量蒙版。

(3) 蒙版栅格化法

选择【Layer】（图层）≻【Rasterize】（栅
格化）≻【Vector Mask】（矢量蒙版）命令,
将栅格化形状图层的矢量蒙版,但同时转换
为图层蒙版,丢失路径。

● 蒙版图层

蒙版图层是用来存放蒙版的一种特殊图层，依附于除背景图层以外的其他图层。蒙版的作用是显示或隐藏图层的部分图像，也可以保护区域内的图像，以免被编辑。用户可以创建的蒙版类型有图层蒙版和矢量蒙版2种。

(1) 图层蒙版

图层蒙版是与分辨率有关的位图图像，由绘画或选择工具创建。创建图层蒙版的具体操作如下。

实例名称：花朵宝宝		
实例目的：学会使用图层蒙版		
	素材	素材\ch09\花朵.jpg、宝宝.jpg
	结果	结果\ch09\花朵宝宝.jpg

①打开随书光盘中的"素材\ch09\花朵.jpg、"素材\ch09\宝宝.jpg"文件。

②使用【Move Tool】（移动工具）将"宝宝"图片拖曳到"花朵"图片上。

③单击【Layers】（图层）调板下方的【Add Vector Mask】（添加图层蒙版）按钮，为当前图层创建图层蒙版。

④把前景色设置为黑色，选择【Brush Tool】（画笔工具），开始涂抹宝宝以外区域的画布的颜色，可以看到背景层的图像显示出来。

⑤继续涂抹，直到宝宝与花朵融合在一起，按【Ctrl+T】组合键，缩小宝宝的大小至适当位置。

这时，可以看到宝宝和花朵已经融合在一起，构成了一幅图片。

提示 选择图层后，选择【Layer】（图层）▶【Layer Mask】（图层蒙版）命令，在弹出的子菜单命令中选择合适的菜单命令，即可创建图层蒙版。

(2) 矢量蒙版

矢量蒙版与分辨率无关，一般是使用工具箱中的【Pen Tool】（钢笔工具）、形状

工具（【Rectangle Tool】（矩形工具）□、
【Rounded Rectangle Tool】（圆角矩形工具）
□、【Elliptical Tool】（椭圆工具）○、
【Polygon Tool】（多边形工具）○、【Line
Tool】（直线工具）╲和【Custom Shape Tool】
（自定义形状工具）☁）绘制图形后而创建
的。

矢量蒙版可在图层上创建锐边形状。若
需要添加边缘清晰的图像，可以使用矢量蒙
版。创建矢量蒙版的具体操作如下。

实例名称：创建矢量蒙版		
实例目的：学会使用矢量工具创建矢量蒙版		
	素材	素材\ch09\风景 3. jpg
	结果	无

❶打开随书光盘中的"素材\ch09\风景 3.jpg"
文件。

❷选择图层后，选择工具箱中的【Custom
Shape Tool】（自定义形状工具）☁，在选
项栏中选择【Shape Layers】（形状图层）
按钮□，然后在背景图层上拖动鼠标指针
绘制任意形状，即可创建矢量蒙版。

> **提示** 选择图层后，选择【Layer】（图层）▶
> 【Vector Mask】（矢量蒙版）命令，在弹出的子菜
> 单命令中选择合适的菜单命令，可以创建矢量蒙
> 版，此时可以使用形状工具创建形状。

● 调整图层

可以实现对图像色彩的调整，而不实际
影响色彩信息（关于如何实现对图像的影响，
在后面的章节中会做具体的说明）。当其被删
除后图像仍恢复为原始状态。

9.1.5 【Layers】（图层）调板

Photoshop 中的所有图层都被保存在
【Layers】（图层）调板中，对图层的各种操
作基本上都可以在【Layers】（图层）调板中
完成。使用【Layers】（图层）调板可以创建、
编辑和管理图层以及为图层添加样式，还可
以显示当前编辑的图层信息，使用户清楚地
掌握当前图层操作的状态。

选择【Window】（窗口）▶【Layers】（图
层）命令或按【F7】键可以打开【Layers】（图
层）调板。

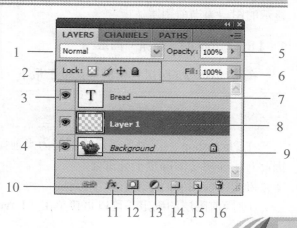

1. 【Set The Blending Mode For The Layer】（图层混合模式）

创建图层中图像的各种特殊效果。

2. 【Lock】（锁定）工具栏

锁定透明像素、锁定图像像素、锁定位置和锁定全部。

3. 【Indicates Layer Visibility】（显示或隐藏）

显示或隐藏图层。当图层左侧【Indicates Layer Visibility】（显示）眼睛图标 时，表示当前图层在图像窗口中显示，单击【Indicates Layer Visibility】（显示）眼睛图标 ，图标消失并隐藏该图层中的图像。

4. 【Layer Thumbnail】（图层缩览图）
该图层的显示效果预览图。

5. 【Opacity】（图层不透明度）

设置当前图层的总体不透明度。

6. 【Fill】（图层填充不透明度）

设置当前图层的填充百分比。

7. 图层名称

图层的名字。

8. 当前图层

在【Layers】（图层）调板中，蓝色高亮显示的图层为当前图层。

9. 【Background】（背景）图层

在【Layers】（图层）调板中，位于最下

方，图层名称为"背景"二字的图层，即是背景图层。

10. 【Link Layers】（链接图层）

在图层上显示图标 时，表示图层与图层之间是链接图层，在编辑图层时可以同时进行编辑。

11. 【Layer Style】（图层样式）

单击该按钮，从弹出的菜单中选择相应选项，可以为当前图层添加图层样式效果。

12. 【Layer Mask】（图层蒙版）

单击该按钮，可以为当前图层添加图层蒙版效果。

13. 【New Fill Or Adjustment Layer】（创建新的填充或调整图层）

单击该按钮，从弹出的菜单中选择相应选项，可以创建新的填充图层或调整图层。

14. 【New Group】（创建新组）

创建新的图层组。可以将多个图层归为一个组，这个组可以在不需要操作时折叠起来。无论组中有多少个图层，折叠后只占用相当于一个图层的空间，方便管理图层。

15. 【New Layer】（创建新图层）

单击该按钮，可以创建一个新的图层。

16. 【Delete Layer】（删除图层）

删除当前图层。

9.1.6 当前图层的确定

在 Photoshop 中深颜色显示的图层为当前图层，大多数的操作都是针对当前图层进行的，因此对当前图层的确定十分重要。

确定当前图层的方法有以下两种。

(1) 当前图层的确定，可以直接单击【Layers】（图层）调板中的缩览图进行选择。

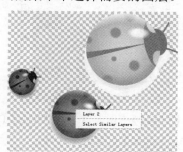

可以在图像工作区中叠加区域单击右键，然后在弹出的菜单中选择需要的图层。

（2）当图层之间存在着上下叠加关系时，

9.1.7 图层上下位置关系的确定

改变图层的排列顺序就是改变图层像素之间的叠加次序，这可以通过直接拖曳图层的方法来实现。

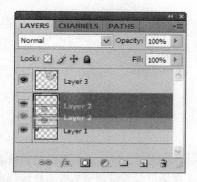

```
Bring to Front   Shift+Ctrl+]
Bring Forward          Ctrl+]
Send Backward          Ctrl+[
Send to Back     Shift+Ctrl+[
Reverse
```

- 【Bring to Front】（置为顶层）

  将当前图层移动到最上层，【Shift+Ctrl +]】。
- 【Bring Forward】（前移一层）

  将当前图层往上移一层，【Ctrl+]】。
- 【Send Backward】（后移一层）

  将当前图层往下移一层，【Ctrl+〔】。
- 【Send to Back】（置为底层）

  将当前图层移动到最底层，【Shift+Ctrl+〔】。
- 【Reverse】（反向）

  将选中的图层顺序反转。

也可以通过选择【Layer】（图层）➢【Arrange】（排列）命令来完成图层的重新排列。Photoshop 提供了 5 种排列方式，下图为【Arrange】（排列）命令子菜单。

9.1.8 图层的对齐与分布

依据当前图层和链接图层的内容，可以进行图层之间的对齐操作。Photoshop 中提供了 6 种对齐方式。

❶ 打开随书光盘中的"素材\ch09\图层的对齐与分布.psd"文件。然后同时选择【Layer 1】（图层 1）、【Layer 2】（图层 2）和【Layer 3】（图层 3）图层。

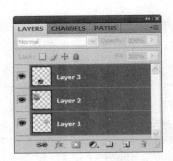

❷选择【Layer】（图层）➤【Align】（对齐）
➤【Top Edges】（顶边）命令。

提示　　顶边是将链接图层顶端的像素对齐到
当前工作图层顶端的像素或者选区边框的顶端，以
此方式来排列链接图层的效果。

❸撤销到图片打开时的状态，然后选择
【Layer】（图层）➤【Align】（对齐）➤
【Vertical Centers】（垂直居中）命令。

提示　　垂直居中是将链接图层的垂直中心像
素对齐到当前工作图层垂直中心的像素或者选区
的垂直中心，以此方式来排列链接图层的效果。

❹撤销到图片打开时的状态，选择【Layer】
（图层）➤【Align】（对齐）➤【Bottom Edges】
（底边）命令。

提示　　底边是将链接图层的最下端的像素对
齐到当前工作图层的最下端像素或者选区边框的
最下端，以此方式来排列链接图层的效果。

❺撤销到图片打开时的状态，选择【Layer】
（图层）➤【Align】（对齐）➤【Left Edges】
（左边）命令。

提示　　左边是将链接图层最左边的像素对齐
到当前工作图层最左端的像素或者选区边框的最
左端，以此方式来排列链接图层的效果。

❻撤销到图片打开时的状态，选择【Layer】
（图层）➤【Align】（对齐）➤【Horizontal
Centers】（水平居中）命令。

提示　　水平居中是将链接图层水平中心的像
素对齐到当前工作图层水平中心的像素或者选区
的水平中心，以此方式来排列链接图层的效果。

7 撤销到图片打开时的状态，选择【Layer】（图层）➢【Align】（对齐）➢【Right Edges】（右边）命令。

提示　右边是将链接图层的最右端像素对齐到当前工作图层最右端的像素或者选区边框的最右端，以此方式来排列链接图层的效果。

注意　Photoshop 只能参照不透明度大于 50% 的像素来对齐链接的图层。

分布是将链接图层之间的间隔均匀地分布，Photoshop 提供了 6 种分布的方式。选择【Layer】（图层）➢【Distribute】（分布）命令可以弹出【分布】命令子菜单。

【Top Edges】（顶边）：参照最上面和最下面两个图形的顶边，中间的每个图层以像素区域的最顶端为基础，在最上和最下的两个图形之间均匀地分布。

【Vertical Centers】（垂直居中）：参照每个图层垂直中心像素的位置均匀地分布链接图层。

【Bottom Edges】（底边）：参照每个图层最下端像素的位置均匀地分布链接图层。

【Left Edges】（左边）：参照每个图层最左端像素的位置均匀地分布链接图层。

【Horizontal Centers】（水平居中）：参照每个图层水平中心像素的位置均匀地分布链接图层。

【Right Edges】（右边）：参照每个图层最右端像素的位置均匀地分布链接图层。

【Align】（对齐）和【Distribute】（分布）命令也可以通过按钮来完成。首先要保证图层处于链接状态，当前工具为移动工具，这时在工具选项栏中就会出现相应的对齐、分布按钮。

9.1.9　图层的合并与拼合

合并图层是指将多个有联系的图层合并为一个图层，以便于进行整体操作。

1 打开随书光盘中的"素材\ch09\图层的对齐与分布.psd"文件。选择【Layer 1】（图层1）和【Layer 2】（图层 2）图层。

2 选择【Layer】（图层）➢【Merge Layers】（合并图层）命令即可将【Layer 1】（图层1）和【Layer 2】（图层 2）图层合并为一个图层。

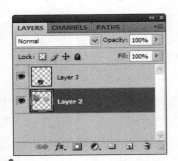

③撤销到图片打开时的状态，选择【Layer 3】（图层 3）图层。

④选择【Layer】（图层）➤【Merge Down】（向下合并）命令，可以将当前图层与其下面的图层合并为一个图层。也可以通过快捷键【Ctrl+E】来完成。

⑤撤销到图片打开时的状态，隐藏【Layer 2】（图层 2）图层。

⑥选择【Layer】（图层）➤【Merge Visible】（合并可见图层）命令，可将所有的显示图层合并到一个图层中，隐藏图层还被保留。也可以通过快捷键【Ctrl+Shift+E】来完成。

⑦撤销到图片打开时的状态，隐藏【Layer 2】（图层 2）图层。然后选择【Layer】（图层）➤【Flatten Image】（拼合图层）命令，弹出【Adobe Photoshop CS4 Extended】对话框。

⑧单击【OK】（确定）按钮，可以将图像中的所有可见图层都合并到背景图层中，隐藏图层则被删除。这样可以降低文件的大小。

9.1.10 图层编组

【Group Layers】（图层编组）命令用来创建图层组，如果当前选择了多个图层，【Layer】（图层）➤【Group Layers】（图层编组）命令（也可以通过快捷键【Ctrl+G】）将选择的图层编为一个图层组，下图为编组前后的图层效果。

如果当前文件中创建了图层编组，选择【Layer】（图层）➤【Ungroup Layers】（取消图层编组）命令可以取消选择的图层组的编组。

9.1.11 【Layers】（图层）调板弹出菜单

单击【Layers】（图层）调板右侧的黑色按钮可以弹出命令菜单，从中可以完成新建图层、复制图层、删除图层、选择删除链接图层和删除隐藏图层等操作。

9.2 图层组的应用

本节视频教学录像：9分钟

图层组可以帮助用户组织和管理图层。使用图层组可以很容易地将图层作为一组进行移动、应用属性和蒙版，以及减少【Layers】（图层）调板中的混乱，甚至可以将现有的链接图层转换为图层组，还可以实现图层组的嵌套。图层组也具有混合模式和不透明度，也可以进行

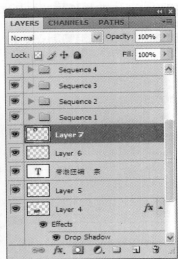

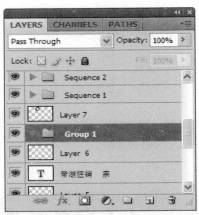

重排、删除、隐藏和复制等操作。

9.2.1 管理图层

打开随书光盘中的"素材\ch09\9-1.psd"图像。

其中统一属性的图像和文字都统一放在不同的文件夹中，这样便于查找和编辑。

9.2.2 图层组的嵌套

按下【Ctrl】键然后单击【Create a New Group】（创建新组）按钮可以实现图层组的嵌套。

9.2.3 图层组内图层位置的调整

可以通过拖曳实现不同图层组内图层位置的调整，调整图层的前后位置，图层组之间的关系将会发生变化。

9.3 智能对象

🎥 本节视频教学录像：8分钟

智能对象是一种容器，用户可以在其中嵌入栅格或矢量图像数据，例如嵌入另一个 Photoshop 或 Adobe Illustrator 文件中的图像数据。嵌入的数据将保留其所有原始特性，并仍然完全可以编辑。可以在 Photoshop 中通过转换一个或多个图层来创建智能对象。此外，用户可以在 Photoshop 中粘贴或放置来自 Illustrator 的数据。智能对象使用户能够灵活地在 Photoshop 中以非破坏性方式缩放、旋转图层和将图层变形。

用魔棒工具选取红色的辣椒后执行【Layer】(图层)➤【New】(新建)➤【Layer Via Copy】(通过拷贝的图层)命令，按【Layers】(图层)调板右侧的黑色按钮 ▼ ≡ 可以弹出命令菜单，执行【Convert to Smart Object】(转换为智能对象)命令即可。

智能对象将源数据存储在 Photoshop 文档内部后，用户就可以在图像中处理该数据的复合。当用户想要修改文档（例如，缩放文档）时，Photoshop 将基于源数据重新渲染复合数据。

智能对象实际上是一个嵌入在另一个文件中的文件。当用户依据一个或多个选定图层创建一个智能对象时，实际上是在创建一个嵌入在原始（父）文件中的新（子）文件。

智能对象非常有用，因为它们允许用户执行以下操作。

（1）执行非破坏性变换。例如，用户可以根据需要按任意比例缩放图层，而不会丢失原始图像数据。

（2）保留 Photoshop 不会以本地方式处理的数据，如 Illustrator 中的复杂矢量图片，Photoshop 会自动将文件转换为它可识别的内容。

（3）编辑一个图层即可更新智能对象的多个实例。

可以将变换（但某些选项不可用，例如【Prespective】(透视)和【Distort】(扭曲))、图层样式、不透明度、混合模式和变形应用于智能对象。进行更改后，即会使用编辑过 的内容更新图层。

9.4　填充图层和调整图层

本节视频教学录像：12分钟

填充图层和调整图层是 Photoshop 中很重要的两类图层。通过填充图层可以实现对图层的各种类型的填充效果，通过调整图层可以达到改变图像的色彩效果而不影响任何的图像颜色信息的作用。

9.4.1　管理图层

填充图层将影响位于它下面的所有图层，在创建的时候会自带一个图层蒙版。如果图像中存在着选区或者路径，则会根据选区来创建显示选区的图层蒙版，或者根据路径来创建图层剪贴蒙版。与普通图层一样，填充图层也具有图层混合模式和不透明度，也可以进行重排、删除、隐藏和复制等操作。

填充图层包括纯色、渐变、图案填充图层等 3 类。选择【Layer】(图层)➢【New Fill Layer】(新建填充图层)命令，可以弹出其子菜单。

```
Solid Color...
Gradient...
Pattern...
```

填充图层效果的操作如下。

实例名称：填充图层效果	
实例目的：使用新建填充图层命令制作特殊的效果	
素材	素材\ch09\9-2.jpg
结果	结果\ch09\渐变填充效果.jpg

① 打开随书光盘中的"素材\ch09\9-2.jpg"文件。

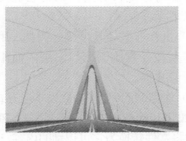

② 选择【Layer】(图层)➢【New Fill Layer】(新建填充图层)➢【Gradient】(渐变)命令弹出【New Layer】(新建图层)对话框，将【Opacity】(不透明度)调整为 50%，

单击【OK】(确定)按钮。

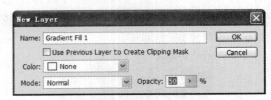

③ 弹出【Gradient Fill】(渐变填充)对话框，单击【Click To Edit The Gradient】(点按可编辑渐变)按钮，在弹出【Gradient Editor】(渐变编辑器)对话框中选择渐变类型。

④ 单击【OK】（确定）按钮返回【Gradient Fill】（渐变填充）对话框, 然后再单击【OK】（确定）按钮。

9.4.2　调整图层

应用调整图层可以改变下层图像的色调和影调。与【Color Adjust】（色彩调整）命令不同的是, 调整图层不会永久性地改变原图像的像素信息。

在调整的过程中, 所有的修改都发生在调整图层中, 相当于【Color Adjust】（色彩调整）命令与蒙版相结合, 可以实现对图像局部色彩的调整, 并随时可以进行更改。

① 打开随书光盘中的 "素材\ch09\9-3.jpg" 文件。

此图片中整个图像色调偏暗, 颜色不够鲜艳, 整体感觉很灰。在对图像进行调整的时候要注意, 拉开图像的明暗变化。

② 单击【Create New Fill or Adjustment Layer】（创建新的填充或调整图层）按钮 , 然后选择【Curves】（曲线）命令打开【Curves】（曲线）对话框, 参数设置和素材图片效果如下图所示。

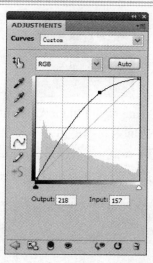

③ 选中蒙版, 然后使用【Brush Tool】（画笔工具）在几只大的红辣椒上涂抹, 将原有的几只大的红辣椒重新显示出来。

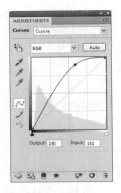

> **注意** 调整图层的效果会影响到下面的所有图层。

④ 打开随书光盘中的"素材\ch09\9-3.jpg"和"9-4.jpg"两幅图像。

⑤ 使用工具箱中的【Move Tool】（移动工具）⊕，将"9-4"图像拖曳到"9-3"图像中。

⑥ 单击【Create New Fill Or Adjustment Layer】（创建新的填充或调整图层）按钮 ⊘，选择【Curves】（曲线)命令弹出【Curves】（曲线）对话框，设置其参数，如右图所示。

⑦ 下图所示为图像调整后的效果。

与填充图层相同，创建的调整图层也可以具有混合模式和不透明度，也可进行重排、删除、隐藏和复制等操作。

9.5　图层混合模式

 本节视频教学录像：13分钟

图层的混合模式决定当前图层的像素如何与图像中的下层图层的像素进行混合。使用混合模式可以创建各种特殊的效果。

9.5.1　Normal（一般模式）

❶ 打开随书光盘中的"素材\ch09\风景 3.jpg"
和"素材\ch09\天空.jpg"两幅图像。

❷ 使用【Move Tool】（移动工具）将"风
景 3.jpg"图片拖曳到"天空.jpg"图片中。

❸ 在图层混合模式框中选择"Normal"（正
常）模式，设置【Opacity】（不透明度）为
60％。

> **提示**　【Normal】（正常）模式是系统默认的模式。
> 当【Opacity】（不透明度）为 100%时，这种模式只
> 是让图层将背景图层覆盖而已。所以使用这种模式
> 时，一般应选择【Opacity】（不透明度）为一个小
> 于 100%的值，以实现简单的图层混合。

❹ 在图层混合模式框中选择【Dissolve】（溶
解）模式。

> **提示**　【Dissolve】（溶解）模式：当【Opacity】（不
> 透明度）为 100%时，它不起作用；当【Opacity】
> （不透明度）小于 100%时图层逐渐溶解，即其部分
> 像素随机消失，并在溶解的部分显示背景，从而形
> 成了两个图层交融的效果。

9.5.2　Darken（变暗模式）

❶ 打开随书光盘中的"素材\ch09\风景3.jpg"
和"素材\ch09\天空.jpg"两幅图像。

❷ 使用【Move Tool】（移动工具）将"风
景3.jpg"图片拖曳到"天空.jpg"图片中。

❸ 在图层混合模式框中选择【Darken】（变暗）
模式。

> 提示　【Darken】（变暗）模式：在这种模式下，
> 两个图层中颜色较深的像素会覆盖颜色较浅的像
> 素。

❹ 在图层混合模式框中选择【Multiply】（正
片叠底）模式。

> 提示　【Multiply】（正片叠底）模式：在这种模式
> 下可以产生比当前图层和背景图层的颜色都暗的
> 颜色，据此可以制作出一些阴影效果。在这个模式
> 中，黑色和任何颜色混合之后还是黑色。而任何颜
> 色和白色叠加，得到的还是该颜色。

❺ 在图层混合模式框中选择【Color Burn】（颜
色加深）模式。

提示 【Linear Burn】（线性加深）模式：它的作用是使两个混合图层之间的线性变化加深。就是说本来图层之间混合时其变化是柔和的，是逐渐地从上面的图层变化到下面的图层。而应用这个模式的目的就是加大线性变化，使得变化更加明显。

⑦在图层混合模式框中选择【Darker Color】（深色）模式。

提示 【Color Burn】（颜色加深）模式：应用这个模式将会获得与颜色减淡相反的效果，即图层的亮度减低、色彩加深。

⑥在图层混合模式框中选择【Linear Burn】（线性加深）模式。

提示 【Darker Color】（深色）模式：应用这个模式将会获得图像与深色相混合的效果。

9.5.3 Lighten（变亮模式）

①打开随书光盘中的"素材\ch09\风景3.jpg"和"素材\ch09\天空.jpg"两幅图像。

②使用【Move Tool】（移动工具）将"风景3.jpg"图片拖曳到"天空.jpg"图片中。

③ 在图层混合模式框中选择【Lighten】(变亮)模式。

提示 【Screen】(滤色)模式:有人说它是正片叠底模式的逆运算,因为它使得两个图层的颜色越叠加越浅。如果选择的是一个浅颜色的图层,那么这个图层就相当于对背景图层进行漂白的"漂白剂"。也就是说,如果选择的图层是白色,那么在这种模式下背景的颜色将变得非常模糊。

⑤ 在图层混合模式框中选择【Color Dodge】(颜色减淡)模式。

提示 【Lighten】(变亮)模式:这种模式仅当图层的颜色比背景层的颜色浅时才有用,此时图层的浅色部分将覆盖背景层上的深色部分。

④ 在图层混合模式框中选择【Screen】(滤色)模式。

提示　【Color Dodge】（颜色减淡）模式：可使图层的亮度增加，效果比滤色模式更加明显。

❻在图层混合模式框中选择【Linear Dodge (Add)】（线性减淡（添加））模式。

提示　【Linear Dodge (Add)】（线性减淡（添加））模式：进行和线性加深模式相反的操作。

❼在图层混合模式框中选择【Lighter Color】（浅色）模式。

提示　【Lighter Color】（浅色）模式：进行与深色模式相反的操作。

9.5.4　Overlay（叠加模式）

❶打开随书光盘中的"素材\ch09\风景 3.jpg"和"素材\ch09\天空.jpg"两幅图像。

❷使用【Move Tool】（移动工具）将"风

景 3.jpg"图片拖曳到"天空.jpg"图片中。

❸在图层混合模式框中选择【Overlay】（叠加）模式。

提示　【Overlay】（叠加）模式：其效果相当于图层同时使用正片叠底模式和滤色模式两种操作。在这个模式下背景图层颜色的深度将被加深，并且覆盖掉背景图层上浅颜色的部分。

❹在图层混合模式框中选择【Soft Light】（柔光）模式。

提示　【Soft Light】（柔光）模式：类似于将点光源发出的漫射光照到图像上。使用这种模式会在背景上形成一层淡淡的阴影，阴影的深浅与两个图层混合前颜色的深浅有关。

❺在图层混合模式框中选择【Hard Light】（强光）模式。

提示　【Hard Light】（强光）模式：强光模式下的颜色和在柔光模式下相比，或者更为浓重，或者更为浅淡，这取决于图层上颜色的亮度。

❻在图层混合模式框中选择【Vivid Light】（亮光）模式。

提示 【Vivid Light】（亮光）模式：通过增加或减小下面图层的对比度来加深或减淡图像的颜色，具体取决于混合色。如果混合色（光源）比 50% 灰色亮，则通过减小对比度使图像变亮；如果混合色比 50% 灰色暗，则通过增加对比度使图像变暗。

❼在图层混合模式框中选择【Linear Light】（线性光）模式。

提示 【Linear Light】（线性光）模式：通过减小或增加亮度来加深或减淡图像的颜色，具体取决于混合色。如果混合色（光源）比 50% 灰色亮，则通过增加亮度使图像变亮；如果混合色比 50% 灰色暗，则通过减小亮度使图像变暗。

❽在图层混合模式框中选择【Pin Light】（点光）模式。

提示 【Pin Light】（点光）模式：根据混合色的亮度来替换颜色。如果混合色（光源）比 50% 灰色亮，则替换比混合色暗的像素，而不改变比混合色亮的像素。如果混合色比 50% 灰色暗，则替换比混合色亮的像素，而不改变比混合色暗的像素。这对于向图像中添加特殊效果非常有用。

❾在图层混合模式框中选择【Hard Mix】（实色混合）模式。

提示 【Hard Mix】（实色混合）模式：将混合颜色的红色、绿色和蓝色通道值添加到基色的 RGB 值。如果通道的结果总和大于或等于 255，则值为 255；如果小于 255，则值为 0。因此，所有混合像素的红色、绿色和蓝色通道值要么是 0，要么是 255。这会将所有像素更改为原色：红色、绿色、蓝色、青色、黄色、洋红、白色或黑色。

9.5.5　Difference& Exclusion（差值与排除）模式

❶打开随书光盘中的"素材\ch09\风景3.jpg"
和"素材\ch09\天空.jpg"两幅图像。

❷使用【Move Tool】（移动工具）将"风
景3.jpg"图片拖曳到"天空.jpg"图片中。

❸在图层混合模式框中选择【Difference】（差
值）模式。

❹在图层混合模式框中选择【Exclusion】（排
除）模式。

9.5.6　Color（颜色模式）

❶打开随书光盘中的"素材\ch09\风景3.jpg"和"素材\ch09\天空.jpg"两幅图像。

Ps

❷使用【Move Tool】（移动工具）将"风景3.jpg"图片拖曳到"天空.jpg"图片中。

❸在图层混合模式框中选择【Hue】（色相）模式。

提示　【Hue】（色相）模式：该模式只对灰阶的图层有效，对彩色图层无效。

❹在图层混合模式框中选择【Saturation】（饱和度）模式。

提示　【Saturation】（饱和度）模式：当图层为浅色时，会得到该模式的最大效果。

❺在图层混合模式框中选择【Color】（颜色）模式。

提示　【Color】（颜色）模式：用基色的亮度以及混合色的色相和饱和度创建结果色，这样可以保留图像中的灰阶，并且对于给单色图像上色和给彩色图像着色都非常有用。

❻ 在图层混合模式框中选择【Luminosity】（明度）模式。

提示　【Luminosity】（明度）模式：用基色的色相和饱和度以及混合色的亮度创建结果色。此模式创建与颜色模式相反的效果。

9.6　蒙版层

本节视频教学录像：37 分钟

　　有蒙版的图层称为蒙版层。蒙版控制图层或图层组中的不同区域如何隐藏和显示。通过调整蒙版可以对图层应用各种特殊效果，而不会影响该图层上的像素。可以应用蒙版使这些更改永久生效，或者删除蒙版而不应用更改。利用蒙版层制作的各种效果如下图所示。

9.6.1　Mask（蒙版）的概念

概念小贴士

Mask（蒙版）

　　Mask（蒙版）最早用在摄影界。为了对照片的局部进行曝光，在冲洗底片之前，摄影师往往会按照要曝光部分的形状制作一个蒙版。例如在硬纸片的中央挖个洞，将蒙版放在感光纸与底片之间，这样只有蒙版中间的洞才会曝光成像。在 Photoshop 中蒙版好似一个遮罩，在对蒙版进行操作的时候不会影响到图层中的实际像素信息。

9.6.2 Masks（蒙版调板）

蒙版调板提供用于调整蒙版的附加控件。可以像处理选区一样，更改蒙版的不透明度以增加或减少显示蒙版内容、反相蒙版或调整蒙版边界。

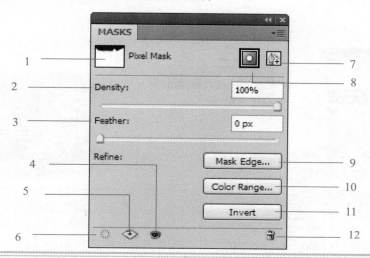

1．Pixel Mask（蒙版缩览图）

蒙版区域的显示。黑色区域表示相对应的区域被隐藏；白色区域表示相对应的区域显示；灰色区域表示相对应的区域半隐半显。

2．Density（浓度）

在【蒙版】调板中，拖动浓度滑块以调整蒙版不透明度。到达 100% 的浓度时，蒙版将完全不透明并遮挡图层下面的所有区域。随着浓度的降低，蒙版下的更多区域变得可见。

3．Feather（羽化）

在【蒙版】调板中，拖动【羽化】滑块将羽化应用于蒙版边缘。羽化模糊蒙版边缘以在蒙住和未蒙住区域之间创建较柔和的过渡。在使用滑块设置的像素范围内，沿蒙版边缘向外应用羽化。

4．Disable/Enable Mask（停用/启用蒙版）

选择包含要停用或启用的蒙版的图层，并单击【蒙版】调板中的【停用/启用蒙版】按钮即可停用或启用蒙版。

5．Apply Mask（应用蒙版）

应用为蒙版添加的效果。

6．Load Selection From Mask（从蒙版中载入选区）

单击【Load Selection From Mask】(从蒙版中载入选区)按钮，可将蒙版转化为选区。

7．Add a Vector Mask（添加矢量蒙版）

可以为图像添加矢量蒙版。

8．Select The Pixel Mask（选择像素蒙版）

单击【选择像素蒙版】按钮，可在图层缩览图和图层蒙版缩览图之间进行切换。

9．Mask Edge（蒙版边缘）

单击【蒙版边缘】按钮，可以使用【调整蒙版】对话框中的选项修改蒙版边缘，并针对不同的背景查看蒙版。

10．Color Range（颜色范围）

"色彩范围"功能（对于根据图像中的取样颜色创建选区非常有用）也可用于创建蒙版。

11．Invert（反相）

使用"反相"功能可反转蒙住和未蒙住的区域。

12．Delete Mask（删除蒙版）

可将蒙版删除。

9.6.3　Mask（蒙版）的分类

在 Photoshop 中蒙版分为 Layer Mask（图层蒙版）、Vector Mask（矢量蒙版）和 Quick Mask（快速蒙版）。

9.6.4　Layer Mask（图层蒙版）的工作原理

图层蒙版的工作原理是，在 Photoshop 中，图层蒙版是用来控制图像的显示与隐藏的，是依靠颜色的深浅来实现的。图层蒙版是灰度图像，在蒙版上用黑色绘制将使该图层内容隐藏，用白色绘制将使该图层内容显示，而用灰色绘制将使图层内容以各级透明度显示。

9.6.5　Layer Mask（图层蒙版）的作用

图层蒙版是控制图层或图层组中的像素区域如何隐藏和显示的。通过使用图层蒙版，可以使图像拼合得更加柔和自然，并且不会影响该图层上的像素，拼合图像的效果如下图所示。

9.6.6 图层蒙版的基本操作

1. New Mask（新建蒙版）

单击【Layers】（图层）调板下面的【Add Vector Mask】（添加图层蒙版）按钮 ，可以添加一个显示全部的蒙版。其蒙版内为白色填充，表示图层内的像素信息全部显示。

也可以选择【Layer】（图层）▶【Layer Mask】（图层蒙版）▶【Reveal ALL】（显示全部）命令来完成此次操作。

选择【Layer】(图层)▶【Layer Mask】（图层蒙版）▶【Hide ALL】（隐藏全部）命令可以添加一个隐藏全部的蒙版。其蒙版内为黑色填充，表示图层内的像素信息全部被隐藏。

2. Delete Mask（删除蒙版）

删除蒙版的方法有 3 种。

选中图层蒙版，拖曳到【Delete】（删除） 按钮上则会弹出删除蒙版对话框。

单击【Delete】（删除）按钮时，蒙版被删除。单击【Apply】（应用）时，蒙版被删除，但是蒙版效果会被保留在图层上。单击【Cancel】（取消）按钮时，将取消这次删除命令。

选择【Layer】(图层)▶【Layer Mask】（图层蒙版）▶【Delete】（删除）命令也可删除图层蒙版。

若选择【Layer】(图层)▶【Layer Mask】（图层蒙版）▶【Apply】（应用）命令，蒙版将被删除，但是蒙版效果会被保留在图层上。

选中图层蒙版，按下【Alt】键，单击【Delete】（删除）按钮 可以将图层蒙版直接删除。

3. Disable Mask（停用蒙版）

选择【Layer】(图层)▶【Layer Mask】（图层蒙版）▶【Disable】（停用）命令，蒙版缩览图上将出现红色叉号，表示蒙版被暂时停止使用。

小技巧 在按下【Shift】键的同时单击蒙版缩览图，可以在 Disable Mask（停用蒙版）和 Enable Mask（启用蒙版）状态之间进行切换。

4．Enable Mask（启用蒙版）

选择【Layer】(图层)➤【Layer Mask】（图层蒙版）➤【Enable】（启用）命令，蒙版缩览图上红色叉号消失，表示再次使用蒙版效果。

5．View Mask（查看蒙版）

在按下【Alt】键的同时单击蒙版缩览图，可以在画布中显示蒙版的状态，再次操作可以切换为图层状态。

● 使用 Brush Tool（画笔工具）编辑蒙版

下面通过利用蒙版显示或隐藏部分图像，将两张正常的照片自然地合成为一体。

实例名称：画笔编辑蒙版	
实例目的：学会如何使用画笔编辑蒙版	
素材	素材\ch09\9-9.jpg、9-10.jpg
结果	结果\ch09\画笔编辑蒙版.jpg

❶打开随书光盘中的"素材\ch09\9-9.jpg"和"素材\ch09\9-10.jpg"两张图片。我们要将两张图片合成一张漂亮的图画，而且看起来很自然，其原理是使用画笔编辑蒙版，将不需要的部分图像隐藏掉（注意：只是隐藏而不是删除）。

❷使用【Move Tool】（移动工具）将"9-10"图像拖曳到"9-9"图像中，执行【Free Transform】（自由变换）命令调整到合适的大小。

❸单击【Add Vector Mask】（添加矢量蒙版）按钮创建蒙版。

❹选中蒙版层，设置前景色为黑色，调整画笔到合适的大小，然后在蒙版中擦出想要的效果。

● 使用 Gradient Tool（渐变工具）编辑蒙版

　　下面通过使用渐变工具编辑蒙版制作一张双色葵花照片，其原理就是利用蒙版显示或隐藏部分图像，将两张正常的照片自然地合成为一体。

实例名称：双色葵花	
实例目的：使用渐变工具编辑蒙版	
素材	素材\ch09\9-11.jpg、9-12.jpg
结果	结果\ch09\双色葵花.jpg

① 打开随书光盘中的"素材\ch09\9-11.jpg"和"素材\ch09\9-12.jpg"两张图片。

② 使用【Move Tool】（移动工具）将"9-11"图像拖曳到"9-12"图像中。

③ 单击【Add Vector Mask】（添加矢量蒙版）按钮创建蒙版。

④ 调整图像的位置，然后选中图层蒙版，再使用渐变工具将前景色设定为黑色，将背景色设定为白色。

⑤ 在图层蒙版中使用渐变工具从左到右拖曳。

● 结合 Filter（滤镜）编辑蒙版

实例名称：结合滤镜编辑蒙版	
实例目的：结合滤镜编辑蒙版制作特效	
素材	素材\ch09\9-13.jpg
结果	结果\ch09\滤镜蒙版特效.jpg

① 打开随书光盘中的"素材\ch09\9-13.jpg"文件。

② 在【Layers】(图层)调板的背景图层上双击，将背景图层转换为普通图层。

③ 单击【Create a New Layer】(创建新的图层) 按钮▣创建新图层，填充为白色，然后调整【Layer 1】（图层 1 ）图层到最下方。

④ 使用【Lasso Tool】(自由套索工具)创建任意选区。

⑤ 选择【Select】(选择) ➢【Modify】(修改) ➢ 【Feather】（羽化）命令，设置【Feather Radius】（羽化半径）为 "30"。

⑥ 选中图层 0，然后单击【Add Vector Mask】 （添加矢量蒙版）按钮▣创建图层蒙版。

> **注意** 对图层蒙版执行其他滤镜命令将会出现不同的效果。主要原理是通过滤镜命令来改变图层蒙版不同的黑白灰程度，进而达到特殊的显示效果。

⑦ 选中图层蒙版，执行【Filter】（滤镜）➢ 【Pixelate】(像素化)➢【Color Halftone】(彩色半调)命令，打开【Color Halftone】(彩色半调)对话框，设置参数的最终效果图。

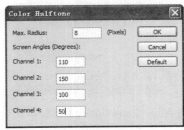

6. 利用 Mask(蒙版)制作贺卡

本实例主要是学习使用蒙版制作贺卡。

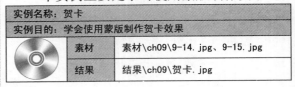

实例名称：贺卡		
实例目的：学会使用蒙版制作贺卡效果		
	素材	素材\ch09\9-14. jpg、9-15. jpg
	结果	结果\ch09\贺卡. jpg

① 打开随书光盘中的 "素材\ch09\9-14.jpg" 和 "素材\ch09\9-15.jpg" 两张图片。

② 使用【Move Tool】（移动工具）将"9-14"图像拖曳到"9-15"图像中，调整图片到适当的位置。

④ 创建图层蒙版，将前景色设定为黑色，使用画笔工具在创建的蒙版上进行涂抹，将图像的边缘隐藏起来，至此一张漂亮的贺卡就制作完成了。

③ 将人物图像确定为当前图层，选择【Image】（图像）▷【Adjustments】（调整）▷【Hue/Saturation】（色相/饱和度）命令，打开【Hue/Saturation】（色相/饱和度）对话框，在对话框中进行参数设置。

9.6.7 矢量蒙版

选择【Add Vector Mask】（添加矢量蒙版）命令可以为图层添加矢量蒙版，或称图层剪贴路径。使用矢量蒙版可以在图层上创建锐化、无锯齿的边缘形状。当创建边缘清晰的设计元素时（如调板或按钮），矢量蒙版就非常有用。一旦为图层添加了矢量蒙版，还可以应用图层样式为蒙版内容添加图层效果，以获得具有各种风格的按钮、调板或其他的 Web 设计元素。

选择【Layer】(图层)➤【Vector Mask】(矢量蒙版)命令弹出其子菜单。

● Reveal All（显示全部)

创建白色矢量蒙版，表示该图层的内容全部可见，通过添加路径可获得不可见区域。

● Hide All（隐藏全部）

创建灰色矢量蒙版，表示该图层的内容不可见，添加路径后可获得可见区域。

● Current Path（当前路径）

根据当前工作路径建立矢量蒙版，路径内的部分为白色，表示该区域的图层内容可见，路径外为灰色，表示此区域的内容被蒙版屏蔽掉了。

9.6.8 Quick Mask（快速蒙版）

利用快速蒙版能够快速地创建一个不规则的选区，在快速蒙版模式下创建整个蒙版。受保护区域和未受保护区域以不同的颜色进行区分。当离开快速蒙版模式时，未受保护区域成为选区。

1. 创建快速蒙版

实例名称：创建快速蒙版	
实例目的：使用快速蒙版选取图像	
素材	素材\ch09\9-16.jpg
结果	无

❶打开随书光盘中的"素材\ch09\9-16.jpg"文件，然后单击工具箱中的【Edit In Quick Mask Mode】（以快速蒙版模式编辑）按钮 切换到快速蒙版状态。

❷选择画笔工具，将前景色设定为黑色，画

笔笔尖为硬笔尖，【Opacity】（不透明度）和【Flow】（流量）为100%，然后沿着要选择的对象的边沿描边。

❸选择油漆桶工具填充，使蒙版覆盖整个要选择的图像。

❹单击【Edit In Standard Mode】(以标准模式编辑)按钮○切换到普通模式下，然后执行【Select】(选择)➤【Inverse】(反向)命令选中所要的图像。

2．Modify Mask(修改蒙版)

将前景色设定为白色，用画笔修改可以擦除蒙版(添加选区)；将前景色设定为黑色，用画笔修改可以添加蒙版（删除选区）。

3．Modify Mask(修改蒙版)选项

双击【Edit In Quick Mask Mode】（以快速蒙版模式编辑）按钮○弹出【Quick Mask Options】（快速蒙版选项）对话框，从中可以对快速蒙版的各种属性进行设置。

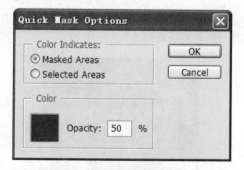

注意　【Color】（颜色）和【Opacity】（不透明度）设置都只影响蒙版的外观，对如何保护蒙版下面的区域没有影响。更改这些设置能使蒙版与图像中的颜色对比更加鲜明，从而具有更好的可视性。

● Masked Areas（被蒙版区域）

可使被蒙版区域显示为 50%的红色（默认状态下被蒙版区域是红色），使选中的区域显示为透明。用黑色绘画可以扩大被蒙版区域，用白色绘画可扩大选中区域。选中该单选项时，工具箱中的【Edit In Quick Mask Mode】（以快速蒙版模式编辑）○按钮显示为灰色背景上的白圆圈○。

● Selected Areas（所选区域）

可使被蒙版区域显示为透明，使选中区域显示为 50%的红色。用白色绘画可以扩大被蒙版区域，用黑色绘画可扩大选中区域。选中该单选项时，工具箱中的【Edit In Quick Mask Mode】（以快速蒙版模式编辑）○按钮显示为白色背景上的灰圆圈○。

● Color（颜色）

要选取新的蒙版颜色，可单击颜色框选取新颜色。

● Opacity（不透明度）

要更改不透明度，可在【Opacity】（不透明度）文本框中输入一个 0%～100% 之间的数值。

9.7　Layer Style（图层样式）

📹 本节视频教学录像: 46 分钟

图层样式实际上就是多种图层效果的组合，Photoshop CS4 提供有多种图像效果，如阴影、发光、浮雕、颜色叠加等，利用这些效果可以方便快捷地改变图像的外观。将效果应用于图层的同时，也创建了相应的图层样式，在【Layer Style】（图层样式）对话框中可以对创建的图层样式进行修改、保存、删除等编辑操作。

9.7.1　使用 Layer Style(图层样式)

在 Photoshop CS4 中对图层样式进行管理，是通过【Layer Style】（图层样式）对话框来完

成的。

可以通过【Layer】(图层)➢【Layer Style】（图层样式）命令添加各种样式。

也可以单击【Layers】(图层)调板下方的【Add a Layer Style】(添加图层样式)按钮 fx，来完成。

在【Layer Style】（图层样式）对话框中可以对一系列的参数进行设置，实际上图层样式是一个集成的命令群，它是由一系列的效果集合而成的，其中包括很多样式。

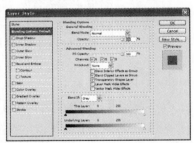

逐一尝试各个选项的功能后就会发现，所有样式的选项参数窗口都有许多相似之处。

● 混合选项

在介绍图层混合模式时已经学过了。

● Fill Opacity（填充不透明度）

可以输入数值或拖曳滑块设置图层效果的不透明度。

● Channels(通道)

在 3 个复选项中，可以选择参加高级混合的 R、G、B 通道中的任何一个或者多个，

一个不选也可以，但是一般得不到理想的效果。至于通道的详细概念，会在以后的【Channels】(通道)调板中加以阐述。

● Knockout(挖空)

控制投影在半透明图层中的可视性或闭合。应用这个选项可以控制图层色调的深浅，有 3 个下拉菜单项，它们的效果各不相同。

选择【Knockout】（挖空）为【Deep】（深），将【Fill Opacity】（填充不透明度）数值设定为 0，挖空到背景图层效果。

注意 当使用【Knockout】(挖空)的时候，在默认情况下会从该图层挖到背景图层。如果没有背景图层，则会以透明的形式显示。

● 将内部效果混合成组

选中这个复选项可将图层的混合模式应用于修改不透明像素的图层效果，例如，【Inner Glow】（内发光）、【Satin】（光泽）、【ColorOverlay】（颜色叠加）和【Gradient Overlay】（渐变叠加）。这样在下次使用的时候，出现在窗口的默认参数即为现在的参数。

● 将剪切图层混合成组

将剪切的图层合并到同一个组中。

● 混合颜色带

将图层与该颜色混合，它有 4 个选项，分别是灰、红、绿和蓝。可以根据需要选择适当的颜色，以达到意想不到的效果。

此时可以发现，本图层和下一个图层的颜色条两边是由两个小三角形做成的，它们是用来调整该图层色彩深浅的。如果直接用鼠标拖动小三角形，则只能将整个三角形拖动，无法缓慢变化图层的颜色深浅。如果按住【Alt】键后拖动鼠标，则可拖动右侧的小三角，从而达到缓慢变化图层颜色深浅的目的，可以得到大椭圆所示的画面。使用同样的方法可以对其他 3 个三角形进行调整。

本实例主要是学会利用混合通道制作咖啡杯上的文字效果。

实例名称：混合通道制作图片		
实例目的：主要是学会使用混合通道制作图片		
	素材	素材\ch09\9-5.jpg、9-6.jpg
	结果	结果\ch09\混合通道制作图片.jpg

① 打开随书光盘中的 "素材\ch09\9-5.jpg" 和 "素材\ch09\9-6.jpg" 两张图片。

② 使用【Move Tool】（移动工具）将 "9-6" 图像拖曳到 "9-5" 图像中，并使用【Free

Transform】（自由变换工具）调整图像的大小和位置。

③ 单击【Add a Layer Style】(添加图层样式) 按钮 _fx_，选择其下拉菜单中的【Blending Options】（混合选项）命令打开【Layer Style】（图层样式）对话框，对其参数进行设置。

④ 参数设置完成后单击【OK】（确定）按钮，即可得到最终效果图。

9.7.2　Drop Shadow（投影）

应用【Drop Shadow】（投影）选项可以在图层内容的背后添加阴影效果。选择该选项后会弹出投影对话框。

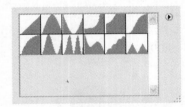

首先弹出窗口的上半部分。

● Blend Mode（混合模式）

在前面已经介绍过，可以参照图层混合模式部分。

● Angle（角度）

确定效果应用于图层时所采用的光照角度。

● Use Global Light（使用全局光）

选中该复选项，所产生的光源作用于同一个图像中的所有图层。撤选该复选项，产生的光源只作用于当前编辑的图层。

● Distance（距离）

控制阴影离图层中图像的距离。

● Spread（扩展）

对阴影的宽度作细微的调整，可以用测试距离的方法检验。

● Size（大小）

控制阴影的总长度。加上适当的【Spread】（扩展）参数会产生一种逐渐从阴影色到透明的效果，就好像将固定量的墨水泼到固定面积的画布上，但不是均匀的，而是从全【Black】（黑）到透明的渐变。

窗口的下半部分主要用于调整图像阴影的模式。

● Anti-aliased（消除锯齿）

选中该复选项，在用固定的选区作一些

变化时，可以使变化的效果不至于显得很突然，而使过渡变得柔和。

● Noise（杂色）

输入数值或拖曳滑块时，可以指定发光或阴影在不透明度中随机元素的数量。

● Contour（等高线）

应用这个选项可以使图像产生立体的效果。单击其下拉菜单按钮会弹出等高线窗口，从中可以根据图像选择适当的模式。

如果觉得这里的模式太少，可单击等高线窗口右上角的下拉菜单按钮 ⊙ 打开如下图所示的菜单。

如下图所示的菜单。

> New Contour...
>
> Rename Contour...
> Delete Contour
>
> Text Only
> ✓ Small Thumbnail
> Large Thumbnail
> Small List
> Large List
>
> Preset Manager...
>
> Reset Contours...
> Load Contours...
> Save Contours...
> Replace Contours...
>
> Contours

下面介绍一下如何新建一个等高线和等高线的一些基本操作。

双击等高线图标可以弹出【Contour Editor】（等高线编辑器）对话框。

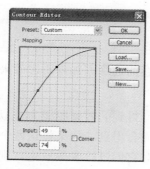

Preset（预设）

在下拉列表框中可以先选择比较接近需要的等高线，然后在【Mapping】（映射）区中的曲线上面单击添加锚点，用鼠标拖曳锚点会得到一条曲线，其默认的模式是平滑的曲线。

Input&Output（输入和输出）

输入指的是图像在该位置原来的色彩相对数值。输出指的是通过这条等高线处理后，得到的图像在该处的色彩相对数值。

Corner（边角）

在这个选框中，可以确定曲线是圆滑的还是尖锐的。

完成对曲线的制作后单击【New】（新建）按钮，弹出【Contour Name】（等高线名称）对话框。

如果觉得现在这条等高线的效果比较好，可单击【Save】（存储）按钮对等高线进行保存，在弹出的【Save】（存储）对话框中命名保存就可以了。载入等高线的操作和保存类似。

利用图层样式制作文字。

实例名称：给文字添加投影	
实例目的：利用图层样式制作文字投影效果	
素材	素材\ch09\9-7.jpg
结果	结果\ch09\投影.jpg

① 打开随书光盘中的"素材\ch09\9-7.jpg"图片。

② 输入文字"执子之手，与子偕老"，字体为"隶书"，字号为"72"。

③ 在当前层单击【Add a Layer Style】（添加图层样式）按钮 *fx*，在弹出的快捷菜单中选择【Drop Shadow】（投影）选项给文字添加投影效果，设置其参数，如下图所示。

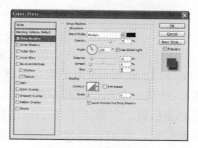

④ 调整大小并摆放到合适的位置。

9.7.3　Inner Shadow（内阴影）

应用【Inner Shadow】（内阴影）选项可以围绕图层内容的边缘添加内阴影效果，使图层呈凹陷的外观效果。选择该选项会弹出内阴影对话框。

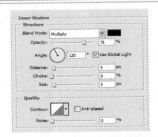

与【Drop Shadow】（投影）相比，【Inner Shadow】（内阴影）下半部分参数的设置在【Drop Shadow】（投影）中都涉及了。而上半部分则稍有不同。

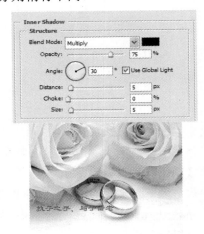

从上图中可以看出，这个部分只是将原来的【Spread】（扩展）改为了现在的【Choke】（阻塞），这是一个和扩展相似的功能，但它是扩展的逆运算。扩展是将阴影向图像或选区的外面扩展，而阻塞则是向图像或选区的里边扩展，得到的效果图极为类似，在精确制作时可能会用到。如果将这两个选项都选中并分别对它们进行参数设定，则会得到一个比较奇特的效果。

实例名称：制作内阴影文字		
实例目的：为文字添加内阴影效果		
	素材	无
	结果	结果\ch09\内阴影.jpg

❶新建画布 400 像素×200 像素，输入文字"HAPPYNEWYEAR"。

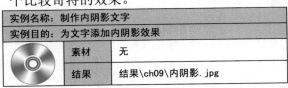

❷单击【Add a Layer Style】（添加图层样式）按钮 *fx*，给文字添加【Inner Shadow】（内阴影）效果，设置其参数，如下图所示。

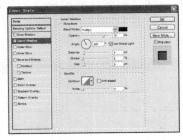

❸最终会产生一种立体化的文字效果。

HAPPYNEWYEAR

9.7.4　Outer Glow（外发光）

应用【Outer Glow】（外发光）选项可以围绕图层内容的边缘创建外部发光效果。外发光对话框如下图所示。

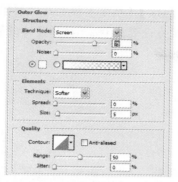

窗口的部分【Structure】（结构）选项如下图所示。

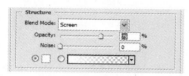

下面重点讨论最下边的颜色条，这里有两个单选项：选中左边的单选项，阴影的颜色为单一颜色变化；选中右边的单选项，得到的是色谱条。它既可以是单色的，也可以是多种颜色共同变化得到的，打开下拉窗口可以得到如下图所示的界面，从中可以选择合适的渐变色谱条。

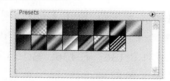

如果没有满意的色谱条，可以单击右上角的三角形按钮打开下拉菜单，然后从中选择适当的选项。

选择下拉菜单中的【Preset Manager】（预设管理器）菜单项，可以在已有的渐变模式的基础上进行修改，得到新的渐变模式，然后对它进行新建、命名和保存操作，以供以后创作时使用。

窗口的部分【Elements】（图素）选项如下图所示。

　Technique（方法）

即边缘元素的模型，有【Softer】（柔和）和【Precise】（精确）两种。柔和的边缘变化比较清晰，而精确的边缘变化比较模糊。

　Spread（扩展）

即边缘向外边扩展。与前面介绍的【Shading】（阴影）中的【Spread】（扩展）选项的用法类似。

　Size（大小）

用以控制阴影面积的大小，变化范围是0～250 像素。

窗口的部分【Quality】（品质）选项如下图所示。

　Contour（等高线）

在前面已经介绍了它的使用方法，这里不再赘述。

　Range（范围）

等高线运用的范围，其数值越大效果越不明显。

　Jitter（抖动）

控制光的渐变，数值越大图层阴影的效果越不清楚，且会变成有杂色的效果。数值越小就会越接近清楚的阴影效果。

实例名称：制作外发光文字		
实例目的：为文字添加外发光效果		
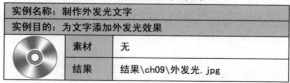	素材	无
	结果	结果\ch09\外发光.jpg

❶新建画布 400 像素×200 像素，输入文字"HAPPYNEWYEAR"。

HAPPYNEWYEAR

❷单击【Add a New Style】（添加图层样式）按钮 *fx* 给文字添加【Outer Glow】（外发

光）效果，设置其参数，如下图所示。

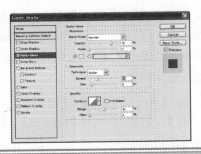

❸单击【OK】（确定）按钮后，将图层调板中的填充设置为0%，得到最终效果。

9.7.5　Inner Glow（内发光）

应用【Inner Glow】（内发光）选项可以围绕图层内容的边缘创建内部发光效果。该选项窗口如下图所示。

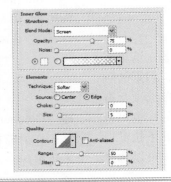

注意　在印刷的过程中，关于样式的应用要尽量少使用。

内发光的窗口和外发光的窗口几乎一样。只是外发光窗口中的【Spread】（扩展）选项变成了【Inner Glow】（内发光）中的【Choke】（阻塞）。外发光得到的阴影是在图层的边缘，在图层之间看不到效果的影响。而内发光得到的效果只在图层内部，即得到的阴影只出现在图层的不透明的区域。

实例名称：制作内发光文字		
实例目的：为文字添加内发光效果		
💿	素材	无
	结果	结果\ch09\内发光.jpg

❶新建画布400像素×200像素，输入文字"HAPPYNEWYEAR"。

HAPPYNEWYEAR

❷单击【Add a New Style】(添加图层样式)按钮 *fx*，给文字添加内发光效果，设置颜色为棕绿色（R:136，G:136，B:10），其他参数设置如下图所示。

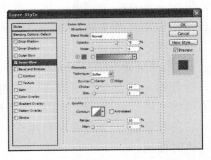

❸单击【OK】（确定）按钮后，将图层调板中的填充设置为0%，得到最终效果图。

HAPPYNEWYEAR

9.7.6 Bevel and Emboss（斜面和浮雕）

应用【Bevel and Emboss】（斜面和浮雕）选项可以为图层内容添加阴影和高光效果，使图层内容呈现突起的浮雕效果。

该选项窗口如下图所示。

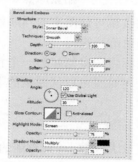

【Bevel and Emboss】（斜面和浮雕）窗口的【Structure】（结构）部分，选项如下图所示。

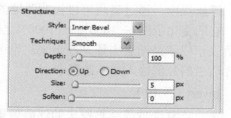

● Style（样式）

在此下拉列表框中共有 5 个模式，分别是 Inner Bevel（内斜面）、Outer Bevel（外斜面）、Emboss（浮雕）、Pillow Emboss（枕状浮雕）、Stroke Emboss（描边浮雕）。

● Technique（方法）

在此下拉列表框中有 3 个选项，分别是 Smooth（平滑）、Chisel Hard（雕刻清晰）和 Chisel Soft（雕刻柔和）。

（1）Smooth（平滑）：选择这个选项可以得到边缘过渡比较柔和的图层效果，也就是它得到的阴影边缘变化不尖锐。

（2）Chisel Hard（雕刻清晰）：选择这个选项将产生边缘变化明显的效果。比起【Smooth】（平滑）选项，它产生的效果立体感特别强。

（3）Chisel Soft（雕刻柔和）：与雕刻清晰类似，但是它边缘的色彩变化要稍微柔和一点。

● Depth（深度）

控制效果的颜色深度，数值越大得到的阴影颜色越深，数值越小得到的阴影颜色越浅。

● Size（大小）

控制阴影面积的大小，拖动滑块或者直接更改右边文本框中的数值可以得到合适的效果图。

● Soften（软化）

拖动滑块可以调节阴影的边缘过渡，数值越大边缘过渡越柔和。

● Up And Down（上和下）

用来切换亮部和阴影的方向。选择【Up】（上）单选项，则是亮部在上面；选择【Down】（下）单选项，则是亮部在下面。

【Bevel and Emboss】（斜面和浮雕）窗口的【Shading】（阴影）部分参数设置如下图所示。

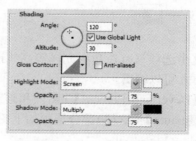

● Angle（角度）

控制灯光在圆中的角度。圆中的【+】符号可以用鼠标移动。

● Use Global Light（使用全局光）

决定应用于图层效果的光照角度。可以

定义一个全角，应用到图像中所有的图层效果。也可以指定局部角度，仅应用于指定的图层效果。使用全角可以制造出一种连续光源照在图像上的效果。

● Altitude(高度)

是指光源与水平面的夹角。

● Gloss Contour（光泽等高线）

这个选项的编辑和使用的方法和前面提到的等高线的编辑方法是一样的。

● Anti-aliased（消除锯齿）

选中该复选项，可以使在用固定的选区作一些变化时，变化的效果不至于显得很突然，可使效果过渡变得柔和。

● Highlight Mode（高光模式）

这相当于在图层的上方有一个带色光源，光源的颜色可以通过右边的颜色方块来调整，它会使图层达到许多种不同的效果。

● Shadow Mode（阴影模式）

可以调整阴影的颜色和模式。通过右边的颜色方块可以改变阴影的颜色，在下拉列表框中可以选择阴影的模式。

【Bevel and Emboss】（斜面和浮雕）窗口的【Contour】（等高线）部分选项如下图所示。

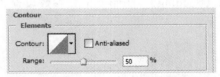

这个选项只有在选中光泽等高线选项的情况下才可以编辑。

【Bevel and Emboss】（斜面和浮雕）窗口的【Texture】（纹理）部分选项如下图所示。

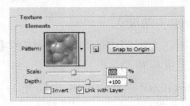

● Pattern（图案）

在这个选框中可以选择合适的图案。斜面和浮雕的浮雕效果就是按照图案的颜色，或者它的浮雕模式进行的。在预览图上可以看出待处理的图像的浮雕模式和所选图案的关系。

● Snap To Origin（贴紧原点）

单击此按钮可使图案的浮雕效果从图像或者文档的角落开始。

单击图标将图案创建为一个新的预置，这样下次使用时就可以从图案的下拉菜单中打开该图案。

● Scale（缩放）

将图案放大或缩小，即浮雕的密集程度。缩放的变化范围在 1%～1000% 之间，可以选择合适的比例对图像进行编辑。

● Depth（深度）

浮雕深度，通过滑块可以控制浮雕的深浅，它的变化范围在 -1000%～+1000% 之间，正负表示浮雕是凹进去还是凸出来。也可以选择适当的数值输入文本选框中。

● Invert（反相）

选中该复选项就会将原来的浮雕效果反转，即原来凹进去的现在凸出来，原来凸出来的现在凹进去，得到一种相反的效果。

纹理图案的下拉菜单如下图所示，从菜单中可以对图案调板进行一些编辑。

图案的新建、存储、载入和替代等都可以在菜单中完成，并且都会弹出相应的对话

框，在对话框中可以对图案进行命名。

● Rename（重命名）和 Delete（删除）图案

在选中图案的前提下单击该选项就可以完成相应的操作。

● 编辑调板上的缩图

缩览图的模式共有 5 种：Small list（小列表）、Large List（大列表）、Text Only（纯文本）、Small Thumbnail（小缩览图）和 Large Thumbnail（大缩览图）。

● 优化图案调板

如果觉得调板上的图案太小或者未找到合适的图案，则可单击【Preset Manager】（预设管理器）选项，增加一些新的图案或者载入一些新的图案。

实例名称：制作斜面和浮雕文字		
实例目的：为文字添加斜面和浮雕效果		
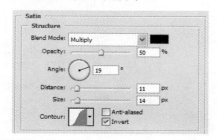	素材	无
	结果	结果\ch09\斜面和浮雕.jpg

① 新建画布 400 像素 × 200 像素，然后输入文字 "HAPPYNEWYEAR"。

HAPPYNEWYEAR

② 单击【Add a New Style】（添加图层样式）按钮 *fx* 给文字添加斜面和浮雕效果，设置其参数，如下图所示。

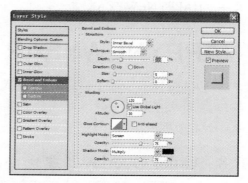

③ 最终形成的立体文字效果。

HAPPYNEWYEAR

9.7.7　Satin（光泽）

应用【Satin】（光泽）选项可以根据图层内容的形状在内部应用阴影，创建光滑的打磨效果。

该选项窗口如下图所示。

> **注意** 在结构窗口中，阴影是在图像的内部。

● Blend Mode（混合模式）

它以图像和黑色为编辑对象，其模式与图层的混合模式一样，只是在这里 Photoshop 将黑色当做一个图层来处理。

● Opacity（不透明度）

调整混合模式中颜色【Layer】（图层）的不透明度。

● Angle（角度）

即光照射的角度，它控制着阴影所在的方向。

● Distance（距离）

数值越小，图像上被效果覆盖的区域越大。此【Distance】（距离）值控制着阴影的距离。

● Size（大小）

控制实施效果的范围，范围越大效果作用的区域越大。

● Contour（等高线）

这个选项在前面的效果选项中已经提到过了，这里不再赘述。

应用【Satin】（光泽）图层样式效果的操作如下。

❶新建画布 400 像素 × 200 像素，然后输入文字 "HAPPYNEWYEAR"。

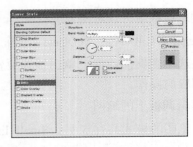

HAPPYNEWYEAR

❷单击【Add a New Style】（添加图层样式）按钮 *fx*，给文字添加光泽效果，设置其参数，如右图所示。

❸最终形成的效果如下图所示。

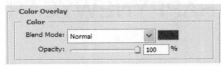

9.7.8　Color Overlay（颜色叠加）

应用【Color Overlay】（颜色叠加）选项可以为图层内容套印颜色。

该选项的窗口如下图所示。

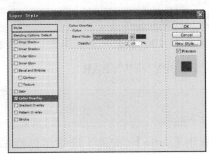

颜色叠加是将颜色当作一个图层，然后再对这个图层添加一些效果或者混合模式。

使用【Color Overlay】（颜色叠加）图层样式效果的操作如下。

❶打开随书光盘中的 "素材\ch09\9-17.jpg" 文件。

加效果处理，设置其参数，如下图所示。

❸单击【OK】按钮后的效果如下图所示。

❷将背景图层改为普通层，然后进行颜色叠

9.7.9　Gradient Overlay（渐变叠加）

应用【Gradient Overlay】（渐变叠加）选项可以为图层内容套印渐变效果。
该选项的窗口如下图所示。

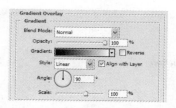

● 　【Blend Mode】（混合模式）

对此下拉列表框中模式的选择，可以根据图层调板混合模式中提到的知识进行设定。

● 　【Opacity】（不透明度）

设定透明的程度。

● 　【Gradient】（渐变）

使用这项功能可以对图像做一些渐变设置，【Invert】（反向）复选项表示将渐变的方向反转。

● 　【Style】（样式）

在此下拉列表框中有 5 个选项。

> Linear
> Radial
> Angle
> Reflected
> Diamond

● 　【Angle】（角度）

利用这个选项可以对图像产生的效果做一些角度变化。

● 　【Scale】（缩放）

控制效果影响的范围，通过它可以调整产生效果的区域大小。

应用【Gradient Overlay】（渐变叠加）图层样式产生的效果如下。

❶打开随书光盘中的 "素材\ch09\9-17.jpg" 文件。

❷将背景图层改为普通层，然后进行渐变叠加效果处理，设置其参数，如下图所示。

❸单击【OK】（确定）按钮后的效果如下图所示。

9.7.10　Pattern Overlay（图案叠加）

应用【Pattern Overlay】（图案叠加）选项可以为图层内容套印图案混合效果。

单击效果菜单中的【Pattern Overlay】（图案叠加）选项，打开如下图所示的窗口。

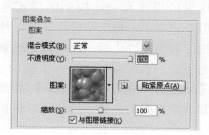

应用【Pattern Overlay】（图案叠加）图层样式效果的操作如下。

实例名称：图案叠加		
实例目的：为图像添加图案叠加效果		
	素材	素材\ch09\9-8.jpg
	结果	结果\ch09\图案叠加.jpg

❶打开随书光盘中的 "素材\ch09\9-8.jpg" 文件。

❷ 将背景图层改为普通层，然后进行图案叠加效果处理，设置其参数，如下图所示。

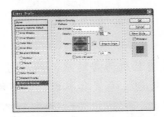

❸ 可以更改参数，以得到效果更加清晰的图像。

从这个例子中可以了解到这个选项的用途。它可以在原来的图像上加上一个图层图案的效果，根据图案颜色的深浅在图像上表现为雕刻效果的深浅。使用中要注意调整图案的不透明度，否则得到的图像可能只是一个放大的图案。

9.7.11　Stroke（描边）

应用【Stroke】（描边）选项可以为图层内容创建边线颜色，可以选择渐变或图案描边效果，这对轮廓分明的对象如文字等尤为适用。

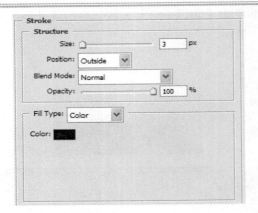

● 　【Size】（大小）

它的数值大小和边框的宽度成正比，数值越大图像的边框就越大。

● 　【Position】（位置）

这个选项决定着边框的位置，可以是外部、内部或者中心，这些模式是以图层不透明区域的边缘为相对位置的。【Outside】（外部）表示描边时的边框在该区域的外边，默

认的区域是图层中的不透明区域。

● 　【Blend Mode】（混合模式）

这些模式的种类和含义见前面的介绍。

● 　【Opacity】（不透明度）

控制制作边框的透明度。

● 　【Fill Type】（填充类型）

在下拉列表框中供选择的类型有 3 种：Color（颜色）、Pattern（图案）、Gradient（渐变）。不同类型的窗口中选框的选项会不同。

● 　【Gradient】（渐变）

其编辑和使用请参考前面的内容。

● 　样式

这里的样式和前面提到的样式是一样的，但是它多了一种形状爆炸，在这种类型下边框的效果是以边缘为起始位置的渐变组成的光环。

【Angle】（角度）和【Scale】（缩放）的用法和前面提到的一样，用户可以根据图像

设置合适的参数。

　　应用【Stroke】（描边）样式的效果。

❶新建画布 400 像素 × 200 像素，然后输入文字 "HAPPYNEWYEAR"。

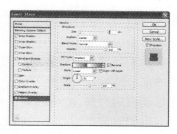

HAPPYNEWYEAR

❷单击【Add a New Style】（添加图层样式）按钮 **fx**，给文字添加描边效果，设置其参数，如右图所示。

❸最终形成的效果如下图所示。

HAPPYNEWYEAR

9.8　职场演练

效果图设计

　　效果图是在建筑、装饰施工之前，通过施工图纸，把施工后的实际效果用真实和直观的视图表现出来，让大家能够一目了然地看到施工后的实际效果。以前效果图都是设计师通过手绘来完成，但现在电脑越来越多地代替了画笔，走进设计师的设计空间。

　　设计师在一些三维软件里设计好作品后，通常需要在 Photoshop 中做一些后期的处理，使图片整体色彩的冷暖色对比、整个图片的色彩饱和度、明暗对比都相对更艺术化、理想化，再增加一些树木花草等，这样会使效果图的视觉效果更好一些，更容易得到客户的认可。

　　在后期处理中，需要对局部材质、颜色、亮度等进行调节，所以对要修改部分的快速、准确的选择直接影响到作图的速度。在此，介绍一种通过颜色通道进行选择的方法，但前提是要在三维软件如 MAX 或 LS（或其他渲染器）中渲染出一个和原图大小相同的颜色通道。然后在 Photoshop 中同时打开原图和颜色通道，将颜色通道粘贴到原图中，将通道图层调整到最底层。当需要选择某一部分时，首先切换到通道图层，然后选择【Magic Wand Tool】（魔棒工具），在它的参数调节对话框中取消选中的【连续】复选项。用【Magic Wand Tool】（魔棒工具）在需要选择的位置上单击，这样，具有相同材质的物体就被选了出来，然后可以配合其他选择工具进行选区的增减。在选择选区之后，按【Ctrl+J】组合键，将选区部分复制到一个新图层中，这样可以进行多次修改，而对原图层没有影响。也可以按【Ctrl+H】组合键，将选区暂时隐藏，然后进行各项调节，这样是为了便于观察。建议用将选区复制到新图层的方法，如果对调整结果不满意，将图层删除，即可回到原层的状态。

另外在后期处理中，通常需要加入各种植物和配景，如果配景有被物体遮挡的部分，就要将被遮挡的部分清除，一般的方法是将配景的被遮挡部分选择出来，然后直接删除，但是以后要想再进行调整的时候，就会遇到很多麻烦，有时候甚至需要重新打开配景文件才能完成操作。

如果运用图层蒙版进行不透明遮罩，则无论什么时候，都可以随意地调整配景的大小、位置等。其具体应用方法如下。

用选择工具选择需要留下的部分（这里不显示图片了，如贴图时植物的上部能看到，但下部被家具给遮掩了，这时我们选择上部能看到的部分），然后单击【Layers】（图层）调板下方的【Add Layer Mask】（添加蒙版）按钮，则选区之外的部分被遮挡住了。最后，单击被处理过的能看到上部的图层，单击图层上的【Link With Layer】（链接至图层）按钮，去掉蒙版与图层的链接，再单击一下这个图层，现在就可以对植物进行各种操作了，而蒙版之外的区域始终看不到。

9.9　本章小结

在 Photoshop CS4 中，图层和样式的操作可以方便用户进行对象的编辑。在学习本章前应该对图层和颜色样式有一个基础的了解，本章带领读者循序渐进地学习了相关知识点，并以典型实例进行详细的讲解，使读者能够熟练掌握和运用。

第 3 篇　精通篇

为了更好地进行图像处理与润色，Adobe 公司经过大量调查研究逐步完善了一些在图像处理中的基本功能，使用这些基本功能及其功能的组合，就能完成所有图像处理任务，本篇就着重讲解这些功能。另外，本篇通过对 Photoshop CS4 的新增功能——3D 图层的讲解，能让读者在处理 3D 文件时更加得心应手。因此，读者应该认真学习，只有掌握了基本功能后才能灵活运用。

第 10 章 使用通道

小马在学习 Photoshop 的过程中又遇到一个概念——通道。小马想把图层、路径和通道这些概念搞清楚，于是问小龙："在 Photoshop CS4 中通道是什么？"小龙回答说："通道就是选区，只有弄明白通道，你才能离开初学者的行列，向高手的境界前进。"

- ◈ 通道的概述
- ◈ 通道的分类
- ◈ 通道调板的使用

10.1　通道的概述

 本节视频教学录像：5分钟

通道是 Photoshop 强大功能的体现，它可以存储图像所有的颜色信息。

通道还可以存储选区，更精确地抠取图像。

抠取前

抠取后

用于印刷制版，专色通道的效果。

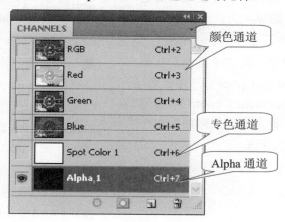

利用通道可以完成图像色彩的调整和特殊效果的制作，灵活地使用通道可以自由地调整图像的色彩信息，为印刷制版制作分色片提供方便。

10.2　通道的分类

本节视频教学录像：10 分钟

在 Photoshop 中通道分为颜色通道、Alpha 通道和专色通道等几种。

颜色通道

专色通道

Alpha 通道

10.3 通道调板的使用

打开一个 RGB 模式的图像，选择【Window】（窗口）➤【Channels】（通道）命令打开【Channels】（通道）调板。

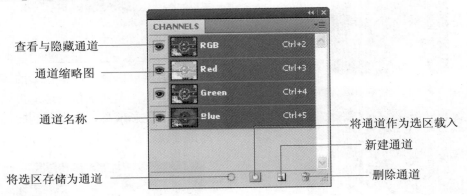

查看与隐藏通道

通道缩略图

通道名称

将选区存储为通道

将通道作为选区载入

新建通道

删除通道

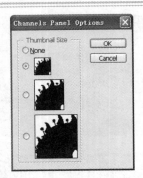

> **提示** 由于复合通道（即 RGB 通道）是由各原色通道组成的，因此在选中隐藏调板中的某一个原色通道时，复合通道将会自动隐藏。如果选择显示复合通道，则组成它的原色通道将自动显示。

● 查看与隐藏通道

单击 ● 图标可以使通道在显示和隐藏之间切换，用于查看某一颜色在图像中的分布情况。例如在 RGB 模式下的图像，如果选择显示 RGB 通道，则 R 通道、G 通道和 B 通道都自动显示，但选择其中任意原色通道，其他通道则会自动隐藏。

● 通道缩略图调整

单击通道调板右上角的黑三角，从弹出的菜单中选择【Palette Options】（调板选项）命令打开【Channels Palette Options】（通道调板选项）对话框，设置通道缩略图的大小，以便对缩略图进行观察。

> **小技巧** 若选择某一通道的快捷键（R 通道：【Ctrl+3】；G 通道：【Ctrl+4】；B 通道：【Ctrl+5】；复合通道：【Ctrl+~】），此时打开的通道将成为当前通道。在调板中按住【Shift】键并且单击某个通道，可以选择或者取消多个通道。

● 通道的名称

它能帮助用户很快识别各种通道的颜色信息。各原色通道和复合通道的名称是不能改变的，Alpha 通道的名称可以通过双击通道名称任意修改。

● 新建通道

单击 图标可以创建新的 Alpha 通道，按住【Alt】键并单击图标可以设置新建 Alpha

通道的参数，如下图所示。如果按住【Ctrl】键并单击█图标，则可以创建新的专色通道。

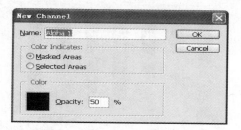

> **注意** 将颜色通道删除后会改变图像的色彩模式。例如原色彩为 RGB 模式时，删除其中的 R 通道，剩余的通道为洋红和黄色通道，那么色彩模式将变化为多通道模式。

通过新建图标所创建的通道均为 Alpha 通道，颜色通道无法用颜色图标创建。

● 将通道作为选区载入

选择某一通道，在调板中单击█图标，则可将通道中的颜色比较淡的部分当做选区加载到图像中。

> **注意** 这个功能也可以通过按住【Ctrl】键并在调板中单击该通道来实现。

● 将选区存储为通道

如果当前图像中存在选区，那么可以通过单击█图标把当前的选区存储为新的通道，以便使用。在按住【Alt】键的同时单击该图标，可以新建一个通道并且为该通道设置参数。

● 删除通道

单击█图标可以将当前编辑的通道删除。

10.4 颜色通道的运用

本节视频教学录像：10 分钟

颜色通道在 Photoshop CS4 中的主要作用就是存储颜色信息，任何对图像颜色的调整其实都是对颜色通道的调整，只要理解了什么叫做颜色通道，就可以掌握如何对图像进行颜色调整。

10.4.1 颜色通道用于存储颜色信息

打开随书光盘中的"素材\ch10\ch11_4.jpg"图像后，【Channels】（通道）调板中会自动生成 4 个通道（其个数由色彩模式决定，关于色彩模式将在后面讲解）。这 4 个通道均为颜色通道，其中 RGB 通道为复合通道，【Red】（红色）通道、【Green】（绿色）通道和【Blue】（蓝色）为原色通道，并且每个原色通道为 8 位灰阶图像。

默认情况下每个原色通道为 8 位灰阶图像，可以通过【Edit】（编辑）➤【Preferences】（首

选项)▶【Interface】（界面）命令打开【Preferences】（首选项）对话框，然后选中【Show Channels in Color】（用彩色显示通道）复选项。

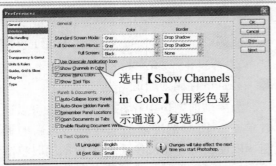

此时通道显示结果为彩色，通常情况下，为了便于观察操作时不选中此复选项。

其中，每个通道不同的亮度代表该通道颜色信息分布的多少。

RGB 通道

红通道

绿通道

蓝通道

通过观察分析可以看到绿色通道的亮度最高，而其他通道偏暗，整幅彩色图像呈现绿色的气息。由此可得出结论：在 RGB 色彩模式下，某个原色通道越亮代表该通道中的该颜色信息越丰富。

打开随书光盘中的"素材\ch10\ch11_5.tif"图像。在 CMYK 色彩模式下，某个通道越暗代表该通道中的该颜色信息越丰富，通道越亮代表该通道中的该颜色信息越少。

CMYK 通道

青色通道

黄色通道

洋红通道

黑色通道

10.4.2　利用颜色通道调整图像色彩

　　原色通道中存储着图像的颜色信息。图像色彩调整命令主要是通过对通道的调整来起作用的，其原理就是通过改变不同色彩模式下原色通道的明暗分布来调整图像的色彩。

　　请看下面的小实例。

实例名称：利用颜色通道调整图像色彩		
实例目的：学会如何利用颜色通道调整图像色彩		
	素材	素材\ch10\ch11_6. jpg
	结果	结果\ch10\利用颜色通道调整图像色彩. jpg

❶打开随书光盘中的"素材\ch10\ch11_6.jpg"文件。

❷打开【Channels】（通道）调板。

❸对 Red（红色）通道执行【Image】（图像）➤【Adjustments】（调整）➤【Levels】（色阶）命令。

对红色通道执行【Image】（图像）➤【Adjustments】（调整）➤【Levels】（色阶）命令

❹在弹出的色阶对话框中设置如下参数值。

❺执行色阶后的效果如下图所示。

此操作只为表现工作原理，并非专业色彩调整方法。

10.5　Alpha 通道的运用

本节视频教学录像：25 分钟

Alpha 通道同样是一个 8 位的灰阶图像（无彩色信息），默认情况下，白色代表选区，黑色代表非选区，灰色代表半选择状态。

Alpha 通道用于存储和编辑选区的方法如下。

10.5.1　Alpha 通道的创建

1．方法 1

❶在无选区的情况下打开随书光盘中的"素材\ch10\ch11_7.jpg"文件。

❷直接单击【Channels】（通道）调板上的【Create New Channel】（创建新通道）按钮，此时创建的通道内的颜色为黑色，代表没有存储选区。

单击【Create New Channel】（创建新通道）按钮

❸在按下【Alt】键的同时单击【Create New Channel】（创建新通道）按钮，则弹出【New

Channel】（新建通道）对话框。

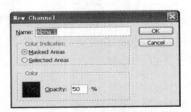

2．方法 2

在有选区的情况下，通过单击 按钮创建 Alpha 通道，其中白色部分代表选择区域，黑色部分代表非选择区域。

单击此按钮创建 Alpha 通道

在【新建通道】对话框中可以对新建的通道命名，还可以调整色彩指示类型。各个选项的说明如下。

● 【Masked Areas】（被蒙版区域）单选项

选择此单选项，则新建的通道中黑色的区域代表被蒙版的范围，白色区域是选择范围。选中【Masked Areas】（被蒙版区域）单选项情况下创建的 Alpha 通道如下图所示。

● 【Selected Areas】（所选区域）单选项

选择此单选项，则新建的通道中白色的区域表示被蒙版的范围，黑色的区域代表选取的范围。选中【Selected Areas】（所选区域）单选项情况下创建的 Alpha 通道如下图所示。

● 【Opacity】（不透明度）设置框

用于设置颜色的透明程度。

单击【Color】（颜色）方块，可以选择合适的色彩。这时蒙版颜色的选择对图像的编辑没有影响，它只是用来区别选区和非选区，使用户可以更方便地选取范围。【Opacity】（不透明度）参数的设置不影响图像的色彩，它只对蒙版起作用。【Color】（颜色）和【Opacity】（不透明度）参数的设定只是为了更好地区别选取范围与非选取范围，以便精确选取。

只有同时选中当前的 Alpha 通道和另外一个通道的情况下才能够看到蒙版的颜色。

蒙版效果

同时选中两个通道才能显示蒙版

3．方法 3

直接将某个通道拖曳到 按钮上可以创建一个一样的通道。

例如将某个颜色通道复制一份，可以得

到一个明暗分布和颜色通道一样的 Alpha 通道。

颜色通道通过复制得到的通道均为 Alpha 通道。虽然名称为"红副本"，但仍然为 Alpha 通道，对副本进行明暗调整不会改变图像的颜色信息分布。

Alpha 通道永远位于颜色通道之下，但是 Alpha 通道之间的上下顺序可以通过拖曳缩略图进行调整。

10.5.2 通道的编辑

本实例主要讲述通道的编辑。

1. 利用 Alpha 通道抠图

下图为抠取前的效果图。

下图为抠取后的效果图。

分析：该图中女孩的头发纤细，利用其他方法不易选取。通过对颜色通道的观察可以发现，红色通道中头发与背景的黑白对比明显，因此利用通道易于创建选区。

实例名称：利用 Alpha 通道抠图		
实例目的：学会如何利用 Alpha 通道抠图		
	素材	素材\ch10\ch11_08.jpg 和 ch11_09.jpg
	结果	结果\ch10\利用 Alpha 通道抠图.jpg

❶ 打开随书光盘中的 "素材\ch10\ch11_08.jpg" 文件和 "素材\ch10\ch11_09.jpg" 文件。

❷ 选中 ch11_08.jpg，然后打开【Channels】（通道）调板。

❸ 选中红色通道，然后将红色通道复制得到名称为【Red Copy】（红副本）的 Alpha 通道。这样做的目的是为了创建一个与红色通道一样的 Alpha 通道，通过该 Alpha 通道可得到头发的选区。

4 选择【Image】（图像）➤【Adjustments】（调整）➤【Levels】（色阶）命令，打开【Levels】（色阶）对话框，按下图所示设置各参数值。

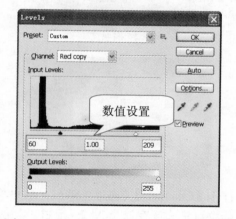

数值设置

6 按住【Ctrl】键，单击【Red Copy】（红副本）通道以获得选区。

5 选择 Brush Tool（画笔工具），将画笔笔触设置为尖角，并将前景色设置为白色，在【Red Copy】（红副本）通道中涂抹得到的效果如下图所示。

7 选择复合通道显示彩色图像。

为了更好地涂抹图像的边缘，可以显示其中的任意一个颜色通道，这样容易观察图像的边缘，有利于修改。

⑧执行【Select】（选择）➤【Inverse】（反选）命令以选中人物。

⑨使用【Move Tool】（移动工具）将选区中的图像拖曳到 ch11_09.jpg 中。

⑩执行【Edit】（编辑）➤【Free Transform】（自由变换）命令对图像进行等比缩放，调整图像到合适的大小。

　　建立选区后必须选中复合通道，否则拖曳的图像为黑色图像。

2. 利用选区与滤镜对 Alpha 通道进行编辑以及利用 Alpha 通道创建特效

　　本实例的最终效果如下图所示。

　　分析：为了得到图中所示的效果，需要创建沙砾状的选区，但凭目前的任何一个选取工具都无法实现，而将 Alpha 通道与选区、滤镜相结合，则很容易得到最终的效果。

实例名称：利用选区与滤镜对 Alpha 通道进行编辑		
实例目的：学会如何利用选区与滤镜对 Alpha 通道进行编辑		
	素材	素材\ch10\ ch11_13.jpg
	结果	结果\ch10\快乐时光.jpg

①打开随书光盘中的"素材\ch11\ch11_13.jpg"文件。

②新建图层，创建矩形选区。

③打开【Channels】（通道）调板，从中单击 按钮将选区存储为 Alpha 通道。

④对选区执行【Select】（选择）➤【Transform Selection】（变换选区）命令，调整到合适

的大小，然后为其填充黑色。

⑤选择【Horizontal Type Tool】（文字工具）
输入【快乐时光】，调整字体为【华文新魏】，
字号为合适的大小。

⑥单击◎按钮将通道中的选区载入。

⑦执行【Filter】（滤镜）▷【Noise】（杂色）
▷【Add Noise】（添加杂色)命令打开【Add
Noise】（添加杂色）对话框，在【Amount】
（数量）参数框中输入"400"，然后选中

【Gaussian】（高斯分布）单选项。

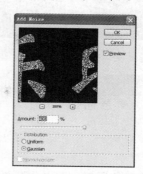

⑧取消选区，再次单击◎按钮载入新的选区。

⑨切换为【Layers】（图层）调板，单击【Layer
1】（图层 1），然后将前景色设置为红色
（R:213，G:23，B:23），对选区填充。

⑩取消选区，然后执行【Free Transform】（自
由变换）命令，将文字调整到合适的角度，
得到最终效果图。

10.6　专色通道的运用

本节视频教学录像：5分钟

概念小贴士

专色通道

专色通道是一种特殊的混合油墨，一般用它来替代或者附加到图像颜色油墨中。一个专色通道都有属于自己的印板，在对一张含有专色通道的图像进行印刷输出时，专色通道会作为一个单独的页被打印出来。

要新建专色通道，可从调板的下拉菜单中选择【New Spot Channel】（新专色通道）命令，或者按住【Ctrl】键并单击图标，即可打开【New Spot Channel】（新专色通道）对话框，设置后单击【OK】（确定）按钮即可。

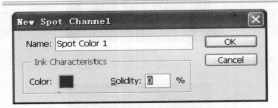

● 　【Name】（名称）文本框

可以给新建的专色通道命名。默认的情况下将自动命名为【Spot Color 1】（专色1）、【Spot Color 2】（专色2）等。在【Ink Characteristics】（油墨特性）选项组中可以设

定【Color】（颜色）和【Solidity】（密度）。

● 　【Color】（颜色）设置项

用于设定专色通道的颜色。

● 　【Solidity】（密度）参数框

可以设定专色通道的颜色的密度，其范围在 0%～100%之间。这个选项的功能对实际的打印效果没有影响，只是在编辑图像时可以模拟打印的效果。这个选项类似于蒙版颜色的透明度。

10.7　合并专色通道

本节视频教学录像：4分钟

合并专色通道指的是将专色通道中的颜色信息混合到其他的各个原色通道中。它会对图像在整体上施加一种颜色，使得图像带上该颜色的色调。

原图

合并专色前的通道

合并专色后的通道

合并专色通道的方法很简单，下面介绍合并专色通道的方法。

实例名称：合并专色通道	
实例目的：学会如何合并专色通道	
素材	素材\ch10\ch11_4.jpg
结果	结果\ch10\合并专色通道.jpg

❶ 打开随书光盘中的"素材\ch10\ch11_4.jpg"文件。

❷ 按住【Ctrl】键并单击 图标，打开【New Spot Channel】（新建专色通道）对话框，如下图进行设置后单击【OK】（确定）按钮。

❸ 使用画笔工具在图像中绘画。绘画后的图像及通道调板如下图所示。

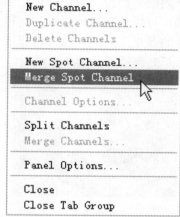

❹ 按住【Shift】键选中所有的通道，单击通道右上角的黑色三角按钮，在弹出的下拉菜单中选择【合并专色通道】选项即可合并专色通道。合并专色通道后的图像如下图所示。

10.8　分离通道

本节视频教学录像：4分钟

执行"通道"调板菜单中的"分离通道"命令，可以将通道分离成为单独的灰度图像文件，其标题栏中的文件名为原文件的名称加上该通道名称的缩写，而原文件则被关闭，当需要在不能保留通道的文件格式中保留单个通道信息时，分离通道非常有用。下图是分离通道前的【Channels】（通道）调板。

绿色通道

蓝色通道

分离通道后会得到 3 个通道，它们都是灰色的。分离通道后主通道会自动消失，例如 RGB 模式的图像分离通道后只得到 R、G 和 B 这 3 个通道。分离后的通道相互独立，被置于不同的文档窗口中，但是它们共存于一个文档，可以分别进行修改和编辑。在制作出满意的效果之后还可以再将通道合并。下图所示是分离通道后的各个通道。

下图所示为分离通道后的【Channels】（通道）调板。

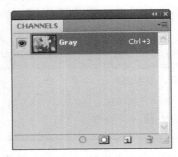

红色通道

10.9 合并通道

 本节视频教学录像：5 分钟

在完成了对各个原色通道的编辑之后，还可以合并通道。在执行该命令时将会弹出【Merge Channels】（合并通道）对话框。

合并通道的模式有 4 种，分别是 RGB 模式、CMYK 模式、Lab 模式和多通道模式。模式的选择是由图像的模式决定的，如果在图像中加入新的通道，一般应采用多通道的模式。【Channels】（通道）文本框中的值决定参加合并的通道的数目。通道数也是由图像的性质决定的。在设置各个参数之后单击【OK】（确定）按钮确定，则将分别弹出如下图所示的对话框。

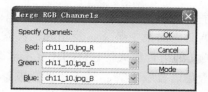

【Merge RGB Channels】（合并 RGB 通道）对话框

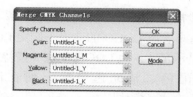

【Merge CMYK Channels】（合并 CMYK 通道）对话框

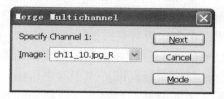

（图：Merge Lab Channels 对话框 / Merge Multichannel 对话框）

【Merge Lab Channels】（合并 Lab 通道）对话框　　　　【Merge Multichannel】（合并多通道）对话框

　　单击对话框中的【Mode】（模式）按钮，则可回到【Merge Channels】（合并通道）对话框中，在此可以重新选择模式。在【合并多通道】对话框中应单击【Next】（下一步）按钮，直到将所有的通道都合并进去再单击【OK】（确定）按钮确定。在各个原色通道的选框内可以改变通道在调板中的相对位置，但是一个通道只能有一种颜色，不能由两种不同的颜色混合而成。改变颜色通道的相对位置有时会得到一些奇怪的图像，看起来有点梦幻的效果，用户可以在实践中不断摸索。完成通道的合并之后，如果有没有参加合并的通道，它们会自动地回到文档之中。

10.10　职场演练

网页设计之 LOGO 设计

　　LOGO 是表明事物特征的记号——它以单纯、显著、易识别的图像、图形或文字符号为直观语言，除标识什么、代替什么之外，还具有表达意义、情感和指令行动等作用。LOGO 作为人类直观联系的特殊方式，不但在社会活动与生产活动中无处不在，而且对于网站设计和推广显示其极重要的独特功用。这里说的 LOGO 是在互联网上各个网站使用的标志。

　　LOGO 是网站形象的重要体现，就一个网站来说，LOGO 其实就是一个网站的名片。而对于一个追求精美的网站，LOGO 更是它的灵魂所在，即所谓的"点睛"之处。一个好的 LOGO 往往会反映网站及制作者的某些信息，特别是对一个商业网站来说，我们可以从中基本了解到这个网站的类型或者内容。在一个布满各种 LOGO 的链接页面中，这一点会突出地表现出来。

　　设计 LOGO 时，面向应用的各种条件做出相应规范，对指导网站的整体建设有着极现实的意义。具体须规范 LOGO 的标准色、设计可能被应用的恰当的背景配色体系、反白、在清晰表现 LOGO 的前提下制定 LOGO 最小的显示尺寸，为 LOGO 制定一些特定条件下的配色、辅助色带等方便在制作 BANNER 等场合应用。

另外要注意文字与图案边缘应清晰，字与图案不宜相交叠。有时还可考虑 LOGO 竖排效果，考虑作为背景时的排列方式。

LOGO 的设计应能够充分体现网站的经营理念，符合国际标准，便于网络传播，色彩和形式上要能够与网站整体风格相融合。动态 LOGO 设计要特别注意动态效果不易过于花哨，在动态变化过程中，尽量强调标志的整体形象，避免标志以不完整形象出现时间过长。

完整的 LOGO 设计，尤其是有中国特色的 LOGO 设计，在国际化的要求下，一般都应考虑至少有中英文双语的形式，要考虑中英文字的比例、搭配，一般要有图案中文、图案英文、图案中英文、及单独的图案、中文、英文的组合形式等。有的还要考虑繁体、其他特定语言版本等。另外还要兼顾标识或文字展开后的应用是否美观，这一点对背景等的制作十分必要，有利于追求符号扩张的效果。

而 LOGO 图形化的形式，特别是动态的 LOGO，比文字形式的链接更能吸引人的注意。LOGO 的国际标准规范，为了便于 INTERNET 上信息的传播，一个统一的国际标准是需要的。实际上已经有了这样的一整套标准。其中关于网站的 LOGO，目前有 3 种规格：88×31 这是互联网上最普遍的 LOGO 规格；120×60 这种规格用于一般大小的 LOGO；120×90 这种规格用于大型 LOGO。

10.11 本章小结

本章主要介绍了通道的使用方法、通道的分类以及通道调板的使用等，并以简单实例进行了详细演示。学习本章时应多多尝试在实例操作中的应用，这样可以加强学习效果。

第 11 章 图像色彩处理

小马想将旅游中拍摄的那些色彩偏暗、不清晰或被曝光的照片在 Photoshop CS4 中进行处理，使这些照片更清楚漂亮，于是问小龙："在 Photoshop CS4 中如何对图像色彩进行处理呢，你能给我讲讲吗？"

小龙回答说："可以，在实际的设计过程中经常会遇到色彩调整的问题。在 Photoshop CS4 中通过色彩平衡、亮度、对比度等命令进行色彩调整，一张模糊的图片在瞬间即可发生改变。对于一位优秀的设计师来说，图像色彩处理是必须要熟练掌握的基本技能。"

◉ **色彩调整**

◉ **职场演练**

我有法宝。

你为什么能将图像色彩处理得那么好呢？

我一定要学好图像色彩处理。

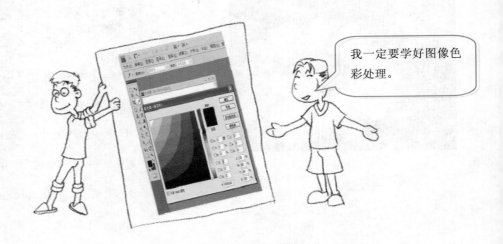

11.1　Color Adjust（色彩调整）

本节视频教学录像：68分钟

　　色彩调整命令是 Photoshop 的核心内容，其包含的各种核心调整命令是对图像进行颜色调整所不可缺少的。选择【Image】（图像）➢【Adjustements】（调整）命令，其子菜单如下图所示，从中可以选择各种命令。

Brightness/Contrast...	
Levels...	Ctrl+L
Curves...	Ctrl+M
Exposure...	
Vibrance...	
Hue/Saturation...	Ctrl+U
Color Balance...	Ctrl+B
Black & White...	Alt+Shift+Ctrl+B
Photo Filter...	
Channel Mixer...	
Invert	Ctrl+I
Posterize...	
Threshold...	
Gradient Map...	
Selective Color...	
Shadows/Highlights...	
Variations...	
Desaturate	Shift+Ctrl+U
Match Color...	
Replace Color...	
Equalize	

11.1.1 【Histogram】(直方图)

选择【Window】(窗口)➢【Histogram】(直方图)命令,打开【Histogram】(直方图)调板。

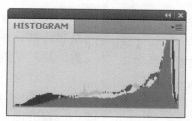

直方图调板提供有许多选项,用以查看有关图像的色调和颜色信息。默认情况下,直方图显示整个图像的色调范围。若要显示图像中某一部分的直方图数据,则可根据下面的操作进行查看。

① 打开随书光盘中的 "素材\ch11\11-1.jpg" 文件,选择【Window】(窗口)➢【Histogram】 (直方图)命令打开【Histogram】(直方图)调板。

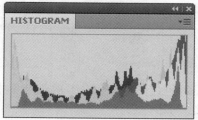

② 单击【Histogram】(直方图)调板右上侧的小三角,从调板菜单中选取【Compact View】(紧凑视图)选项。

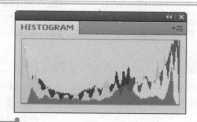

提示　选取【Compact View】(紧凑视图)选项可显示不带控件或统计的直方图,该直方图代表整个图像。

③ 单击【Histogram】(直方图)调板右上侧的小三角,从调板菜单中选取【Expanded View】(扩展视图)选项。

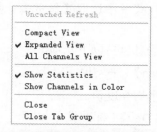

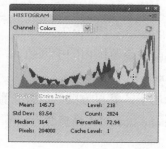

选取【Expanded View】（扩展视图）选项可查看带有统计和访问控件的直方图，以便选取由直方图表示的通道。查看【Histogram】（直方图）调板中的选项，刷新直方图以显示未高速缓存的数据，以及在多图层文档中选取特定图层。

4 单击【Histogram】（直方图）调板右上侧的小三角，从调板菜单中选取【All Channels View】（全部通道视图）选项。

选取【All Channels View】（全部通道视图）选项时，除了显示【Expanded View】（扩展视图）中的所有选项以外，还显示通道的单个直方图。单个直方图不包括 Alpha 通道、专色通道或蒙版。

有关像素亮度值的统计信息出现在【Histogram】（直方图）调板中直方图的下方时，【Histogram】（直方图）调板必须选择【Expanded View】（扩展视图）或【All Channels View】（全部通道视图）模式，而且必须从调板菜单中选取【显示统计数据】选项。

统计信息包括以下几项。

● 【Mean】（平均值）
表示平均亮度值。

● 【Std Dev】（标准偏差）
表示亮度值的变化范围。

● 【Median】（中间值）
显示亮度值范围内的中间值。

● 【Pixels】（像素）
表示用于计算直方图的像素总数。

● 【Cache Level】（高速缓存级别）

显示指针下面的区域的亮度级别。

● 【Count】（数量）
表示指针下面亮度级别的像素总数。

● 【Percentile】（百分位）
显示指针所指的级别或该级别以下的像素累计数。该值表示图像中所有像素的百分数，从最左侧的 0% 到最右侧的 100%。

通过查看直方图可以清楚地知道图像所存在的颜色问题。

直方图由左到右标明图像色调由暗到亮的变化情况。

● 低色调图像（偏暗）的细节集中在暗调处

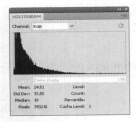

● 高色调图像（偏亮）的细节集中在高光处

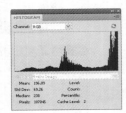

● 平均色调图像（偏灰）的细节集中在中间调处

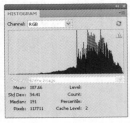

全色调范围的图像在所有的区域中都有大量的像素。识别色调范围有助于确定相应的色调校正方法。

11.1.2 Adjust Levels（调整色阶）

【Levels】（色阶）命令通过调整图像暗调、灰色调和高光的亮度级别来校正图像的影调，包括反差、明暗和图像层次，以及平衡图像的色彩。

选择【Image】（图像）➤【Adjustements】（调整）➤【Levels】（色阶）菜单命令打开【Levels】（色阶）对话框。

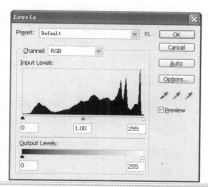

1.【Preset】（预设）下拉列表框

利用此下拉列表框可根据 Photoshop 预设的色彩调整选项对图像进行色彩调整。

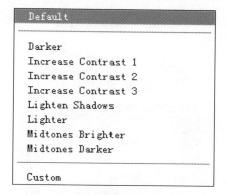

2.【Channel】（通道）下拉列表框

利用此下拉列表框，可以在整个的颜色范围内对图像进行色调调整，也可以单独编辑特定颜色的色调。若要同时编辑一组颜色通道，在选择【Levels】（色阶）命令之前应按住【Shift】键，然后在【Channels】（通道）调板中选择需要编辑的通道。之后，通道菜单会显示目标通道的缩写，例如红代表红色。此下拉列表框还包含所选组合的个别通道，可以只分别编辑专色通道和 Alpha 通道。

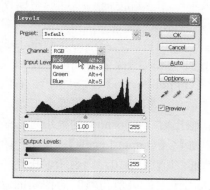

3.【Input Levels】（输入色阶）参数框

在【Input Levels】（输入色阶）参数框中，可以分别调整暗调、中间调和高光的亮度级别来修改图像的色调范围，以提高或降低图像的对比度。

可以在【Input Levels】（输入色阶）参数框中输入目标值，这种方法比较精确，但直观性不好。

以输入色阶直方图为参考，拖曳 3 个【Input Levels】（输入色阶）滑块可使色调的调整更为直观。

● 最左边的黑色滑块（阴影滑块）

向右拖曳该滑块可以增大图像的暗调范围，使图像显示得更暗。同时拖曳的程度会在【Input Levels】（输入色阶）最左边的方框中得到量化。

⚫ 最右边的白色滑块（高光滑块）

向左拖曳该滑块可以增大图像的高光范围，使图像变亮。高光的范围会在【Input Levels】（输入色阶）最右边的方框中显示。

⚫ 中间的灰色滑块（中间调滑块）

左右拖曳该滑块可以增大或减小中间色调范围，从而改变图像的对比度。其作用与在【Input Levels】（输入色阶）中间方框输入数值相同。

4.【Output Levels】（输出色阶）参数框

【Output Levels】（输出色阶）参数框中只有暗调滑块和高光滑块，通过拖曳滑块或在参数框中输入目标值，可以调整图像的对比度。具体来说，向右拖曳暗调滑块，【Output Levels】（输出色阶）左侧的参数框中的值会相应增加，此时图像会变亮；向左拖曳高光滑块，【Output Levels】（输出色阶）右侧的参数框中的值会相应减小，图像会变暗。这是因为在输出时 Photoshop 的处理过程是这样的：例如将【Output Levels】（输出色阶）左侧参数框的值调为 10，则表示输出图像会以在输入图像中色调值为 10 的像素的暗度为最低暗度，所以图像会变亮；将【Output Levels】（输出色阶）右侧参数框的值调为 245，则表示输出图像会以在输入图像中色调值为 245 的像素的亮度为最高亮度，所以图像会变暗。

总之，【Input Levels】（输入色阶）的调整是用来增加对比度的，而【Output Levels】（输出色阶）的调整则是用来减少对比度的。

5.【Eyedropper Tool】（吸管工具）

用于完成图像中的黑场、灰场和白场的设定。使用设置黑场吸管工具在图像中的某点颜色上单击，该点则成为图像中的黑色，该点与原来黑色的颜色色调范围内的颜色都

将变为黑色，该点与原来白色的颜色色调范围内的颜色整体都降低亮度。使用设置白场吸管工具，完成的效果则正好与设置黑场吸管的作用相反。使用设置灰场吸管工具可以完成图像中的灰度设置。

6.【Auto】（自动）按钮

单击【Auto】（自动）按钮可以将高光和暗调滑块自动移动到最亮点和最暗点。

利用【Levels】（色阶）命令可以解决图像的偏亮、偏暗、偏灰及偏色等问题。

⚫ 调整偏亮图像

实例名称：	调整偏亮图像	
实例目的：	使用色阶调整偏亮的图像	
	素材	素材\ch11\11-2.jpg
	结果	结果\ch11\调整偏亮的图像.jpg

❶ 打开随书光盘中的"素材\ch11\11-2.jpg"图像。

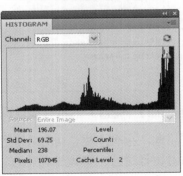

提示　通过观察直方图可以看到，该图像的整体色调偏亮，原因是缺乏暗调。

❷ 选择【Levels】（色阶）命令打开【Levels】（色阶）对话框，从右拖动暗调滑块，降低图像的整体色调的亮度。

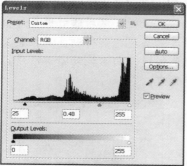

调整偏暗图像

实例名称：调整偏暗图像	
实例目的：使用色阶调整偏暗的图像	
素材	素材\ch11\11-3.jpg
结果	结果\ch11\调整偏暗的图像.jpg

1 打开随书光盘中的"素材\ch11\11-3.jpg"图像。

提示 通过观察直方图可以看到，该图像的整体色调偏暗，原因是缺乏亮调。

2 选择【Levels】（色阶）命令打开【Levels】（色阶）对话框，向左拖动亮调滑块，提高图像整体色调的亮度。

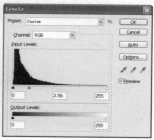

调整偏灰图像

实例名称：调整偏灰图像	
实例目的：使用色阶调整偏灰的图像	
素材	素材\ch11\11-4.jpg
结果	结果\ch11\调整偏灰的图像.jpg

1 打开随书光盘中的"素材\ch11\11-4.jpg"图像。

提示　通过观察直方图可以看到，该图像的整体色调偏灰，原因是缺乏亮调和暗调。

2 选择【Levels】（色阶）命令打开【Levels】（色阶）对话框，向左拖动亮调滑块，增加亮色调区域；向右拖动暗调滑块，增加暗色调区域，使图像整体色调的分布均衡一些。

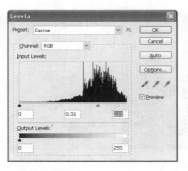

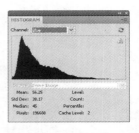

蓝色通道

调整偏色图像

实例名称：	调整偏色图像
实例目的：	使用色阶调整偏色的图像

	素材	素材\ch11\11-5.jpg
	结果	结果\ch11\调整偏色的图像.jpg

①打开随书光盘中的"素材\ch11\11-5.jpg"
图像。

提示 通过观察图像 3 个通道的直方图可以看
到，红色通道和绿色通道的颜色信息大部分都处于
暗部和中间色调区域，而蓝色通道的颜色信息大部
分都处于亮部和中间色调区域，因此整个图像看起
来是偏绿色的效果。

红色通道

绿色通道

②选择【Levels】（色阶)命令打开【Levels】
（色阶)对话框，然后通过调整每个通道的
明暗度来实现对某种颜色的控制。例如选
择绿色通道，向右拖动暗部滑块，可减少
绿色信息。

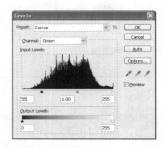

③要减少绿色信息，也可以间接地通过红色
和蓝色的增加来实现。分别选择红色通道
和蓝色通道，然后向左拖动亮部滑块即可
增加红色和蓝色信息。

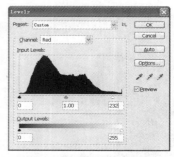

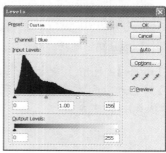

● 利用中性灰理论调节图像色调

工作原理：中性灰就是以相同的颜色成分混合后产生的颜色，例如 RGB 的颜色成分均为200，则它们混合后产生的颜色即是中性灰。而中性灰理论就是：如果图像中应该是中性灰的地方表现出来的不是中性灰，那么图像肯定存在着色偏。

实例名称：	调整图像色调	
实例目的：	利用中性灰理论调节图像色调	
	素材	素材\ch11\11-6.jpg
	结果	结果\ch11\调整图像色调.jpg

❶打开随书光盘中的 "素材\ch11\11-6.jpg" 图像。

提示　　通过观察可以发现整张图像偏品红色，为此可以利用中性灰理论调整整个图像的色彩。

❷利用【Color Sampler Tool】（颜色取样器工具）✏，在应该为灰色的地方设定取样点。

❸选择【Window】（窗口）➤【Info】（信息）命令打开【Info】（信息）调板。

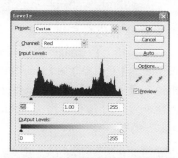

❹利用中性灰理论来调整整个图像的色调。选择【Image】（图像）➤【Adjustments】（调整）➤【Levels】（色阶）命令打开【Levels】（色阶）对话框，依据【Info】（信息）调板，将取样点的红通道、绿通道和蓝色通道的数值分别调整到 "197"、"81" 和 "81"，这样整个图像就不再偏色了。

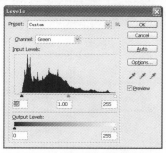

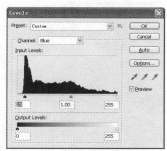

❺调整后的图像效果如下图所示。

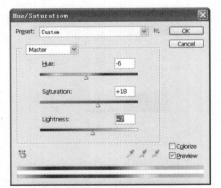

⑥ 整个图像看起来饱和度还是有所欠缺，为此可以选择【Image】（图像）▷【Adjustments】（调整）▷【Hue/Saturation】（色相/饱和度）命令打开【Hue/Saturation】（色相/饱和度）对话框，增大【Saturation】（饱和度）的值。

● 利用色阶命令设定黑白场

实例名称：利用色阶调整图像
实例目的：利用色阶命令设定黑白场

	素材	素材\ch11\11-7.jpg
	结果	结果\ch11\利用色阶命令设定黑白场.jpg

① 打开随书光盘中的"素材\ch11\11-7.jpg"图像。

② 通过观察可以知道整个图像存在着色调问题，该亮的地方缺乏亮度，该暗的地方缺乏暗度。为此可以利用黑白场对其明暗色调进行调整。选择【Image】（图像）▷【Adjustments】（调整）▷【Levels】（色阶）命令打开【Levels】（色阶）对话框，选中【Sample in image to set white point】（白场吸管工具），然后在图像中应该是最亮的地方单击设定白场。

缺乏暗度

缺乏亮度

③ 选中【Sample in image to set black point】（黑场吸管工具），在图像中应该是最暗的地方单击，设定黑场，得到的最终效果如下图所示。

11.1.3　Adjust Brightness/Contrast（调整亮度/对比度）

选择【Brightness/Contrast】（亮度/对比度）命令，可以对图像的色调范围进行简单的调整。

选择【Image】（图像）➤【Adjustements】（调整）➤【Brightness/Contrast】（亮度/对比度）命令弹出【Brightness/Contrast】（亮度/对比度）对话框。

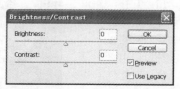

在【Brightness】（亮度）项上用鼠标左右拖曳滑块或者输入-150~150 之间的数值，可以增加或减少亮度，同样在【Contrast】（对比度）项上用鼠标左右拖曳滑块或者输入-50~100 之间的数值，可以增加或减少对比度。

● 对照片调整亮度/对比度

实例名称：调整图像的亮度/对比度	
实例目的：使用【Brightness/Contrast】（亮度/对比度）命令调整图像的色彩	
素材	素材\ch11\11-8.jpg
结果	结果\ch11\调整图像的亮度对比度.jpg

① 打开随书光盘中的 "素材\ch11\11-8.jpg" 图像。

② 选择【Image】（图像）➤【Adjustments】（调整）➤【Brightness/Contrast】（亮度/对比度）命令打开【Brightness/Contrast】（亮度/对比度）对话框，设置其参数。

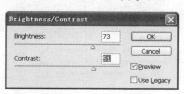

③ 调整后的效果如下图所示。

11.1.4　Adjust Color Balance（调整色彩平衡）

选择【Color Balance】（色彩平衡）命令可以调节图像的色调，可分别在暗调区、灰色调区和高光区通过控制各个单色的成分来平衡图像的色彩，操作起来简单直观。在执行【Color Balance】（色彩平衡）命令时会使用到互补色的概念。

概念小贴士

互补色

在图像中处于相对位置的一组颜色就是一对互补色，如绿色和洋红色为互补色，黄色和蓝色为互补色，红色和青色为互补色。所谓互补，就是图像中一种颜色成分的减少，必然导致它的互补色成分的增加，决不可能出现一种颜色和它的互补色同时增加的情况。另外，每一种颜色可以由它的相邻颜色混合得到，如洋红色可以由红色和蓝色混合而成，青色可以由绿色和蓝色混合而成，黄色可以由绿色和红色混合而成等。

选择【Image】（图像）➢【Adjustements】（调整）➢【Color Balance】（色彩平衡）命令打开【Color Balance】（色彩平衡）对话框。

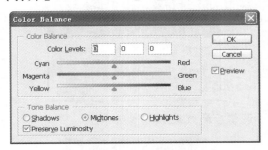

● 【Color Balance】（色彩平衡）设置区

可将滑块拖曳至要在图像中增加的颜色，或将滑块拖离要在图像中减少的颜色。利用上面提到的互补性原理，即可完成对图像色彩的平衡。

● 【Tone Balance】（色调平衡）设置区

通过选择暗调、中间调和高光等可以控制图像不同色调区域的颜色平衡。

● 【Preserve Luminosity】（保持亮度）复选项

可防止图像的亮度值随着颜色的更改而改变。

实例名称：调整图像的色彩		
实例目的：使用色彩平衡调整图像的色彩		
素材		素材\ch11\11-9.jpg
结果		结果\ch11\色彩平衡调整图像.jpg

① 打开随书光盘中的"素材\ch11\11-9.jpg"图像。

注意 图像在色彩上有点偏洋红色，为此可利用互补色原理添加一定量的绿色信息。

② 调整整个图像的色相为红色调，选择【Image】（图像）➢【Adjustments】（调整）➢【Color Balance】（色彩平衡）命令弹出【Color Balance】（色彩平衡）对话框，增加互补色平衡洋红色。

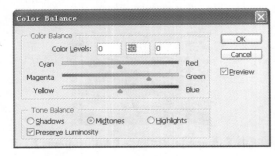

③ 调整后的效果如下图所示。

11.1.5　Adjust Curves（调整曲线）

Photoshop 可以调整图像的整个色调范围及色彩平衡，但它不是通过控制 3 个变量（暗调、中间色和高光）来调节图像的色调，而是对 0 到 255 色调范围内的任意点进行精确调节。同时，也可以选择【Curves】（曲线）命令对个别颜色通道的色调进行调节以平衡图像色彩。

选择【Image】（图像）➢【Adjustments】（调整）➢【Curves】（曲线）命令弹出【Curves】（曲线）对话框。

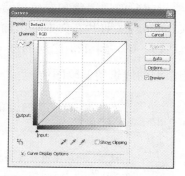

(1)【Channel】（通道）下拉列表框

若要调整图像的色彩平衡，可以在【Channel】（通道）下拉列表框中选取所要调整的通道，然后对图像中的某一个通道的色彩进行调整。

(2)　【Curves】（曲线）

水平轴【Input】（输入色阶）代表原图像中像素的色调分布，初始时分成了 5 个带，从左到右依次是暗调（黑）、1/4 色调、中间色调、3/4 色调、高光（白）；垂直轴代表新的颜色值，即【Output】（输出色阶），从下到上亮度值逐渐增加。默认的曲线形状是一条从下到上的对角线，表示所有像素的输入与输出色调值相同。调整图像色调的过程，就是通过调整曲线的形状来改变像素的输入和输出色调，从而改变整个图像的色调分布。

将曲线向上弯曲会使图像变亮，将曲线向下弯曲会使图像变暗。

曲线上比较陡直的部分代表图像对比度较高的区域；相反，曲线上比较平缓的部分代表图像对比度较低的区域。使用【Pencil Tool】（铅笔工具）🖉工具可以在曲线缩略图中手动绘制曲线。

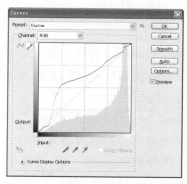

为了精确地调整曲线，可以增加曲线后面的网格数，按住【Alt】键单击缩略图即可。

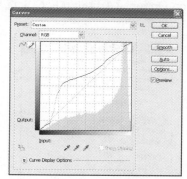

默认状态下在【Curves】（曲线）对话框中：

- ⬤ 移动曲线顶部的点主要是调整高光；
- ⬤ 移动曲线中间的点主要是调整中间调；
- ⬤ 移动曲线底部的点主要是调整暗调。

将曲线上的点向下或向右移动会将【Input】（输入）值映射到较小的【Output】（输出）值，并会使图像变暗；相反，将曲线上的点向上或向左移动会将较小的【Input】（输入）值映射到较大的【Output】（输出）值，并会使图像变亮。因此如果希望将暗调图像变亮，则可向上移动靠近曲线底部的点；如果希望高光变暗，则可向下移动靠近曲线顶部的点。

单击预设右边的下拉菜单按钮 ☰ ，选择菜单命令即可存储预设、载入预设和删除当前预设。

> Save Preset...
> Load Preset...
> Delete Current Preset

● 【Save Preset】（存储预设）选项

将编辑好的曲线存储起来以备以后解决同样的问题时使用。

● 【Load Preset】（载入预设）选项

将过去使用过的曲线载入使用，主要用于同类型图像的处理。

(3) 【Options】（选项）按钮

单击该按钮可以弹出【Auto Color Correction Options】（自动颜色校正选项）对话框。

● 【Enhance Monochromatic Contrast】（增强单色对比度）单选项

能统一剪切所有的通道，这样可以在使高光显得更亮而暗调显得更暗的同时保留整体的色调关系。

● 【Enhance Per Channel Contrast】（增强每通道的对比度）单选项

可最大化每个通道中的色调范围，以产生更显著的校正效果。因为各个通道是单独调整的，所以【Enhance Per Channel Contrast】（增强每通道的对比度）可能会消除或引入

色痕。

● 【Find Dark & Light Colors】（查找深色与浅色）单选项

查找图像中平均最亮和最暗的像素，并用它们在最小化剪切的同时最大化对比度。

● 【Target Color & Clipping】（目标颜色和剪贴）

若要指定要剪切黑色和白色像素的量，可在【Clipping】（剪贴）文本框中输入百分比，建议输入 0% 到 1% 之间的一个值。

1．使用凸型曲线调整偏暗图像

实例名称：	调整偏暗图像	
实例目的：	使用凸型曲线调整偏暗图像	
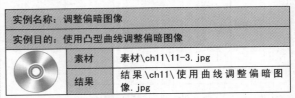	素材	素材\ch11\11-3.jpg
	结 果	结果\ch11\使用曲线调整偏暗图像.jpg

❶ 打开随书光盘中的"素材\ch11\11-3.jpg"文件。

❷ 可以看到整个图像的亮度不够，看起来有点偏暗。为此可选择【Image】（图像）➤【Adjustments】（调整）➤【Curves】（曲线）命令弹出【Curves】（曲线）对话框，将曲线中间的点向上移动。

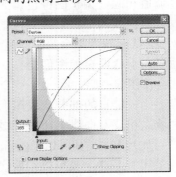

❸ 调整后的效果如下图所示。

2．用凹型曲线调整偏亮图像

实例名称：	调整偏亮图像	
实例目的：	用凹型曲线调整偏亮图像	
	素材	素材\ch11\11-2.jpg
	结果	结果 \ch11\ 使用曲线调整偏亮图像.jpg

❶ 打开随书光盘中的"素材\ch11\11-2.jpg"
　文件。

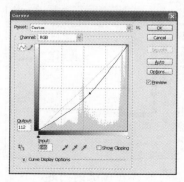

❷ 可以看到整个图像的亮度太高，看起来有
　点偏亮。为此可选择【Image】（图像）➢
　【Adjustments】（调整）➢【Curves】（曲线）
　命令弹出【Curves】（曲线）对话框，将曲
　线中间的点向下移动。

❸ 调整后的效果如下图所示。

3．调整偏灰图像，调整曲线为 S 型曲线

实例名称：	调整偏灰图像	
实例目的：	调整曲线为 S 型曲线	
	素材	素材\ch11\11-4.jpg
	结果	结果 \ch11\ 使用曲线调整偏灰图像.jpg

❶ 打开随书光盘中的"素材\ch11\11-4.jpg"
　文件。

❷ 可以看到整个图像偏灰色，主要是由于图
　像的明暗对比太小，或者说是高光区域不
　够亮、暗调区域不够暗。为此可选择
　【Image】（图像）➢【Adjustments】（调整）
　➢【Curves】（曲线）命令，在【Curves】
　（曲线）对话框中调整曲线为 S 型。

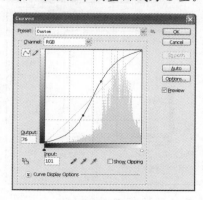

❸ 调整后的图像效果如下图所示。

4．反相图像，调整曲线的倾斜度

实例名称：反相图像	
实例目的：调整曲线的倾斜度	
素材	素材\ch11\11-10.jpg
结果	结果\ch11\反相图像.jpg

① 打开随书光盘中的"素材\ch11\11-10.jpg"文件。

② 要在曲线中实现反相操作，只需调整曲线的倾斜度即可。可选择【Image】（图像）▶【Adjustments】（调整）▶【Curves】（曲线）命令，在弹出的【Curves】（曲线）对话框中调整曲线。

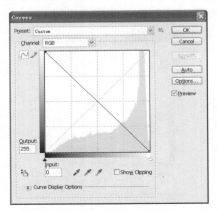

③ 调整后的效果如下图所示。

5．利用通道选项调整偏色图像

实例名称：利用通道选项调整偏色图像	
实例目的：利用通道选项调整偏色图像	
素材	素材\ch11\11-5.jpg
结果	结果\ch11\利用通道选项调整偏色图像.jpg

① 打开随书光盘中的"素材\ch11\11-5.jpg"文件。

② 通过观察可以看到，该图像明显偏绿，对于该类图像应通过单独调整绿色通道来纠偏。为此可选择【Image】（图像）▶【Adjustments】（调整）▶【Curves】（曲线）命令，在弹出的【Curves】（曲线）对话框中调整绿色通道的曲线，减少绿色通道的颜色信息。

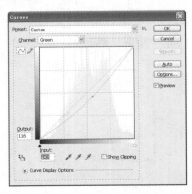

③ 调整后仍然存在偏绿的问题，这时可以通过适当地提高红、蓝通道中的颜色来相对

地降低绿色通道中的颜色。对红、蓝通道的曲线的调整如下图所示。

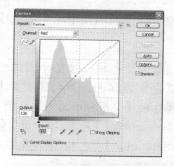

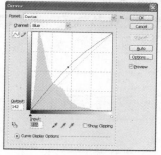

④ 调整后的效果如下图所示。

6. 通过对曲线某一点的调整精确地调整图像

实例名称：	精确调整图像	
实例目的：	通过对曲线某一点的调整精确地调整图像	
◎	素材	素材\ch11\11-11.jpg
	结果	结果\ch11\精确调整图像.jpg

① 打开随书光盘中的"素材\ch11\11-11.jpg"文件。

② 该图像的天空背景颜色有点偏洋红色。利用鼠标指针精确地定位这种洋红色在曲线中的位置，从而可以专门针对这种颜色进行调整。当指针放到图像上的时候会变为吸管，单击可以看到这一点的颜色在曲线中的具体位置。选择【Image】（图像）▷【Adjustments】（调整）▷【Curves】（曲线）命令弹出【Curves】（曲线）对话框，选择红色通道，在洋红色背景天空中单击，可以看到该颜色在曲线中的位置。

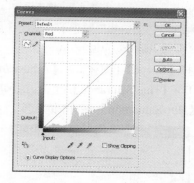

③ 调整红色通道的曲线，可在曲线中添加控制点，调整曲线的形状。

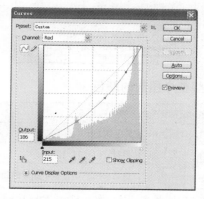

④ 调整后的效果如下图所示。

11.1.6 Adjust Hue/Saturation （调整色相/饱和度）

选择【Hue/Saturation】（色相/饱和度）命令可以调节整个图像或图像中单个颜色成分的色相、饱和度和亮度。

概念小贴士

色相、饱和度、亮度

所谓色相，就是通常所说的颜色，即红、橙、黄、绿、青、蓝和紫。所谓饱和度，简单地说是一种颜色的纯度，颜色纯度越高饱和度越大，颜色纯度越低相应颜色的饱和度就越小。亮度就是指色调，即图像的明暗度。

选择【Image】（图像）➢【Adjustements】（调整）➢【Hue/Saturation】（色相/饱和度）命令打开【Hue/Saturation】（色相/饱和度）对话框。

1. 调整整个图像的颜色

实例名称：	调整整个图像的颜色	
实例目的：	使用色相/饱和度调整整个图像的颜色	
	素材	素材\ch11\11-12.jpg
	结果	结果\ch11\调整整个图像的颜色.jpg

① 打开随书光盘中的"素材\ch11\11-12.jpg"文件。

② 变换该图像的色调，使整个图像中的主题色由蓝色变为红色。为此可选择【Image】（图像）➢【Adjustments】（调整）➢【Hue/Saturation】（色相/饱和度）命令弹出【Hue/Saturation】（色相/饱和度）对话框，调整后的效果如下图所示。

2. 对某一颜色调整

实例名称：	调整局部图像的颜色	
实例目的：	使用色相/饱和度调整局部图像的颜色	
	素材	素材\ch11\11-13.jpg
	结果	结果\ch11\调整局部图像的颜色.jpg

① 打开随书光盘中的"素材\ch11\11-13.jpg"文件。

②改变图像中花朵的颜色。为此可选择
　【Image】（图像）➤【Adjustments】（调整）
　➤【Hue/Saturation】（色相/饱和度）命令
　弹出【Hue/Saturation】（色相/饱和度）对
　话框，调整滑块，得到的效果如下图所示。

11.1.7　Desaturate（去色）

　　选择【Desaturate】（去色）命令可以将图像的颜色去掉，变成相同颜色模式下的灰度图像，
每个像素仅保留原有的明暗度。例如给 RGB 图像中的每个像素指定相等的红色、绿色和蓝色
值，使图像表现为灰度图像。此命令与在【Hue/Saturation】（色相/饱和度）对话框中将
【Saturation】（饱和度）调整为-100 的作用是相同的。

● 为图像进行去色处理

①打开随书光盘中的"素材\ch13\11-14.jpg"文件。

> 注意　　如果正在处理"多图层图像"，则
> 【Desaturate】（去色）命令只能作用于当前工作图
> 层。

②要将该照片制作成一张黑白照片，选择
　【Image】（图像）➤【Adjustments】（调整）
　➤【Desaturate】（去色）命令即可。

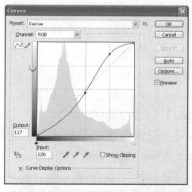

③可以看到去色后的图像的整体对比度不是
　很好，为此可选择【Image】（图像）➤
　【Adjustments】（调整）➤【Curves】（曲线）
　命令，进一步调整图像。

11.1.8 Match Color （匹配颜色）

选择【Match Color】（匹配颜色）命令可将一个图像（源图像）的颜色与另一个图像（目标图像）相匹配。

选择【Image】（图像）➢【Adjustments】（调整）➢【Match Color】（匹配颜色）命令即可弹出【Match Color】（匹配颜色）对话框。

● 【Source】（源）下拉列表框

选取要将其颜色与目标图像中的颜色相匹配的源图像。如果不希望参考另一个图像来计算色彩调整，则可在【Source】（源）下拉列表框中选取【None】（无）选项。选择【None】（无）选项后目标图像和源图像相同。

● 【Layer】（图层）下拉列表框

从要匹配其颜色的源图像中选取图层。如果要匹配源图像中所有图层的颜色，则可从【Layer】（图层）下拉列表框中选取【Merged】（合并）选项。

如果在图像中建立了选区，撤选【Ignore Selection When Applying Adjustment】（应用调整时忽略选区）复选项，则会影响目标图像中的选区，并将调整应用于选区图像中。使用该复选项可以实现对局部区域的颜色匹配。

● 【Luminance】（明亮度）

可增加或减小目标图像的亮度。也可以在【Luminance】（明亮度）文本框中输入一个值。最大值是200，最小值是1，默认值是100。

● 【Color Intensity】（颜色强度）

可以调整目标图像的色彩饱和度。也可以在【Color Intensity】（颜色强度）文本框中输入一个值。最大值是200，最小值是1（生成灰度图像），默认值是100。

● 【Fade】（渐隐）

可控制应用于图像的调整量。向右移动该滑块可以减小调整量。

1. 将一个图像中的颜色与另一个图像相匹配

实例名称：	匹配颜色
实例目的：	使用匹配颜色将一个图像中的颜色与另一个图像相匹配
	素材	素材 \ch11\11-15.jpg 和素材 \ch11\11-16.jpg
	结果	结果\ch11\匹配颜色.jpg

❶ 打开随书光盘中的"素材\ch11\11-15.jpg"和"素材\ch11\11-16.jpg"两幅图像。

❷ 将图 11-16.jpg 的颜色应用到图 11-15.jpg 中。选择【Image】（图像）➢【Adjustments】（调整）➢【Match Color】（匹配颜色）命令打开【Match Color】（匹配颜色）对话框，然后设置参数。

❸ 调整后的效果如下图所示。

2．匹配颜色

将一个图像中某个图层的颜色与同一个图像中另一个图层的颜色相匹配。

①打开随书光盘中的 "素材\ch11\11-15.jpg" 和 "素材\ch11\11-17.psd" 两幅图像。

②将图 11-17.psd 的图层 1 的颜色色调应用到图 11-15.jpg 中。选择【Image】（图像）➢【Adjustments】（调整）➢【Match Color】

（匹配颜色）命令打开【Match Color】（匹配颜色）对话框，然后设置参数。

③调整后的效果如下图所示。

11.1.9　Replace Color（替换颜色）

选择【Replace Color】（替换颜色）命令可以创建蒙版，以选择图像中的特定颜色，然后替换这些颜色。可以设置选定区域的色相、饱和度和亮度。也可以使用拾色器选择替换颜色。

由【Replace Color】（替换颜色）命令创建的蒙版是临时性的。

选择【Image】（图像）➢【Adjustments】（调整）➢【Replace Color】（替换颜色）命令，即可弹出【Replace Color】（替换颜色）对话框。

● 【Localized Color Clusters】（本地化颜色簇）

如果正在图像中选择多个颜色范围，则可选择"本地化颜色簇"来构建更加精确的蒙版。

● 【Fuzziness】（颜色容差）

通过拖曳【Fuzziness】（颜色容差）滑块或在文本框中输入数值可以调整蒙版的容差，以扩大或缩小所选颜色区域。向右拖曳滑块将增大颜色容差，使选区扩大；向左拖曳滑块将减小颜色容差，使选区减小。

● 【Selection】（选区）单选项

选择【Selection】（选区）单选项将在预览框中显示蒙版。未蒙版区域是白色，被蒙版区域是黑色，部分被蒙版区域（覆盖有半透明蒙版）会根据其不透明度而显示不同亮度级别的灰色。

● 【Image】（图像）单选项

选择【Image】（图像）单选项，将在预览框中显示图像。在处理大的图像或屏幕空间有限时，该选项非常有用。

● 【Eyedropper Tool】（吸管工具）

选择一种吸管然后在图中单击，可以确定将为何种颜色建立蒙版。带加号的吸管可用于增大蒙版（即选区），带减号的吸管可用于去掉多余的区域。

● 【Replacement】（替换）设置区

通过拖曳【Hue】（色相）、【Saturation】（饱和度）和【Lightness】（明度）等滑块可以变换图像中所选区域的颜色，调节的方法和效果与应用【Hue/Saturation】（色相/饱和度）对话框的相同。

实例名称：替换颜色	
实例目的：使用【Replace Color】（替换颜色）命令调整图像的颜色	
素材	素材\ch11\11-15.jpg
结果	结果\ch11\替换颜色.jpg

① 打开随书光盘中的"素材\ch11\11-15.jpg"文件。

② 将其背景的黄色改为红色。选择【Image】（图像）>【Adjustments】（调整）>【Replace Color】（替换颜色）命令弹出【Replace Color】（替换颜色）对话框，设置参数如下图所示。

③ 调整后的效果如下图所示。

11.1.10　Selective Color（可选颜色）

概念小贴士

可选颜色校正

可选颜色校正是在高档扫描仪和分色程序中使用的一项技术，它基于组成图像某一主色调的 4 种基本印刷色（CMYK），选择性地改变某一主色调（如红色）中某一印刷（如青色 C）的含量，而不影响该印刷色在其他主色调中的表现，从而对图像的颜色进行校正。首先应确保在【通道】调板中选择了复合通道。

选择【Image】（图像）▶【Adjustements】（调整）▶【Selective Color】（可选颜色）命令即可打开【Selective Color】（可选颜色）对话框。

● 　【Preset】（预设）下拉列表框

可以选择默认选项和自定选项。

● 　【Colors】（颜色）下拉列表框

选择要进行校正的主色调，可选颜色有 RGB、CMYK 中的各通道色及白色、中性色和黑色。

● 　【Relative】（相对）单选项

用于增加或减少每一种印刷色的相对改变量。如为一个起始含有 50%洋红色的像素增加 10%，该像素的洋红色含量则会变为 55%。

● 　【Absolute】（绝对）单选项

用于增加或减少每一种印刷色的绝对改变量。如为一个起始含有 50%洋红色的像素增加 10%，该像素的洋红色含量则会变为

60%。

实例名称：可选颜色	
实例目的：使用【Selective Color】（可选颜色）命令调整图像的颜色	
素材	素材\ch11\11-18.jpg
结果	结果\ch11\可选颜色.jpg

① 打开随书光盘中的 "素材\ch11\11-18.jpg" 文件。

② 调整该图像中洋红色的鲜花颜色。选择【Image】（图像）▶【Adjustments】（调整）▶【Selective Color】（可选颜色）命令打开【Selective Color】（可选颜色）对话框，从中选择黄色，设置参数如下图所示。

③ 调整后的效果如下图所示。

11.1.11 Channel Mixer（通道混合器）

通道混合器

通道混合器是使用图像中现有（源）颜色通道的混合来修改目标（输出）颜色通道。颜色通道是代表图像（RGB 或 CMYK）中颜色分量的色调值的灰度图像。使用通道混合器可以通过源通道向目标通道加减灰度数据。利用这种方法可以向特定颜色分量中增加或减去颜色。

选择【Image】（图像）➤【Adjustements】（调整）➤【Channel Mixer】（通道混合器）命令，即可打开【Channel Mixer】（通道混合器）对话框。

● 【**Preset**】（预设）下拉列表框

可以选择预设的参数设置对图像进行调整。

● 【**Output Channel**】（输出通道）下拉列表框

选择要进行调整作为最后输出的颜色通道，可选项随颜色模式而异。

● 【**Source Channels**】（源通道）设置区

向右或向左拖曳滑块可以增大或减小该通道颜色对输出通道的贡献。在参数框中输入一个-200 到+200 之间的数也能起到相同的作用。如果输入一个负值，则是先将原通道反相，再混合到输出通道上。

● 【**Constant**】（常数）参数框

在参数框中输入数值或拖曳滑块，可以将一个具有不透明度的通道添加到输出通道上。负值作为黑色通道，正值作为白色通道。

● 【**Monochrome**】（单色）复选项

选择【Monochrome】（单色）复选项，可以将相同的设置应用于所有的输出通道，不过创建的是只包含灰色值的彩色模式图像。如果先选择【Monochrome】（单色）复选项，然后再撤选，则可单独地修改每个通道的混合，从而创建出一种手绘色调的效果。

实例名称：通道混合器		
实例目的：使用【Channel Mixer】（通道混合器）命令调整图像的色彩		
	素材	素材\ch11\11-19.jpg
	结果	结果\ch11\通道混合器.jpg

❶打开随书光盘中的"素材\ch11\11-19.jpg"文件。

提示 通过观察通道可以看到该图像存在着严重的偏色问题，该图像的蓝色通道几乎没有任何的亮度信息，这就是图像偏色的原因。

② 可利用【Channel Mixer】（通道混合器）给
蓝色通道增加亮度信息以提高整个图像中
的蓝色信息。选择【Image】（图像）➢
【Adjustments】（调整）➢【Channel Mixer】
（通道混合器）命令打开【Channel Mixer】
（通道混合器）对话框，分别设置 "Blue"、
"Green" 通道的参数。

④ 选择【Image】（图像）➢【Adjustments】（调
整）➢【Curves】（曲线）命令，调整图像
的亮度。单击【OK】（确定）按钮后的效
果，如下图所示。

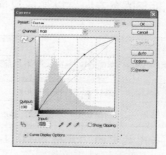

③ 调整后的效果如下图所示，从整体上看图
像亮度还有些不足。

11.1.12　Gradient Map（渐变映射）

　　选择【Gradient Map】（渐变映射）命令可以将图像的色阶映射为一组渐变色的色阶。如
指定双色渐变填充时，图像中的暗调被映射到渐变填充的一个端点颜色，高光被映射到另一个
端点颜色，中间调被映射到两个端点之间的层次。

　　选择【Image】（图像）➢【Adjustements】（调整）➢【Gradient Map】（渐变映射）命令即
可打开【Gradient Map】（渐变映射）对话框。

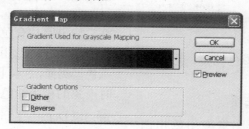

- 【Gradient Used for Grayscale Mapping】（灰度映射所用的渐变）下拉列表

从列表中选择一种渐变类型，默认情况下，图像的暗调、中间调和高光分别映射到渐变填充的起始（左端）颜色、中间点和结束（右端）颜色。

- 【Dither】（仿色）复选项

通过添加随机杂色，可使渐变映射效果的过渡显得更为平滑。

- 【Reverse】（反向）复选项

颠倒渐变填充方向，以形成反向映射的效果。

实例名称：渐变映射		
实例目的：使用【Gradient Map】（渐变映射）命令为图像添加特殊效果		
	素材	素材\ch11\11-20.jpg
	结果	结果\ch11\渐变映射.jpg

① 打开随书光盘中的"素材\ch11\11-20.jpg"图像。

② 通过颜色的调整将该樱桃调整为黄色。选择【Image】（图像）➤【Adjustments】（调整）➤【Gradient Map】（渐变映射）命令打开【Gradient Map】（渐变映射）对话框，从中选择一种渐变映射。

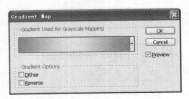

③ 调整后的效果如下图所示。

11.1.13 Photo Filter（照片滤镜）

选择【Photo Filter】（照片滤镜）命令可以模仿在相机镜头前面加彩色滤镜，以便调整通过镜头传输的光的色彩平衡和色温，使胶片曝光。

选择【Image】（图像）➤【Adjustements】（调整）➤【Photo Filter】（照片滤镜）命令，即可打开【Photo Filter】（照片滤镜）对话框。

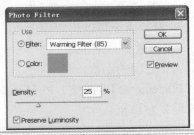

- 【Filter】（滤镜）单选项

选择各种不同镜头的彩色滤镜，用于平衡色彩和色温。

- 【Color】（颜色）单选项

根据所选颜色预设给图像应用色相调整。如果照片有色痕，则可选取补色来中和色痕，还可以选用特殊颜色效果或增强应用颜色。例如，"水下"颜色可模拟在水下拍摄时产生的稍带绿色的蓝色色痕。

- 【Density】（浓度）设置项

调整应用于图像的颜色数量，可拖动【Density】（浓度）滑块或者在【Density】（浓度）参数框中输入百分比。【Density】（浓度）越大，应用的颜色调整越大。

● 【Preserve Luminosity】（保留亮度）复选项

选中此复选项可以避免因添加颜色滤镜而导致图像变暗。

实例名称：照片滤镜		
实例目的：使用【照片滤镜】命令调整图像的色彩		
	素材	素材\ch11\11-21. jpg
	结果	结果\ch11\照片滤镜. jpg

❶打开随书光盘中的 "素材\ch11\11-21.jpg" 图像。

❷该图像整体色调偏冷，略微偏黄色。为此可选择【Image】（图像）➤【Adjustments】

（调整）➤【Photo Filter】（照片滤镜）命令打开【Photo Filter】（照片滤镜）对话框，设置其参数。

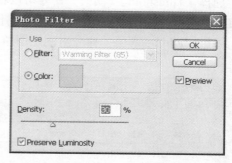

❸调整后的效果如下图所示。

11.1.14　Invert（反相）

选择【Invert】（反相）命令可以反转图像中的颜色，通道中每个像素的亮度值都会转换为 256 级颜色值刻度上相反的值。例如值为 255 的正片图像中的像素会转换为 0，值为 5 的像素会转换为 250。

❶打开随书光盘中的 "素材\ch11\11-14.jpg" 图像。

❷为了给该照片制作出一种底片的效果，可以选择【Image】（图像）➤【Adjustments】

（调整）➤【Invert】（反相）命令，得到的效果如下图所示。

11.1.15 Threshold （阈值）

选择【Threshold】（阈值）命令可以将灰度或彩色图像转换为高对比度的黑白图像。可以指定某个色阶作为阈值。所有比阈值亮的像素转换为白色，而所有比阈值暗的像素则转换为黑色。【Threshold】（阈值）命令对确定图像的最亮和最暗区域很有用。

实例名称：阈值		
实例目的：使用【Threshold】（阈值）命令制作黑白分明的图像		
	素材	素材\ch11\11-10.jpg
	结果	结果\ch11\阈值.jpg

① 打开随书光盘中的"素材\ch11\11-10.jpg"文件。

② 要制作黑白分明的图像效果，可以选择【Image】（图像）➤【Adjustments】（调整）➤

【Threshold】（阈值）命令打开【Threshold】（阈值）对话框，设置【Threshold Level】（阈值色阶）为"128"。

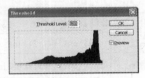

③ 调整后的效果如下图所示。

11.1.16 Posterize（色调分离）

选择【Posterize】（色调分离）命令可以指定图像中每个通道的色调级（或亮度值）的数目，然后将像素映射为最接近的匹配级别。例如在 RGB 图像中选取两个色调级可以产生 6 种颜色：两种红色、两种绿色和两种蓝色。

在照片中创建特殊效果，如创建大的单调区域时【Posterize】（色调分离）命令非常有用。在减少灰度图像中的灰色色阶数时，【Posterize】（色调分离）命令效果最为明显。【Posterize】（色调分离）命令也可以在彩色图像中产生一些特殊的效果。

① 打开随书光盘中的"素材\ch11\11-14.jpg"图像。

❷ 选择【Image】(图像) ➤【Adjustments】(调整) ➤【Posterize】(色调分离) 命令即可打开【Posterize】(色调分离) 对话框。设置参数，如下图所示。

如下图所示。

❸ 单击【OK】(确定) 按钮后得到的特殊效果

11.1.17　Variations　(变化)

【Variations】(变化) 命令通过显示替代物的缩览图，可以调整图像的色彩平衡、对比度和饱和度。执行【Variations】(变化) 命令可以完成不同色调区域的调整，如暗调、中间色调、高光以及饱和度等的调整。

【Variations】(变化) 命令对图像的调整仍然是使用互补色的原理来完成的。图像偏向绿色，那么就单击【More Magenta】(加深洋红) 缩略图，在图像中添加洋红色来平衡绿色。图像偏亮，那么就单击较暗缩略图，以降低图像的亮度。

选择【Image】(图像) ➤【Adjustements】(调整) ➤【Variations】(变化) 命令，即可打开【Variations】(变化) 对话框，在该对话框中就可以对图像进行颜色的调整了。

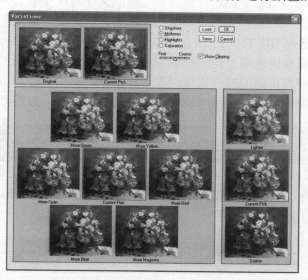

11.2　职场演练

优秀的网站不仅要有精彩的内容，而且要有漂亮的页面。谈到漂亮的页面就离不开图片，在页面中适当地使用一些精美的图片作为点缀，会使网页大放异彩。但是，图片使用不当，也会适得其反。网页中的图片如果尺寸太大，访问者还没等到图片打开就早已不耐烦了。

使用 Photoshop CS4 可以对图片进行优化处理，使图片能在网页中迅速显示出来。

图片的优化可以在保证浏览质量的前提下将其尺寸降至最低，这样可以提高网页的下载速度。利用 Photoshop CS4 可以将图片切成小块，分别进行优化。输出的格式可以为 GIF 或 JPEG，因为这两种文件格式能对图像进行很大程度的压缩，使得在产生相近视觉效果的前提下，图像文件尺寸却小很多。如果图像是通过扫描仪或者数码相机获取的，这种图片中所用到的色彩比较多，这时候应该选择使用 JPEG 格式来存储图像。如果图片色彩比较少，一般选择 GIF 格式。

另外，图形使用较少的色彩也是一种让图形尽量小的办法。使用单调的颜色比使用梯度的颜色要好。使用梯度颜色可以在浏览器端快速填充颜色调色板供客户端显示。此外，减少图形的色彩深度进而使用较少的色彩树也是可以的。

如果用户需要提供较大的图像和多媒体文件，尽量不要插入页面里面，提供一种链接就可以了。这样，如果使用快速的链接，单击图像就可以立刻看到，低速的链接不看图像也可以看到他最关心的内容，浏览感觉上没有什么延迟是最好的。

设计网页时的一个基本原则是让每一个图形文件的尺寸小于 30KB。这绝对不是一个坏的建议。更"极端"的某些页面设计专家说，保持整个页面的尺寸在 30KB 或 40KB 左右（也就是包含图形和文本以及其他多媒体对象之后的整个页面）才是比较合适的，并忠告我们"千万不要使用非常大的页面"。

11.3　本章小结

Photoshop CS4 可以使用各种颜色工具、色彩调整工具以及颜色模式来创建颜色并修改色彩平衡、亮度对比度等。读者应首先掌握一些印刷及色彩模式的基础知识，这样才能对本章讲解的内容有更深刻的了解。

第 **12** 章 使用滤镜完成艺术化效果

小 马在使用 Photoshop CS4 的滤镜处理图片的过程中发现滤镜特效太多了，不太好把握。于是小马问小龙："滤镜特效那么多，怎么知道什么滤镜适合处理什么样的图像呢？"小龙笑着说："当然是要首先了解 Photoshop CS4 中滤镜的基本功能和特性喽。本章就是来帮你解决这个问题的，让我们赶快开始吧！"

◉ 使用传统滤镜

◉ 使用新滤镜

◉ 使用滤镜插件 KPT 7.0

别老小瞧我们猫，老虎还是我的亲戚呢。

概念小贴士

滤镜

滤镜，是应用于图片后期处理的。所谓滤镜就是把原有的画面进行艺术过滤，得到一种艺术或更完美的展示。滤镜功能是 Photoshop CS4 的强大功能之一。利用滤镜可以实现许多无法实现的绘画艺术效果，这为众多的非艺术专业人员提供了一种创造艺术化作品的手段。

滤镜产生的复杂数字化效果源自摄影技术，滤镜不仅可以改善图像的效果并掩盖其缺陷，还可以在原有图像的基础上产生许多特殊的效果。滤镜主要具有以下特点。

(1) 滤镜只能应用于当前可视图层，且可以反复应用，连续应用。但一次只能应用在一个图层上。

(2) 滤镜不能应用于位图模式、索引颜色和 48 位 RGB 模式的图像，某些滤镜只对 RGB 模式的图像起作用，如素描滤镜和纹理滤镜就不能在 CMYK 模式下使用。滤镜只能应用于图层的有色区域，对完全透明的区域没有效果。

(3) 有些滤镜完全在内存中处理，所以内存的容量对滤镜的生成速度影响很大。

(4) 有些滤镜很复杂亦或是要应用滤镜的图像尺寸很大，执行时需要很长时间，如果想结束正在生成的滤镜效果，只需按【Esc】键即可。

(5) 上次使用的滤镜将出现在滤镜菜单的顶部，可以通过执行此命令对图像再次应用上次使用过的滤镜效果。

(6) 如果在滤镜设置窗口中对自己调节的效果不满意，希望恢复调节前的参数，可以按住【Alt】键，这时【取消】按钮会变为【复位】按钮，单击此按钮就可以将参数重置为调节前的状态。

12.1 使用传统滤镜

 本节视频教学录像：151 分钟

Photoshop CS4 提供有 13 类传统滤镜，分别是艺术效果滤镜、模糊滤镜、画笔描边滤镜、扭曲滤镜、杂色滤镜、像素化滤镜、渲染滤镜、锐化滤镜、素描滤镜、风格化滤镜、纹理滤镜、视频及其他滤镜。

12.1.1　Artistic（艺术效果）

使用艺术效果滤镜可以为美术或商业项目制作绘画效果或特殊效果，例如使用木刻滤镜进行拼贴或文字处理。使用这些滤镜可以模仿自然或传统介质效果。所有的艺术效果滤镜都可以通过使用【Filter】（滤镜）➤【Filter Gallery】（滤镜库）命令来应用。

1．Colored Pencil（彩色铅笔）

使用彩色铅笔在纯色背景上绘制图像时保留重要边缘，外观呈粗糙阴影线，纯色背景色则透过比较平滑的区域显示出来。

制作彩色铅笔效果的具体操作如下。

实例名称：彩色铅笔效果		
实例目的：学会如何制作彩色铅笔效果		
	素材	素材\ch12\牡丹.jpg
	结果	结果\ch12\彩色铅笔.jpg

❶打开随书光盘中的"素材\ch12\牡丹.jpg"文件。

❷选择【Filter】（滤镜）➤【Artistic】（艺术效果）➤【Colored Pencil】（彩色铅笔）命令，在弹出的【Colored Pencil】（彩色铅笔）对话框中进行参数设置。

❸单击【OK】（确定）按钮即可。

 若要制作羊皮纸效果，可在将彩色铅笔滤镜应用于选中区域之前更改背景色。

2．Cutout（木刻）

将图像描绘成好像是由从彩纸上剪下的边缘粗糙的剪纸片组成的。高对比度的图像看起来呈剪影状，而彩色图像看上去则是由几层彩纸组成的。

制作木刻效果的具体操作如下。

实例名称：木刻效果		
实例目的：学会如何制作木刻效果		
	素材	素材\ch12\茶花.jpg
	结果	结果\ch12\木刻.jpg

❶打开随书光盘中的"素材\ch12\茶花.jpg"文件。

②选择【Filter】(滤镜)▷【Artistic】(艺术效果)▷【Cutout】(木刻)命令，在弹出的【Cutout】(木刻)对话框中进行参数设置。

③单击【OK】(确定)按钮。

3．Dry Brush（干画笔）

使用干画笔技术(介于油彩和水彩之间)绘制图像边缘，是通过将图像的颜色范围降到普通颜色范围来简化图像的。

制作干画笔效果的具体操作如下。

实例名称：干画笔效果		
实例目的：学会如何制作干画笔效果		
	素材	素材\ch12\红百合.jpg
	结果	结果\ch12\干画笔.jpg

①打开随书光盘中的"素材\ch12\红百合.jpg"文件。

②选择【Filter】(滤镜)▷【Artistic】(艺术效果)▷【Dry Brush】(干画笔)命令，在

弹出的【Dry Brush】(干画笔)对话框中进行参数设置。

③单击【OK】(确定)按钮。

4．Film Grain（胶片颗粒）

将平滑图案应用于图像的阴影色调和中间色调，将一种更平滑、饱合度更高的图案添加到图像的亮区。在消除混合的条纹和将各种来源的图素在视觉上进行统一时此种滤镜非常有用。

制作胶片颗粒效果的具体操作如下。

实例名称：胶片颗粒效果		
实例目的：学会如何制作胶片颗粒效果		
	素材	素材\ch12\小葵花.jpg
	结果	结果\ch12\胶片颗粒.jpg

①打开随书光盘中的"素材\ch12\小葵花.jpg"文件。

②选择【Filter】(滤镜)▷【Artistic】(艺术效果)▷【Film Grain】(胶片颗粒)命令，在弹出的【Film Grain】(胶片颗粒)对话框中进行参数设置。

③ 单击【OK】（确定）按钮。

5．Fresco（壁画）

使用短而圆的、粗略轻涂的小块颜料，以一种粗糙的风格绘制图像。

制作壁画效果的具体操作如下。

实例名称：壁画效果		
实例目的：学会如何制作壁画效果		
	素材	素材\ch12\红梅．jpg
	结果	结果\ch12\壁画．jpg

① 打开随书光盘中的"素材\ch12\红梅.jpg"文件。

② 选择【Filter】（滤镜）➢【Artistic】（艺术效果）➢【Fresco】（壁画）命令，在弹出的【Fresco】（壁画）对话框中进行参数设置。

③ 单击【OK】（确定）按钮。

6．Neon Glow（霓虹灯光）

将各种类型的光添加到图像中的对象上，这在柔化图像外观时给图像着色很有用。若要选择一种发光颜色，可单击发光颜色后面的方框 Glow Color ■，然后从拾色器中选择一种颜色。

制作霓虹灯光效果的具体操作如下。

实例名称：霓虹灯光效果		
实例目的：学会如何制作霓虹灯光效果		
	素材	素材\ch12\红梅.jpg
	结果	结果\ch12\霓虹灯光.jpg

① 打开随书光盘中的"素材\ch12\红梅.jpg"文件。

② 选择【Filter】（滤镜）➢【Artistic】（艺术效果）➢【Neon Glow】（霓虹灯光）命令，在弹出的【Neon Glow】（霓虹灯光）对话框中进行参数设置。

③ 单击【OK】（确定）按钮。

7. Paint Daubs（绘画涂抹）

可以选取各种不同大小（从 1 到 50）和类型的画笔来创建绘画效果。画笔类型包括简单、未处理光照、暗光、宽锐化、宽模糊和火花等。

制作绘画涂抹效果的具体操作如下。

实例名称：绘画涂抹效果		
实例目的：学会如何制作绘画涂抹效果		
	素材	素材\ch12\太阳花.jpg
	结果	结果\ch12\绘画涂抹.jpg

❶ 打开随书光盘中的"素材\ch12\太阳花.jpg"文件。

❷ 选择【Filter】（滤镜）➤【Artistic】（艺术效果）➤（绘画涂抹）命令，在弹出的【Paint Daubs】（绘画涂抹）对话框中进行参数设置。

❸ 单击【OK】（确定）按钮。

8. Palette Knife（调色刀）

用来减少图像中的细节以生成描绘得很淡的画布效果，可以显示出下面的纹理。

制作调色刀效果的具体操作如下。

实例名称：调色刀效果		
实例目的：学会如何制作调色刀效果		
	素材	素材\ch12\白菊花.jpg
	结果	结果\ch12\调色刀.jpg

❶ 打开随书光盘中的"素材\ch12\白菊花.jpg"文件。

❷ 选择【Filter】（滤镜）➤【Artistic】（艺术效果）➤【Palette Knife】（调色刀）命令，在弹出的【Palette Knife】（调色刀）对话框中进行参数设置。

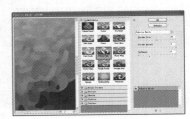

❸ 单击【OK】（确定）按钮。

9. Plastic Wrap（塑料包装）

可以给图像涂上一层光亮的塑料效果，以强调表面细节。

制作塑料包装效果的具体操作如下。

实例名称：塑料包装效果		
实例目的：学会如何制作塑料包装效果		
	素材	素材\ch12\哈巴狗.jpg
	结果	结果\ch12\塑料包装.jpg

❶ 打开随书光盘中的"素材\ch12\哈巴

狗.jpg”文件。

②选择【Filter】（滤镜）➤【Artistic】（艺术效果）➤【Plastic Wrap】（塑料包装）命令，在弹出的【Plastic Wrap】（塑料包装）对话框中进行参数设置。

③单击【OK】（确定）按钮即可。

10. Poster Edges（海报边缘）

根据设置的海报化选项减少图像中的颜色数量（色调分离），并查找图像的边缘，然后在边缘上绘制黑色线条。图像中大而宽的区域有简单的阴影，而细小的深色细节则遍布图像。

制作海报边缘效果的具体操作如下。

实例名称：海报边缘效果		
实例目的：学会如何制作海报边缘效果		
	素材	素材\ch12\黑郁金香.jpg
	结果	结果\ch12\海报边缘.jpg

①打开随书光盘中的“素材\ch12\黑郁金香.jpg”文件。

②选择【Filter】（滤镜）➤【Artistic】（艺术效果）➤【Poster Edges】（海报边缘）命令，打开【Poster Edges】（海报边缘）对话框，为图片调整海报边缘效果。

③单击【OK】（确定）按钮即可。

11. Rough Pastels（粗糙蜡笔）

可以使图像看上去好像是用彩色粉笔在带纹理的背景上描过边。在亮色区域，粉笔看上去很厚，几乎看不见纹理；在深色区域，粉笔似乎被擦去了，纹理可显露出来。

制作粗糙蜡笔效果的具体操作如下。

实例名称：粗糙蜡笔效果		
实例目的：学会如何制作粗糙蜡笔效果		
	素材	素材\ch12\月季.jpg
	结果	结果\ch12\粗糙蜡笔.jpg

①打开随书光盘中的“素材\ch12\月季.jpg”文件。

②选择【Filter】（滤镜）➤【Artistic】（艺术效果）➤【Rough Pastels】（粗糙蜡笔）命令，在弹出的【Rough Pastels】（粗糙蜡笔）

对话框中进行参数设置。

③单击【OK】（确定）按钮。

12. Smudge Stick（涂抹棒）

使用短的对角描边涂抹图像的暗区以柔化图像，这样亮区会变得更亮，以致失去细节。

制作涂抹棒效果的具体操作如下。

实例名称：涂抹棒效果	
实例目的：学会如何制作涂抹棒效果	
	素材	素材\ch12\孔雀.jpg
	结果	结果\ch12\涂抹棒.jpg

①打开随书光盘中的"素材\ch12\孔雀.jpg"文件。

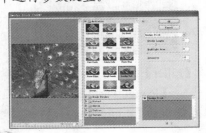

②选择【Filter】（滤镜）▷【Artistic】（艺术效果）▷【Smudge Stick】（涂抹棒）命令，在弹出的【Smudge Stick】（涂抹棒）对话框中进行参数设置。

③单击【OK】（确定）按钮。

13. Sponge（海绵）

使用颜色对比强烈、纹理较重的区域创建图像，使图像看上去好像是用海绵绘制的。

制作海绵效果的具体操作如下。

实例名称：海绵效果	
实例目的：学会如何制作海绵效果	
	素材	素材\ch12\紫菊花.jpg
	结果	结果\ch12\海绵.jpg

①打开随书光盘中的"素材\ch12\紫菊花.jpg"文件。

②选择【Filter】（滤镜）▷【Artistic】（艺术效果）▷【Sponge】（海绵）命令，在弹出的【Sponge】（海绵）对话框中进行参数设置。

③单击【OK】（确定）按钮。

14. Watercolor（水彩）

以水彩的风格绘制图像，简化了图像细节，使用蘸了水和颜色的中号画笔绘制。当边缘有显著的色调变化时会使颜色饱满。

制作水彩效果的具体操作如下。

实例名称：水彩效果		
实例目的：学会如何制作水彩效果		
	素材	素材\ch12\桃花.jpg
	结果	结果\ch12\水彩.jpg

❶打开随书光盘中的 "素材\ch12\桃花.jpg" 文件。

❷选择【Filter】（滤镜）➢【Artistic】（艺术效果）➢【Watercolor】（水彩）命令，在弹出的【Watercolor】（水彩）对话框中进行参数设置。

❸单击【OK】（确定）按钮即可。

12.1.2　Blur（模糊）

概念小贴士

模糊

所谓模糊就是将图像中所定义线条和阴影区域的硬边的邻近像素平均而产生平滑的过渡效果。使用模糊滤镜可以柔化选区或整个图像，这对于修饰非常有用。

1. Average（平均）

找出图像或选区的平均颜色，然后用该颜色填充图像或选区以创建平滑的外观。例如选择了土黄色，使用该滤镜就会将该区域更改为一块平滑的土黄色。

制作平均效果的具体操作如下。

❶打开随书光盘中的 "素材\ch12\月季.jpg" 文件。

❷选择【Filter】（滤镜）➢【Blur】（模糊）➢【Average】（平均）命令，为图片调整平均的效果。

2. Blur and Blur More（模糊和进一步模糊）

可在图像中有显著颜色变化的地方消除杂色。模糊滤镜通过平衡已定义的线条和遮蔽区域的清晰边缘的像素，可以使变化显得柔和一些。进一步模糊滤镜生成的效果比模糊滤镜效果更明显一些。

制作模糊效果的具体操作如下。

❶打开随书光盘中的 "素材\ch12\月季.jpg" 文件。

②选择【Filter】(滤镜) ➢【Blur】(模糊)
➢【Blur】(模糊) 命令，为图片调整模糊
的效果。

由于进一步模糊滤镜的操作步骤与模糊
滤镜的操作步骤相似，这里不再详细介绍，
下面是执行进一步模糊滤镜命令前后的效果
对比图。

3. Gaussian Blur（高斯模糊）

指当 Photoshop 将应用于像素时生成
的钟形曲线。高斯模糊滤镜可添加低频细节，
并产生一种朦胧的效果。

制作高斯模糊效果的具体操作如下。

实例名称：高斯模糊效果		
实例目的：学会如何制作高斯模糊效果		
	素材	素材\ch12\月季.jpg
	结果	结果\ch12\高斯模糊.jpg

①打开随书光盘中的"素材\ch12\月季.jpg"
文件。

②选择【Filter】(滤镜) ➢【Blur】(模糊)
➢【Gaussian Blur】(高斯模糊) 命令，在
弹出的【Gaussian Blur】(高斯模糊) 对话
框中进行参数设置。

③单击【OK】(确定) 按钮。

4. Lens Blur（镜头模糊）

向图像中添加模糊以产生更窄的景深效
果，以便使图像中的一些对象在焦点内，而
使另一些区域变模糊。可以使用简单的选区
来确定哪些区域变模糊，也可以提供单独的
Alpha 通道深度映射来准确地描述希望如何
增加模糊。

镜头模糊滤镜使用深度映射来确定像素
在图像中的位置。可以使用 Alpha 通道和图
层蒙版来创建深度映射；Alpha 通道中的黑
色区域被视为位于照片的前面，白色区域被
视为位于远处的位置。

模糊的显示方式取决于选取的光圈形
状。光圈形状由它们所包含的叶片的数量来
确定。可以通过弯曲（使它们更圆）或旋转

它们来更改光圈的叶片。

　　还可以通过单击【减号】按钮-或【加号】按钮+来放大或缩小预览视图。

　　制作镜头模糊效果的具体操作如下。

实例名称：镜头模糊效果		
实例目的：学会如何制作镜头模糊效果		
	素材	素材\ch12\月季.jpg
	结果	结果\ch12\镜头模糊.jpg

①打开随书光盘中的 "素材\ch12\月季.jpg" 文件。

②选择【Filter】（滤镜）➤【Blur】（模糊）➤【Lens Blur】（镜头模糊）命令，在弹出的【Lens Blur】（镜头模糊）对话框中进行参数设置。

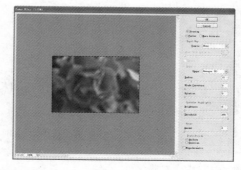

③单击【OK】（确定）按钮。

> **技巧**　要创建渐变模糊（从无（底部）到最大（顶部）），应创建一个新的 Alpha 通道并应用渐变，以便在该通道中使图像的顶部为白色，底部为黑色，然后启动镜头模糊滤镜并从【源】下拉列表框中选取该 Alpha 通道。要更改渐变的方向，则应选中【Invert】（反相）单选项。

12.1.3　Brush Strokes（画笔描边）

　　使用画笔描边滤镜可以用不同的画笔和油墨描边效果创造出绘画效果的外观。有些滤镜可向图像添加颗粒、绘画、杂色、边缘细节或纹理，以获得点状化效果。所有的画笔描边滤镜都可以通过使用【Filter】（滤镜）➤【Filter Gallery】（滤镜库）命令来应用。

1．Accented Edges（强化的边缘）

　　强化图像边缘。设置高的边缘亮度控制值时，强化效果类似白色粉笔；设置低的边缘亮度控制值时，强化效果类似黑色油墨。

　　制作强化的边缘效果的具体操作如下。

实例名称：强化的边缘效果		
实例目的：学会如何制作强化的边缘效果		
	素材	素材\ch12\强化边缘.jpg
	结果	结果\ch12\强化边缘.jpg

①打开随书光盘中的 "素材\ch12\强化边缘.jpg" 文件。

②选择【Filter】（滤镜）➤【Brush Strokes】（画笔描边）➤【Accented Edges】（强化的边缘）命令，在弹出的【Accented Edges】（强化的边缘）对话框中进行参数设置。

③单击【OK】（确定）按钮。

2．Angled Strokes（成角的线条）

使用对角描边重新绘制图像。用一个方向的线条绘制图像的亮区，用相反方向的线条绘制暗区。

制作成角的线条效果的具体操作如下。

实例名称：成角的线条效果		
实例目的：学会如何制作成角的线条效果		
	素材	素材\ch12\白牡丹.jpg
	结果	结果\ch12\成角的线条.jpg

①打开随书光盘中的"素材\ch12\白牡丹.jpg"文件。

②选择【Filter】（滤镜）➤【Brush Strokes】（画笔描边）➤【Angled Strokes】（成角的线条）命令，在弹出的【Angled Strokes】（成角的线条）对话框中进行参数设置。

③单击【OK】（确定）按钮即可。

3．Crosshatch（阴影线）

保留原稿图像的细节和特征，同时使用模拟的铅笔阴影线添加纹理，并使图像中彩色区域的边缘变粗糙。【Strength】（强度）选项控制使用阴影线的遍数，从 1 到 3。

制作阴影线效果的具体操作如下。

实例名称：阴影线效果		
实例目的：学会如何制作阴影线效果		
	素材	素材\ch12\阴影线.jpg
	结果	结果\ch12\阴影线.jpg

①打开随书光盘中的"素材\ch12\阴影线.jpg"文件。

②选择【Filter】（滤镜）➤【Brush Strokes】（画笔描边）➤【Crosshatch】（阴影线）命令，在弹出的【Crosshatch】（阴影线）对话框中进行参数设置。

❸单击【OK】(确定)按钮。

4．Dark Strokes（深色线条）

可以用短的、绷紧的线条绘制图像中接近黑色的暗区，用长的白色线条绘制图像中的亮区。

制作深色线条效果的具体操作如下。

实例名称：深色线条效果		
实例目的：学会如何制作深色线条效果		
	素材	素材\ch12\深色线条.jpg
	结果	结果\ch12\深色线条.jpg

❶打开随书光盘中的"素材\ch12\深色线条.jpg"文件。

❷选择【Filter】(滤镜)➤【Brush Strokes】(画笔描边)➤【Dark Strokes】(深色线条)命令，在弹出的【Dark Strokes】(深色线条)对话框中进行参数设置。

❸单击【OK】(确定)按钮。

5．Ink Outlines（墨水轮廓）

以钢笔画的风格，用纤细的线条在原细节上重绘图像。

制作墨水轮廓效果的具体操作如下。

实例名称：墨水轮廓效果		
实例目的：学会如何制作墨水轮廓效果		
	素材	素材\ch12\墨水的轮廓.jpg
	结果	结果\ch12\墨水的轮廓.jpg

❶打开随书光盘中的"素材\ch12\墨水轮廓.jpg"文件。

❷选择【Filter】(滤镜)➤【Brush Strokes】(画笔描边)➤【Ink Outlines】(墨水轮廓)命令，在弹出的【Ink Outlines】(墨水轮廓)对话框中进行参数设置。

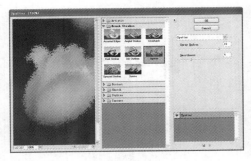

3 单击【OK】（确定）按钮。

3 单击【OK】（确定）按钮。

6. Spatter（喷溅）

模拟喷溅喷枪的效果。增加该滤镜选项可简化总体效果。

制作喷溅效果的具体操作如下。

实例名称：喷溅效果		
实例目的：学会如何制作喷溅效果		
	素材	素材\ch12\花苞.jpg
	结果	结果\ch12\喷溅.jpg

1 打开随书光盘中的 "素材\ch12\花苞.jpg" 文件。

2 选择【Filter】（滤镜）➢【Brush Strokes】（画笔描边）➢【Spatter】（喷溅）命令，在弹出的【Spatter】（喷溅）对话框中进行参数设置。

7. Sprayed Strokes（喷色描边）

使用图像的主导色，用成角的、喷溅的颜色线条重新绘画图像。

制作喷色描边效果的具体操作如下。

实例名称：喷色描边效果		
实例目的：学会如何制作喷色描边效果		
	素材	素材\ch12\喷色描边.jpg
	结果	结果\ch12\喷色描边.jpg

1 打开随书光盘中的 "素材\ch12\喷色描边.jpg" 文件。

2 选择【Filter】（滤镜）➢【Brush Strokes】（画笔描边）➢【Sprayed Strokes】（喷色描边）命令，在弹出的【Sprayed Strokes】（喷色描边）对话框中进行参数设置。

❸单击【OK】（确定）按钮。

8．Sumi-e（烟灰墨）

　　以日本画的风格绘画图像，看起来像是用蘸满黑色油墨的湿画笔在宣纸上绘画。这种效果具有非常黑的柔化模糊边缘。

　　制作烟灰墨效果的具体操作如下。

实例名称：烟灰墨效果	
实例目的：学会如何制作烟灰墨效果	
素材	素材\ch12\烟灰墨.jpg
结果	结果\ch12\烟灰墨.jpg

❶打开随书光盘中的"素材\ch12\烟灰墨.jpg"文件。

❷选择【Filter】（滤镜）➢【Brush Strokes】（画笔描边）➢【Sumi-e】（烟灰墨）命令，在弹出的【Sumi-e】（烟灰墨）对话框中进行参数设置。

❸单击【OK】（确定）按钮。

12.1.4　Distort（扭曲）

　　使用扭曲滤镜可以对图像进行几何扭曲，创建 3D 或其他的整形效果。

　　扩散亮光滤镜、玻璃滤镜等和海洋波纹滤镜都可以通过使用【Filter】（滤镜）➢【Filter Gallery】（滤镜库）命令来应用。

> **注意**　这些滤镜可能占用大量的内存。

1．Diffuse Glow（扩散亮光）

　　将图像渲染成像是透过一个柔和的扩散滤镜来观看的。此滤镜将透明的白杂色添加到图像，并从选区的中心向外渐隐亮光。

　　制作扩散亮光效果的具体操作如下。

实例名称：扩散亮光效果	
实例目的：学会如何制作扩散亮光效果	
素材	素材\ch12\绿叶.jpg
结果	结果\ch12\扩散亮光.jpg

❶打开随书光盘中的"素材\ch12\绿叶.jpg"文件。

❷选择【Filter】（滤镜）➢【Distort】（扭曲）➢【Diffuse Glow】（扩散亮光）命令，在弹出的【Diffuse Glow】（扩散亮光）对话框中进行参数设置。

❸ 单击【OK】(确定)按钮。

2. Displace（置换滤镜）

使用名为【置换图】的图像确定如何扭曲选区。例如，使用方格形的置换图创建的图像看上去像是印在一块方格的布上。

制作置换效果的具体操作如下。

实例名称：置换效果		
实例目的：学会如何制作置换效果		
	素材	素材\ch12\绿叶.jpg
	结果	结果\ch12\置换.jpg

❶ 打开随书光盘中的"素材\ch12\绿叶.jpg"文件。

❷ 选择【Filter】(滤镜)➤【Distort】(扭曲)➤【Displace】(置换)命令，在弹出的【Displace】(置换)对话框中进行参数设置。

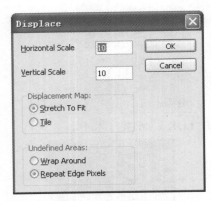

❸ 单击【OK】(确定)按钮，在弹开的【Choose a displacement map】(选择一个置换图)对话框中选一个置换图。

❹ 单击【打开】按钮即可。

此滤镜使用以 Adobe Photoshop 格式（位图模式图像除外）存储的拼合文件创建置换图。还可以使用 Photoshop 程序文件夹中的【Plug-Ink】(增效工具)/【Displacement Maps】(置换图)文件夹中的文件。

3. Glass（玻璃）

使图像看起来像是透过不同类型的玻璃来观看。可以选取一种玻璃效果，也可以将自己的玻璃表面创建为 Photoshop 文件并应用它。可以调整缩放、扭曲和平滑度的设置。

制作玻璃效果的具体操作如下。

实例名称：玻璃效果		
实例目的：学会如何制作玻璃效果		
	素材	素材\ch12\绿叶.jpg
	结果	结果\ch12\玻璃.jpg

① 打开随书光盘中的"素材\ch12\绿叶.jpg"文件。

② 选择【Filter】（滤镜）➤【Distort】（扭曲）➤【Glass】（玻璃）命令，在弹出的【Glass】（玻璃）对话框中进行参数设置。

③ 单击【OK】（确定）按钮。

4. Ocean Ripple（海洋波纹）

将随机分隔的波纹添加到图像表面，使图像看上去像是在水中。

制作海洋波纹效果的具体操作如下。

实例名称：海洋波纹效果		
实例目的：学会如何制作海洋波纹效果		
	素材	素材\ch12\绿叶.jpg
	结果	结果\ch12\海洋波纹.jpg

① 打开随书光盘中的"素材\ch12\绿叶.jpg"文件。

② 选择【Filter】（滤镜）➤【Distort】（扭曲）➤【Ocean Ripple】（海洋波纹）命令，在弹出的【Ocean Ripple】（海洋波纹）对话框中进行参数设置。

③ 单击【OK】（确定）按钮。

5. Pinch（挤压）

挤压选区。正值（最大值是 100%）将选区向中心移动，使用负值（最小值是–100%）将选区向外移动。

制作挤压效果的具体操作如下。

实例名称：挤压效果		
实例目的：学会如何制作挤压效果		
	素材	素材\ch12\绿叶.jpg
	结果	结果\ch12\挤压.jpg

① 打开随书光盘中的"素材\ch12\绿叶.jpg"文件。

② 选择【Filter】（滤镜）➤【Distort】（扭曲）➤【Pinch】（挤压）命令在弹出的【Pinch】（挤压）对话框中进行参数设置。

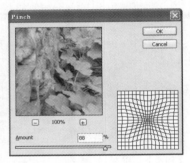

③ 单击【OK】（确定）按钮。

6．Polar Coordinates（极坐标）

根据选中的选项，将选区从平面坐标转换到极坐标，或将选区从极坐标转换到平面

坐标。可以使用此滤镜创建圆柱变体（18世纪流行的艺术）。

制作极坐标效果的具体操作如下。

实例名称：极坐标效果		
实例目的：学会如何制作极坐标效果		
	素材	素材\ch12\绿叶.jpg
	结果	结果\ch12\极坐标.jpg

① 打开随书光盘中的"素材\ch12\绿叶.jpg"文件。

② 选择【Filter】（滤镜）➤【Distort】（扭曲）➤【Polar Coordinates】（极坐标）命令，在弹出的【Polar Coordinates】（极坐标）对话框中进行参数设置。

③ 单击【OK】（确定）按钮。

7．Ripple（波纹）

在选区上创建波状起伏的图案，像水池表面的波纹。若要进一步进行控制，可以使

用波浪滤镜。

制作波纹效果具体操作如下。

实例名称：波纹效果		
实例目的：学会如何制作波纹效果		
	素材	素材\ch12\绿叶.jpg
	结果	结果\ch12\波纹.jpg

❶打开随书光盘中的"素材\ch12\绿叶.jpg"
文件。

❷选择【Filter】（滤镜）➤【Distort】（扭曲）
➤【Ripple】（波纹）命令，在弹出的【Ripple】
（波纹）对话框中进行参数设置。

❸单击【OK】（确定）按钮。

8．Shear（切变）

沿一条曲线扭曲图像。通过拖曳框中的

线条来指定曲线，形成一条扭曲曲线。可以
调整曲线上的任何一点。单击【Defaults】（默
认）按钮可以将曲线恢复为直线。另外还可
以更改未定义区域选项来确定如何扭曲。

【Shear】（切变）对话框如下所示。

● 　【Wrap Around】（折回）

将切变后超出图像边缘的部分反卷到图
像的对边。

● 　【Repeat Edge Pixels】（重复边缘像素）

将图像中因为切变变形超出图像的部分
分布到图像的边界。

制作切变效果的具体操作如下。

实例名称：切变效果		
实例目的：学会如何制作切变效果		
	素材	素材\ch12\绿叶.jpg
	结果	结果\ch12\切变.jpg

❶打开随书光盘中的"素材\ch12\绿叶.jpg"
文件。

❷选择【Filter】（滤镜）➤【Distort】（扭曲）
➤【Shear】（切变）命令，在弹出的【Shear】
（切变）对话框中进行参数设置。

③ 单击【OK】（确定）按钮。

9．Spherize（球面化）

可以通过将选区折成球形、扭曲图像以及伸展图像以适合选中的曲线，使对象具有3D 效果。【Spherize】（球面化）对话框如下所示。

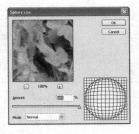

● 【Amount】（数量）

控制图像变形的强度，正值产生凸出效果，负值产生凹陷效果，范围是–100% 到100%。

● 【Normal】（正常）

在水平和垂直方向上共同变形。

● 【Horizontal only】（水平优先）

只在水平方向上变形。

● 【Vertical only】（垂直优先）

只在垂直方向上变形。

制作球面化效果的具体操作如下。

实例名称：球面化效果		
实例目的：学会如何制作球面化效果		
	素材	素材\ch12\绿叶.jpg
	结果	结果\ch12\球面化.jpg

① 打开随书光盘中的"素材\ch12\绿叶.jpg"文件。

② 选择【Filter】（滤镜）▶【Distort】（扭曲）▶【Spherize】（球面化）命令，在弹出的【Spherize】（球面化）对话框中进行参数设置。

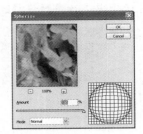

③ 单击【OK】（确定）按钮。

10．Twirl（旋转扭曲）

旋转选区，中心的旋转程度比边缘的旋转程度大。指定角度时可以生成旋转扭曲图案。

【Twirl】（旋转扭曲）对话框如下所示。

制作旋转扭曲效果的具体操作如下。

实例名称：旋转扭曲效果	
实例目的：学会如何制作旋转扭曲效果	
素材	素材\ch12\绿叶.jpg
结果	结果\ch12\旋转扭曲.jpg

①打开随书光盘中的"素材\ch12\绿叶.jpg"文件。

②选择【Filter】（滤镜）➤【Distort】（扭曲）➤【Twirl】（旋转扭曲）命令，在弹出的【Twirl】（旋转扭曲）对话框中进行参数设置。

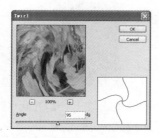

③单击【OK】（确定）按钮。

11．Wave（波浪）

工作方式类似波纹滤镜，但可进行进一步的控制。选项包括波浪生成器的数目、波长（从一个波峰到下一个波峰的距离）、波幅、以及波浪类型【正弦（滚动）、三角形或方形】。单击【Randomize】(随机化)按钮可以应用随机值。也可以定义未定义的区域。

【Wave】（波浪）对话框如下所示。

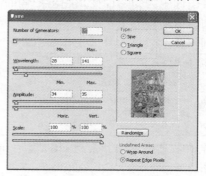

> 注意　若要在其他选区上模拟波浪结果，可以单击【Randomize】（随机化）按钮，然后将"Number of Generators（生成器数）"设置为 1，并将"Min-Wavelength（最小波长）"、"Max-Wavelength（最大波长）"和"Ampltude（波幅）"参数设置为相同的值。

● 【Number of Generators】（生成器数）

控制产生波的数量，范围是 1 到 999。

● 【Wavelength】（波长）

其最大值与最小值决定相邻波峰之间的距离，两值相互制约，最大值必须大于或等于最小值。

● 【Ampltude】（波幅）

其最大值与最小值决定波的高度，两值相互制约，最大值必须大于或等于最小值。

● 【Scale】（比例）

控制图像在水平或垂直方向上的变形程度。

● 【Type】（类型）

有 3 种类型可供选择，分别是正弦、三角形和正方形。

● 【Randomize】（随机化）

每单击一下此按钮都可以为波浪指定一种随机效果。

● 【Wrap Around】（折回）

将变形后超出图像边缘的部分反卷到图像的对边。

● 【Repeat Edge Pixels】（重复边缘像素）

将图像中因为弯曲变形超出图像的部分分布到图像的边界上。

制作波浪效果的具体操作如下。

实例名称：波浪效果	
实例目的：学会如何制作波浪效果	
素材	素材\ch12\绿叶.jpg
结果	结果\ch12\波浪.jpg

❶打开随书光盘中的"素材\ch12\绿叶.jpg"文件。

❷选择【Filter】（滤镜）➢【Distort】（扭曲）➢【Wave】（波浪）命令，在弹出的【Wave】（波浪）对话框中进行参数设置。

❸单击【OK】（确定）按钮即可。

12．ZigZag（水波）

根据选区中像素的半径将选区径向扭曲。【Ridges】(起伏)选项设置水波方向从选区的中心到其边缘的反转次数。还要选取如何置换像素，在【Style】（样式）下拉列表框中有 3 个选项：【Pond ripples】（水池波纹）将像素置换到左上方或右下方；【Out from Center】（从中心向外）向着或远离选区中心置换像素；而【Around Center】（围绕中心）则围绕中心旋转像素。【ZigZag】（水波）对话框如下所示。

制作水波效果的具体操作如下。

实例名称：水波效果	
实例目的：学会如何制作水波效果	
素材	素材\ch12\绿叶.jpg
结果	结果\ch12\水波.jpg

❶打开随书光盘中的"素材\ch12\绿叶.jpg"文件。

❷选择【Filter】（滤镜）➢【Distort】（扭曲）➢【ZigZag】（水波）命令，在弹出的【ZigZag】（水波）对话框中进行参数设置。

③ 单击【OK】(确定)按钮。

13. Lens Correction (镜头较正)

　　【Lens Correction】(镜头较正)滤镜可修复常见的镜头瑕疵,如桶形和枕形失真、晕影和色差等。【Lens Correction】(镜头较正)对话框如下。

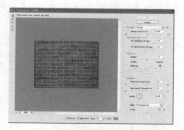

制作镜头校正效果的具体操作如下。

实例名称: 镜头校正效果		
实例目的: 学会如何制作镜头校正效果		
	素材	素材\ch12\失真照片.jpg
	结果	结果\ch12\镜头校正.jpg

① 打开随书光盘中的"素材\ch12\失真照片.jpg"文件。

② 选择【Filter】(滤镜) ➤【Distort】(扭曲) ➤【Lens Correction】(镜头较正)命令,在弹出的【Lens Correction】(镜头较正)对话框中进行参数设置,然后单击【OK】(确定)按钮。

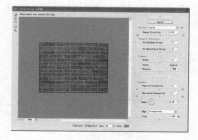

③ 选择【Crop Tools】裁剪工具 ,裁去边缘即可。

12.1.5　Noise (杂色)

　　使用杂色滤镜可以添加或移去杂色或带有随机分布色阶的像素。这有助于将选区混合到周围的像素中。使用杂色滤镜可以创建与众不同的纹理或移去图像中有问题的区域,如灰尘和划痕。

1. Add Noise (添加杂色)

　　将随机像素应用于图像,模拟在高速胶片上拍照的效果。也可用于减少羽化选区或渐进填充中的条纹,或使经过重大修饰的区域看起来更真实。选中【Uniform】(平均分布)单选项则可使用随机数值(0 加上或减去指定值)分布杂色的颜色值以获得细微的效

果;选中【Gaussion】(高斯分布)单选项则可沿一条钟形曲线分布杂色的颜色值以获得斑点状的效果。选中【Monochromatic】(单色)复选项只应用于图像中的色调元素,而不改变颜色。【Add Noise】(添加杂色)对话框如下图所示。

制作添加杂色效果的具体操作如下。

实例名称：添加杂色效果		
实例目的：学会如何制作添加杂色效果		
	素材	素材\ch12\糖果.jpg
	结果	结果\ch12\添加杂色.jpg

① 打开随书光盘中的 "素材\ch12\糖果.jpg" 文件。

② 选择【Filter】（滤镜）➢【Noise】（杂色）➢ 【Add Noise】（添加杂色）命令，在弹出的 【Add Noise】（添加杂色）对话框中进行参数设置。

③ 单击【OK】（确定）按钮。

2．Despeckle（去斑）

检测图像的边缘（发生显著颜色变化的区域）并模糊，除去那些边缘外的所有选区。该模糊操作会移去杂色，同时保留细节。

制作去斑效果的具体操作如下。

① 打开随书光盘中的 "素材\ch12\盘花.jpg" 文件。

② 选择【Filter】（滤镜）➢【Noise】（杂色）➢ 【Despeckle】（去斑）命令，为图片调整去斑的效果。

3．Dust & Scratches（蒙尘与划痕）

作用：可以捕捉图像或选区中相异的像素，并将其融入周围的图像中。为了在锐化图像和隐藏瑕疵之间取得平衡，可尝试【Radius】（半径）与【Threshold】（阈值）设置的各种组合。

【Dust & Scratches】（蒙尘与划痕）对话框如下所示。

● 　【Radius】（半径）

　　控制捕捉相异像素的范围。

● 　【Threshold】（阀值）

　　用于确定像素的差异究竟达到多少时才被消除。

　　制作蒙尘与划痕效果的具体操作如下。

实例名称：蒙尘与划痕效果		
实例目的：学会如何制作蒙尘与划痕效果		
	素材	素材\ch12\彩色铅笔.jpg
	结果	结果\ch12\蒙尘与划痕.jpg

❶打开随书光盘中的"素材\ch12\彩色铅笔.jpg"文件。

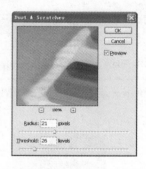

❷选择【Filter】（滤镜）➢【Noise】（杂色）➢【Dust & Scratches】（蒙尘与划痕）命令，在弹出的【Dust & Scratches】对话框中进行参数设置。

❸单击【OK】（确定）按钮。

4．Median（中间值）

　　通过混合选区中像素的亮度来减少图像

的杂色。搜索像素选区的半径范围以查找亮度相近的像素，扔掉与相邻像素差异太大的像素，并用搜索到的像素的中间亮度值替换中心像素。此滤镜在消除或减少图像的动感效果时非常有用。下图所示为【Median】（中间值）对话框。

　　制作中间值效果的具体操作如下。

实例名称：中间值效果		
实例目的：学会如何制作中间值效果		
	素材	素材\ch12\蜡笔.jpg
	结果	结果\ch12\中间值.jpg

❶打开随书光盘中的"素材\ch12\蜡笔.jpg"文件。

❷选择【Filter】（滤镜）➢【Noise】（杂色）➢【Median】（中间值）命令，在弹出的【Median】（中间值）对话框中进行参数设置。

③单击【OK】(确定)按钮。

5．Reduce Noise（减少杂色）

图像杂色显示为随机的无关像素，这些像素不是图像细节的一部分。如果在数码相机上用很高的 ISO 设置拍照、曝光不足或者用较慢的快门速度在黑暗区域中拍照，则可能会导致出现杂色。相对于高端相机而言，低端相机通常会产生更多的图像杂色。扫描的图像可能有由扫描传感器导致的图像杂色。通常扫描的图像上会出现胶片的微粒图案。

图像杂色可能会以如下两种形式出现：亮度（灰度）杂色，这些杂色使图像看起来斑斑点点；颜色杂色，这些杂色通常看起来像是图像中的彩色伪像。

亮度杂色在图像的某个通道（通常是蓝色通道）中可能更加明显。用户可以在【Advanced】(高级)模式下单独调整每个通道的杂色。在打开滤镜之前，请检查图像中的每个通道，以确定某个通道中是否有很多杂色。通过校正一个通道而不是对全部通道进行整体校正，用户可以保留更多的图像细节。下图所示为【Reduce Noise】（减少杂色）对话框。

● **【Strenght】（强度）**

控制应用于所有图像通道的亮度杂色减

少量。

● **【Preserve Details】（保留细节）**

保留边缘和图像细节（如头发或纹理对象）。如果值为 100，则会保留大多数图像细节，但会将亮度杂色减到最少。平衡设置【Strength】（强度）和【Preserve Details】（保留细节）控件的值，以便对杂色减少操作进行微调。

● **【Reduce Color Noise】（减少杂色）**

移去随机的颜色像素。值越大，减少的颜色杂色越多。

● **【Sharpen Details】（锐化细节）**

对图像进行锐化。移去杂色将会降低图像的锐化程度。稍后可使用对话框中的锐化控件或其他某个 Photoshop 锐化滤镜来恢复锐化程度。

● **【Remove JPEG Artifact】（移去 JPEG 不自然感）**

移去由于使用低 JPEG 品质设置存储图像而导致的斑驳的图像伪像和光晕。

制作减少杂色效果的具体操作如下。

实例名称：减少杂色效果		
实例目的：学会如何制作减少杂色效果		
	素材	素材\ch12\新年.jpg
	结果	结果\ch12\减少杂色.jpg

①打开随书光盘中的"素材\ch12\新年.jpg"文件。

②选择【Filter】（滤镜）>【Noise】（杂色）>【Reduce Noise】（减少杂色）命令，在弹出的【Reduce Noise】（减少杂色）对话框中进行参数设置。

❸单击【OK】（确定）按钮。

12.1.6 Pixelate（像素化）

使用像素化滤镜可使单元格中颜色值相近的像素结成块来清晰地定义一个选区。

1. Color Halftone（彩色半调）

模拟在图像的每个通道上使用放大的半调网屏的效果。对于每个通道，滤镜将图像划分为矩形，并用圆形替换每个矩形。圆形的大小与矩形的亮度成比例，

【Color Halftone】（彩色半调）对话框如下图所示。

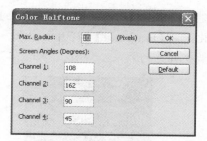

制作彩色半调效果的具体操作如下。

实例名称：彩色半调效果		
实例目的：学会如何制作彩色半调效果		
	素材	素材\ch12\狮子.jpg
	结果	结果\ch12\彩色半调.jpg

❶打开随书光盘中的"素材\ch12\狮子.jpg"文件。

❷选择【Filter】（滤镜）➢【Pixelate】（像素

化）➢【Color Halftone】（彩色半调）命令，在弹出的【Color Halftone】（彩色半调）对话框中进行参数设置。

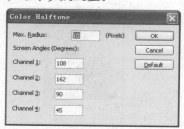

❸单击【OK】（确定）按钮。

2. Grystallize（晶格化）

使像素结块形成多边形纯色【Grystallize】（晶格化）对话框如下图所示。

制作晶格化效果的具体操作如下。

实例名称：晶格化效果		
实例目的：学会如何制作晶格化效果		
	素材	素材\ch12\棕熊.jpg
	结果	结果\ch12\晶格化.jpg

①打开随书光盘中的"素材\ch12\棕熊.jpg"文件。

②选择【Filter】（滤镜）＞【Pixelate】（像素化）＞【Grystallize】（晶格化）命令，在弹出的【Grystallize】对话框中进行参数设置。

③单击【OK】（确定）按钮。

3．Facet（彩块化）

使纯色或相近颜色的像素结成相近颜色的像素块。可以使用此滤镜使扫描的图像看起来像手绘图像，或使现实主义图像类似抽象派绘画。

制作彩块化效果的具体操作如下。

①打开随书光盘中的"素材\ch12 老虎.jpg"文件。

②选择【Filter】（滤镜）＞【Pixelate】（像素化）＞【Facet】（彩块化）命令，为图片调整彩块化的效果。

4．Fragment（碎片）

创建选区中像素的 4 个副本，然后将它们平均，并使它们相互偏移。

制作碎片效果的具体操作如下。

①打开随书光盘中的"素材\ch12\孔雀.jpg"文件。

②选择【Filter】（滤镜）＞【Pixelate】（像素化）＞【Fragment】（碎片）命令，为图片调整碎片的效果。

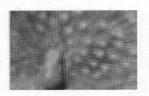

5．Mezzotint（铜版雕刻）

将图像转换为黑白区域的随机图案或彩色图像中完全饱和颜色的随机图案。若要使用此滤镜，可从【铜版雕刻】对话框中的【Type】（类型）下拉列表框中选取一种网点图案。

制作铜版雕刻效果的具体操作如下。

实例名称：铜版雕刻效果		
实例目的：学会如何制作铜版雕刻效果		
	素材	素材\ch12\老虎.jpg
	结果	结果\ch12\铜版雕刻.jpg

①打开随书光盘中的"素材\ch12\老虎.jpg"

文件。

② 选择【Filter】（滤镜）▶【Pixelate】（像素化）▶【Mezzotint】（铜版雕刻）命令，在弹出的【Mezzotint】（铜版雕刻）对话框中进行参数设置。

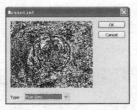

③ 单击【OK】（确定）按钮。

6．Mosaic（马赛克）

使像素结为方形块。同一块中像素的颜色相同，块颜色代表选区中的颜色。

制作马赛克效果的具体操作如下。

① 打开随书光盘中的"素材\ch12\孔雀.jpg"文件。

② 选择【Filter】（滤镜）▶【Pixelate】（像素化）▶【Mosaic】（马赛克）命令，为图片调整碎片的效果。

7．Pointillize（点状化）

将图像中的颜色分解为随机分布的网点，如同点状化绘画一样，并使用背景色作为网点之间的画布区域。

【Pointillize】（点状化）对话框如下图所示。

制作点状化效果的具体操作如下。

实例名称：点状化效果		
实例目的：学会如何制作点状化效果		
	素材	素材\ch12\哈巴狗.jpg
	结果	结果\ch12\点状化.jpg

① 打开随书光盘中的"素材\ch12\哈巴狗.jpg"文件。

② 选择【Filter】（滤镜）▶【Pixelate】（像素化）▶【Pointillize】（点状化）命令，在弹出的【Pointillize】（点状化）对话框中进行设置。

③ 单击【OK】（确定）按钮。

12.1.7　Render（渲染）

使用这些滤镜可以为图像添加一些复杂的自然效果。

1．Clouds（云彩）

使用介于前景色与背景色之间的随机值生成柔和的云彩图案。应用云彩滤镜时，当前图层上的图像数据会被替换。

制作云彩效果的具体操作如下。

① 打开随书光盘中的"素材\ch12\桃花.jpg"文件。

② 选择【Filter】（滤镜）➢【Render】（渲染）➢【Clouds】（云彩）命令，为图片调整云彩效果。

2．Difference Clouds（分层云彩）

使用随机生成的介于前景色与背景色之间的值生成云彩图案。将云彩数据和现有的像素混合，其方式与【Difference】（差值）模式混合颜色的方式相同。第一次选取此滤镜时，图像的某些部分被反相为云彩图案。应用此滤镜几次之后，会创建出与大理石的纹理相似的凸缘与叶脉图案。应用分层云彩滤镜时，当前图层上的图像数据会被替换。

制作分层云彩效果的具体操作如下。

① 打开随书光盘中的"素材\ch12\红色花.jpg"文件。

② 选择【Filter】（滤镜）➢【Render】（渲染）➢【Difference Clouds】（分层云彩）命令，为图片调整分层云彩效果。

3．Fibers（纤维）

使用前景色和背景色创建编织纤维的外观。可通过拖曳【Difference】（差值）滑块来控制颜色的变换方式（较小的值会产生较长的颜色条纹，而较大的值则会产生非常短且颜色分布变化更多的纤维）。【Strength】（强度）滑块控制每根纤维的外观。低设置会产生展开的纤维，而高设置则会产生短的绳状纤维。单击【Randomize】（随机化）按钮可以更改图案的外观；可以多次单击该按钮，直到看到喜欢的图案。应用纤维滤镜时，当前图层上的图像数据会替换为纤维。

制作纤维效果的具体操作如下。

实例名称：纤维效果		
实例目的：学会如何制作纤维效果		
	素材	素材\ch12\小葵花.jpg
	结果	结果\ch12\纤维.jpg

① 打开随书光盘中的"素材\ch12\小葵花.jpg"文件。

②选择【Filter】（滤镜）➤【Render】（渲染）
➤【Fibers】（纤维）命令，在弹出的【Fibers】
（纤维）对话框中进行参数设置。

③单击【OK】（确定）按钮。

注意　可以尝试通过添加渐变映射调整图层
来对纤维进行着色。

4．Lens Flare（镜头光晕）

模拟亮光照射到相机镜头所产生的折
射。单击图像缩览图的任一位置或拖曳其十
字线，可以指定光晕中心的位置。

制作镜头光晕效果的具体操作如下。

实例名称：镜头光晕效果		
实例目的：学会如何制作镜头光晕效果		
	素材	素材\ch12\太阳花.jpg
	结果	结果\ch12\镜头光晕.jpg

①打开随书光盘中的"素材\ch12\太阳
花.jpg"文件。

②选择【Filter】（滤镜）➤【Render】（渲染）
➤【Lens Flare】（镜头光晕）命令，在弹
出的【Lens Flare】（镜头光晕）对话框中
进行参数设置。

③单击【OK】（确定）按钮。

5．Lighting Effects（光照效果）

可以通过改变 17 种光照样式、3 种光
照类型和 4 套光照属性，在 RGB 图像上
产生无数种光照效果。还可以使用灰度文件
的纹理（称为凹凸图）产生类似 3D 的效果，
并存储自己的样式以在其他的图像中使用。

制作光照效果的具体操作如下。

实例名称：光照效果		
实例目的：学会如何制作光照效果		
	素材	素材\ch12\茶花.jpg
	结果	结果\ch12\光照效果.jpg

❶打开随书光盘中的"素材\ch12\茶花.jpg"文件。

❷选择【Filter】（滤镜）➢【Render】（渲染）➢【Lighting Effects】（光照效果）命令，在弹出的【Lighting Effects】（光照效果）对话框中进行参数设置。

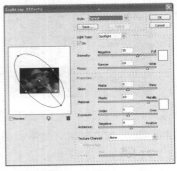

❸单击【OK】（确定）按钮。

12.1.8 Sharpen（锐化）

使用锐化滤镜可通过增加相邻像素的对比度来聚焦模糊的图像。

1. Sharp（锐化）和 Sharp More（进一步锐化）

聚焦选区并提高其清晰度。

制作锐化效果的具体操作如下。

❶打开随书光盘中的"素材\ch12\小黄菊.jpg"文件。

❷选择【Filter】（滤镜）➢【Sharpen】（锐化）➢【Sharpen】（锐化）命令，为图片调整锐化的效果。

进一步锐化滤镜比锐化滤镜有更强的锐化效果，下图所示为使用进一步锐化滤镜前后的效果。

2. Sharp Edges（锐化边缘）和 Unsharp Mask（USM 锐化）

查找图像中颜色发生显著变化的区域，然后将其锐化。锐化边缘滤镜只锐化图像的边缘，同时保留总体的平滑度。使用此滤镜可在不指定数量的情况下锐化边缘。对于专业色彩校正来说，可使用 USM 锐化滤镜调整边缘细节的对比度，并在边缘的每一侧生成一条亮线和一条暗线。此过程将使边缘突出，从而造成图像更加锐化的错觉。

　　【Unsharp Mask】（USM 锐化）对话框如下图所示。

● 【Amount】（数量）

　　控制锐化效果的强度。对于一般的处理，数量为 150、半径为 1 色阶的设置是一个良好的开始，然后根据需要再做适当调节。数量值过大图像会变得虚假。

● 【Radius】（半径）

　　用来决定作边沿强调的像素点的宽度。如果半径值为 1，则从亮到暗的整个宽度是两个像素；如果半径值为 2，则边沿两边各有两个像素点，那么从亮到暗的整个宽度是 4 个像素。半径越大，细节的差别越清晰，但同时会产生光晕。专业设计师一般情愿多次使用 USM 锐化，也不愿一次将锐化半径设置超过 1 个像素。

● 【Threshold】（阀值）

　　决定多大反差的相邻像素边界可以被锐化处理，而低于此反差值就不做锐化。阈值的设置是解决因锐化处理而导致的斑点和麻点等问题的关键参数，正确设置后就可以使图像既保持平滑的自然色调(例如背景中纯蓝色的天空)的完美，又可以对变化细节的反差做出强调。

　　在一般的印前处理中我们推荐的值为 3 到 4，超过 10 是不可取的，它们会降低锐化处理效果并使图像显得很难看。

　　制作 USM 锐化效果的具体操作如下。

实例名称：	USM 锐化效果	
实例目的：	学会如何制作 USM 锐化效果	
	素材	素材\ch12\蒲公英．jpg
	结果	结果\ch12\USM 锐化．jpg

① 打开随书光盘中的 "素材\ch12\蒲公英.jpg" 文件。

② 选择【Filter】（滤镜）➤【Sharpen】（锐化）➤【Unsharp Mask】（USM 锐化）命令，在弹出的【Unsharp Mask】（USM 锐化）对话框中进行参数设置。

③ 单击【OK】（确定）按钮。

　　下图所示为使用锐化边缘滤镜前后的效果。

3. Smart Sharpen（智能锐化）

【Smart Sharpen】（智能锐化）滤镜具有【USM 锐化】滤镜所没有的锐化控制功能。用户可以设置锐化算法或控制在阴影和高光区域中进行的锐化量。

【Smart Sharpen】（智能锐化）对话框如下所示。

● 【Amount】（数量）

设置锐化量。较大的值将会增强边缘像素之间的对比度，从而看起来更加锐利。

● 【Radius】（半径）

确定边缘像素周围受锐化影响的像素数量。半径值越大，受影响的边缘就越宽，锐化的效果也就越明显。

● 【Remove】（移去）

设置用于对图像进行锐化的锐化算法。【Gaussian Blur】（高斯模糊）是【Unsharp Mask】（USM 锐化）滤镜使用的方法。【Lens Blur】（镜头模糊）将检测图像中的边缘和细节，可对细节进行更精细的锐化，并减少了锐化光晕。【Motion Blur】（动感模糊）将尝试减少由于相机或主体移动而导致的模糊效果。如果选取了【Motion Blur】（动感模糊），请设置【Angle】（角度）控件。

● 【Angle】（角度）

为"移去"控件的【Motion Blur】（动感模糊）选项设置运动方向。

● 【More Accurate】（更加准确）

花更长的时间处理文件，以便更精确地移去模糊。

制作智能锐化效果的具体操作如下。

实例名称：智能锐化效果		
实例目的：学会如何制作智能锐化效果		
	素材	素材\ch12\蒲公英.jpg
	结果	结果\ch12\智能锐化.jpg

① 打开随书光盘中的 "素材\ch12\蒲公英.jpg" 文件。

② 选择【Filter】（滤镜）➤【Sharpen】（锐化）➤【Smart Sharpen】（智能锐化）命令，在弹出的【Smart Sharpen】（智能锐化）对话框中进行参数设置。

③ 单击【OK】（确定）按钮。

12.1.9 Sketch（素描）

使用素描滤镜可将纹理添加到图像上，通常用于获得 3D 效果。这些滤镜还适用于创建美术或手绘外观。许多素描滤镜在重绘图像时使用前景色和背景色。所有的素描滤镜都可以通过使用【Filter】（滤镜）➤【Filter Gallery】（滤镜库）命令来应用。

1. Bas Relief（基底凸现）

变换图像，使之呈现浮雕的雕刻状和突出光照下变化各异的表面。图像的暗区呈现前景色，而浅色使用背景色。

制作基底凸现效果的具体操作如下。

实例名称：基底凸现效果		
实例目的：学会如何制作基底凸现效果		
	素材	素材\ch12\白菊.jpg
	结果	结果\ch12\基底凸现.jpg

❶打开随书光盘中的"素材\ch12\白菊.jpg"文件。

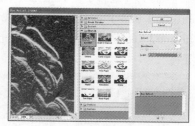

❷选择【Filter】（滤镜）➢【Sketch】（素描）➢【Bas Relief】（基底凸现）命令，在弹出的【Bas Relief】（基底凸现）对话框中进行参数设置。

❸单击【OK】（确定）按钮。

2. Chalk & Charcoal（粉笔和炭笔）

重绘图像的高光和中间调，其背景为粗糙粉笔绘制的纯中间调。阴影区域用黑色对角炭笔线条替换。炭笔用前景色绘制，粉笔用背景色绘制。

制作粉笔和炭笔效果的具体操作如下。

实例名称：粉笔和炭笔效果		
实例目的：学会如何制作粉笔和炭笔效果		
	素材	素材\ch12\郁金香.jpg
	结果	结果\ch12\粉笔和炭笔.jpg

❶打开随书光盘中的"素材\ch12\郁金香.jpg"文件。

❷选择【Filter】（滤镜）➢【Sketch】（素描）➢【Chalk & Charcoal】（粉笔和炭笔）命令，在弹出的【Chalk & Charcoal】（粉笔和炭笔）对话框中进行参数设置。

❸单击【OK】（确定）按钮。

3. Charcoal（炭笔）

重绘图像，产生色调分离的、涂抹的效果。主要边缘以粗线条绘制，而中间色调则用对角描边进行素描。炭笔是前景色，纸张是背景色。

制作炭笔效果的具体操作如下。

实例名称：炭笔效果		
实例目的：学会如何制作炭笔效果		
	素材	素材\ch12\月季1.jpg
	结果	结果\ch12\炭笔.jpg

① 打开随书光盘中的"素材\ch12\月季1.jpg"文件。

② 选择【Filter】（滤镜）➢【Sketch】（素描）➢【Charcoal】（炭笔）命令，在弹出的【Charcoal】对话框中进行参数设置。

③ 单击【OK】（确定）按钮。

4. Chrome（铬黄渐变）

将图像处理成好像是擦亮的铬黄表面。高光在反射表面上是高点，暗调是低点。应用此滤镜后，使用【Levels】（色阶）对话框可以增加图像的对比度。

制作铬黄渐变效果的具体操作如下。

实例名称：铬黄渐变效果		
实例目的：学会如何制作铬黄渐变效果		
	素材	素材\ch12\郁金香.jpg
	结果	结果\ch12\铬黄渐变.jpg

① 打开随书光盘中的"素材\ch12\郁金香.jpg"文件。

② 选择【Filter】（滤镜）➢【Sketch】（素描）➢【Chrome】（铬黄渐变）命令，在弹出的【Chrome】（铬黄渐变）对话框中进行参数设置。

③ 单击【OK】（确定）按钮。

5．Conte Crayon（炭精笔）

在图像上模拟浓黑和纯白的炭精笔纹理。炭精笔滤镜在暗区使用前景色，在亮区使用背景色。为了获得更逼真的效果，可以在应用该滤镜之前将前景色改为常用的【Conte Crayon】（炭精笔）颜色（黑色、深褐色和血红色）。为了获得减弱的效果，可以在应用该滤镜之前将背景色改为白色，并在其中添加一些前景色。

制作炭精笔效果的具体操作如下。

实例名称：炭精笔效果	
实例目的：学会如何制作炭精笔效果	
	素材	素材\ch12\月季.jpg
	结果	结果\ch12\炭精笔.jpg

①打开随书光盘中的"素材\ch12\月季.jpg"文件。

②选择【Filter】（滤镜）➢【Sketch】（素描）➢【Conte Crayon】（炭精笔）命令，在弹出的【Conte Crayon】（炭精笔）对话框中进行参数设置。

③单击【OK】（确定）按钮。

6．Graphic Pen（绘图笔）

使用细的、线状的油墨描边以获取原稿图像中的细节，多用于对扫描图像进行描边。此滤镜使用前景色作为油墨，使用背景色作为纸张，以替换原图像中的颜色。

制作绘图笔效果的具体操作如下。

实例名称：绘图笔效果	
实例目的：学会如何制作绘图笔效果	
	素材	素材\ch12\菊花.jpg
	结果	结果\ch12\绘图笔.jpg

①打开随书光盘中的"素材\ch12\菊花.jpg"文件。

②选择【Filter】（滤镜）➢【Sketch】（素描）➢【Graphic Pen】（绘图笔）命令，在弹出的【Graphic Pen】（绘图笔）对话框中进行参数设置。

③单击【OK】（确定）按钮。

7. Halftone Pattern（半调图案）

在保持连续的色调范围的同时，模拟半调网屏的效果。

制作半调图案效果的具体操作如下。

实例名称：半调图案效果		
实例目的：学会如何制作半调图案效果		
	素材	素材\ch12\郁金香.jpg
	结果	结果\ch12\半调图案.jpg

❶ 打开随书光盘中的"素材\ch12\郁金香.jpg"文件。

❷ 选择【Filter】（滤镜）➤【Sketch】（素描）➤【Halftone Pattern】（半调图案）命令，在弹出的【Halftone Pattern】（半调图案）对话框中进行参数设置。

❸ 单击【OK】（确定）按钮。

8. Note Paper（便条纸）

创建的图像像是用手工制作的纸张构建的图像。此滤镜简化了图像，结合了【Stylize】（风格化）➤【Emboss】（浮雕）和【Texture】（纹理）➤【Grain】（颗粒）滤镜的效果。图像的暗区显示为纸张上层中的洞，可使背景色显示出来。

制作便条纸效果的具体操作如下。

实例名称：便条纸效果		
实例目的：学会如何制作便条纸效果		
	素材	素材\ch12\郁金香.jpg
	结果	结果\ch12\便条纸.jpg

❶ 打开随书光盘中的"素材\ch12\郁金香.jpg"文件。

❷ 选择【Filter】（滤镜）➤【Sketch】（素描）➤【Note Paper】（便条纸）命令，在弹出的【Note Paper】（便条纸）对话框中进行参数设置。

❸ 单击【OK】（确定）按钮。

9．Photocopy（影印）

模拟影印图像的效果。大的暗区趋向于只复制边缘四周，而中间色调要么纯黑色要么纯白色。

制作影印效果的具体操作如下。

实例名称：影印效果		
实例目的：学会如何制作影印效果		
	素材	素材\ch12\小黄菊.jpg
	结果	结果\ch12\影印.jpg

❶ 打开随书光盘中的 "素材\ch12\小黄菊.jpg" 文件。

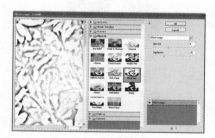

❷ 选择【Filter】（滤镜）➢【Sketch】（素描）➢【Photocopy】（影印）命令，在弹出的【Photocopy】（影印）对话框中进行参数设置。

❸ 单击【OK】（确定）按钮。

10．Plaster（塑料效果）

按 3D 塑料效果塑造图像，然后使用前景色与背景色为结果图像着色。暗区凸起，亮区凹陷。

制作塑料效果的具体操作如下。

实例名称：塑料效果		
实例目的：学会如何制作塑料效果		
	素材	素材\ch12\红花.jpg
	结果	结果\ch12\塑料效果.jpg

❶ 打开随书光盘中的 "素材\ch12\红花.jpg" 文件。

❷ 选择【Filter】（滤镜）➢【Sketch】（素描）➢【Plaster】（塑料效果）命令，在弹出的【Plaster】（塑料效果）对话框中进行参数设置。

❸ 单击【OK】（确定）按钮。

11．Reticulation（网状）

模拟胶片乳胶的可控收缩和扭曲来创建图像，使之在暗调区域呈结块状，在高光区呈轻微颗粒化。

制作网状效果的具体操作如下。

实例名称：网状效果		
实例目的：学会如何制作网状效果		
	素材	素材\ch12\郁金香.jpg
	结果	结果\ch12\网状.jpg

❶打开随书光盘中的"素材\ch12\郁金香.jpg"文件。

❷选择【Filter】（滤镜）➤【Sketch】（素描）➤【Reticulation】（网状）命令，在弹出的【Reticulation】（网状）对话框中进行参数设置。

❸单击【OK】（确定）按钮。

12．Stamp（图章）

用于黑白图像时效果最佳。使用此滤镜可简化图像，使之呈现用橡皮或木制图章盖印的样子。

制作图章效果的具体操作如下。

实例名称：图章效果		
实例目的：学会如何制作图章效果		
	素材	素材\ch12\郁金香.jpg
	结果	结果\ch12\图章.jpg

❶打开随书光盘中的"素材\ch12\郁金香.jpg"文件。

❷选择【Filter】（滤镜）➤【Sketch】（素描）➤【Stamp】（图章）命令，在弹出的【Stamp】（图章）对话框中进行参数设置。

❸单击【OK】（确定）按钮。

13．Torn Edges（撕边）

对于由文字或高对比度对象组成的图像尤其有用。使用此滤镜可重建图像，使之呈粗糙、撕破的纸片状，然后使用前景色与背景色给图像着色。

制作撕边效果的具体操作如下。

实例名称：撕边效果		
实例目的：学会如何制作撕边效果		
	素材	素材\ch12\郁金香.jpg
	结果	结果\ch12\撕边.jpg

❶打开随书光盘中的"素材\ch12\郁金香.jpg"文件。

②选择【Filter】（滤镜）▷【Sketch】（素描）▷【Torn Edges】（撕边）命令，在弹出的【Torn Edges】（撕边）对话框中进行参数设置。

③单击【OK】（确定）按钮。

14．Water Paper（水彩画纸）

利用有污点的、像是画在潮湿的纤维纸上的涂抹效果，使颜色流动并混合。

制作水彩画纸效果的具体操作如下。

实例名称：水彩画纸效果		
实例目的：学会如何制作水彩画纸效果		
⊙	素材	素材\ch12\黄菊.jpg
	结果	结果\ch12\水彩画纸.jpg

①打开随书光盘中的"素材\ch12\黄菊.jpg"文件。

②选择【Filter】（滤镜）▷【Sketch】（素描）▷【Water Paper】（水彩画纸）命令，在弹出的【Water Paper】（水彩画纸）对话框中进行参数设置。

③单击【OK】（确定）按钮。

12.1.10　Stylize（风格化）

使用风格化滤镜可通过置换像素和查找并增加图像的对比度，在选区中生成绘画或印象派的效果。在使用查找边缘和等高线等突出显示边缘的滤镜后，可应用【反相】命令用彩色线条勾勒彩色图像的边缘，或者用白色线条勾勒灰度图像的边缘。

1．Diffuse（扩散）

根据【Diffuse】（扩散）对话框中的选项搅乱选区中的像素，使选区显得不十分聚焦。【Diffuse】（扩散）对话框如下图所示。

- 选中【Normal】（正常）单选项可使像素随机移动，忽略颜色值；

- 选中【Darken Only】（变暗优先）单选项可用较暗的像素替换亮的像素；

- 选中【Lighten Only】（变亮优先）单选项可用较亮的像素替换暗的像素；

- 选中【Anisotropic】（各向异性）单选项可在颜色变化最小的方向上搅乱像素。

制作扩散效果的具体操作如下。

实例名称：扩散效果		
实例目的：学会如何制作扩散效果		
	素材	素材\ch12\扩散.jpg
	结果	结果\ch12\扩散.jpg

❶打开随书光盘中的"素材\ch12\扩散.jpg"文件。

❷选择【Filter】（滤镜）➢【Stylize】（风格化）➢【Diffuse】（扩散）命令，在弹出的【Diffuse】（扩散）对话框中进行参数设置。

❸单击【OK】（确定）按钮即可。

2. Emboss（浮雕效果）

将选区的填充色转换为灰色，并用原填充色描画边缘，从而使选区显得凸起或压低，【Emboss】（浮雕效果）对话框如下图所示。

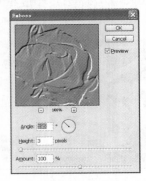

- 该对话框中的选项包括【Angle】（角度）（从 −360°使表面压低到 +360°使表面凸起）。

- 【Height】（高度）和选区中颜色数量的百分比（从 1%到 500%）。

- 若要在进行浮雕处理时保留颜色和细节，可在应用浮雕效果滤镜之后使用【Fade Filter Gallery】（渐隐）命令。

制作浮雕效果的具体操作如下。

实例名称：浮雕效果		
实例目的：学会如何制作浮雕效果		
	素材	素材\ch12\浮雕效果.jpg
	结果	结果\ch12\浮雕效果.jpg

❶打开随书光盘中的"素材\ch12\浮雕效果.jpg"文件。

❷选择【Filter】(滤镜)➢【Stylize】(风格化)➢【Emboss】(浮雕效果)命令, 在弹出的【Emboss】(浮雕效果)对话框中进行设置。

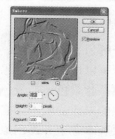

❸单击【OK】(确定)按钮即可。

3. Extrude(凸出)

可以将图像分割为指定的三维立方块或棱锥体(注:此滤镜不能应用在 Lab 模式下)。

制作凸出效果的具体操作如下。

实例名称:凸出效果	
实例目的:学会如何制作凸出效果	
素材	素材\ch12\凸出.jpg
结果	结果\ch12\凸出.jpg

❶打开随书光盘中的 "素材\ch12\凸出.jpg" 文件。

❷选择【Filter】(滤镜)➢【Stylize】(风格化)➢【Extrude】(凸出)命令, 在弹出的【Extrude】(凸出)对话框中进行参数设置。

❸单击【OK】(确定)按钮即可。

4. Find Edges(查找边缘)

用显著的转换标识图像的区域, 并突出边缘。像描画等高线滤镜一样, 查找边缘滤镜用相对于白色背景的黑色线条勾勒图像的边缘, 这对于生成图像周围的边界非常有用。

制作查找边缘效果的具体操作如下。

❶打开随书光盘中的 "素材\ch12\查找边缘.jpg" 文件。

❷选择【Filter】(滤镜)➢【Stylize】(风格化)➢【Find Edges】(查找边缘)命令, 为图片调整查找边缘效果。

5. Glowing Edges(照亮边缘)

标识颜色的边缘, 并向其添加类似霓虹灯的光亮。此滤镜可以与其他滤镜一起应用。

制作照亮边缘效果的具体操作如下。

实例名称:照亮边缘效果	
实例目的:学会如何制作照亮边缘效果	
素材	素材\ch12\照亮边缘.jpg
结果	结果\ch12\照亮边缘.jpg

❶打开随书光盘中的"素材\ch12\照亮边缘.jpg"文件。

❷选择【Filter】(滤镜)➢【Stylize】(风格化)➢【Glowing Edges】(照亮边缘)命令,在弹出的【Glowing Edges】(照亮边缘)对话框中进行参数设置。

❸单击【OK】(确定)按钮。

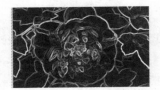

6. Solarize(曝光过度)

混合负片和正片图像,类似于显影过程中将摄影照片短暂曝光。

制作曝光过度效果的具体操作如下。

❶打开随书光盘中的"素材\ch12\曝光过度.jpg"文件。

❷选择【Filter】(滤镜)➢【Stylize】(风格化)➢【Solarize】(曝光过度)命令,为图片调整曝光过度的效果。

7. Tiles(拼贴)

将图像分解为一系列拼贴,使选区偏移原来的位置。可以选取下列对象之一填充拼贴之间的区域:背景色、前景色、图像的反转版本或图像的未改变版本,它们可使拼贴的版本位于原版本之上并露出原图像中位于拼贴边缘下面的部分。

制作拼贴效果的具体操作如下。

实例名称:拼贴效果		
实例目的:学会如何制作拼贴效果		
	素材	素材\ch12\拼贴. jpg
	结果	结果\ch12\拼贴. jpg

❶打开随书光盘中的"素材\ch12\拼贴.jpg"文件。

❷选择【Filter】(滤镜)➢【Stylize】(风格化)➢【Tiles】(拼贴)命令,在弹出的【Tiles】(拼贴)对话框中进行参数设置。

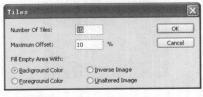

❸单击【OK】(确定)按钮即可。

8. Trace Contour（等高线）

查找主要亮度区域的转换线条，并为每一个颜色通道淡淡地勾勒出主要亮度区域的转换线条，以获得与等高线图中的线条类似的效果。

制作等高线效果的具体操作如下。

实例名称：等高线效果		
实例目的：学会如何制作等高线效果		
	素材	素材\ch12\等高线.jpg
	结果	结果\ch12\等高线.jpg

❶ 打开随书光盘中的 "素材\ch12\等高线.jpg" 文件。

❷ 选择【Filter】（滤镜）▶【Stylize】（风格化）▶【Trace Contour】（等高线）命令，在弹出的【Trace Contour】（等高线）对话框中设置参数。

❸ 单击【OK】（确定）按钮即可。

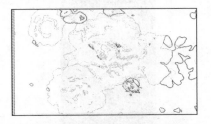

9. Wind（风）

在图像中创建细小的水平线条来模拟风的效果。方法包括【Wind】（风）、【Blast】（大风）（用于获得更生动的风效果）和【Stagger】（飓风）（使图像中的风线条发生偏移）等几种。

制作风效果的具体操作如下。

实例名称：风效果		
实例目的：学会如何制作风效果		
	素材	素材\ch12\风.jpg
	结果	结果\ch12\风.jpg

❶ 打开随书光盘中的 "素材\ch12\风.jpg" 文件。

❷ 选择【Filter】（滤镜）▶【Stylize】（风格化）▶【Wind】（风）命令，在弹出的【Wind】（风）对话框中进行设置。

❸ 单击【OK】（确定）按钮即可。

12.1.11 Texture（纹理）

使用纹理滤镜可以使图像的表面具有深度感或物质感，或者添加一种器质外观。

1. Craquelure（龟裂缝）

将图像绘制在一个高凸现的石膏表面上，以循着图像等高线生成精细的网状裂缝。使用此滤镜可以对包含多种颜色值或灰度值的图像创建浮雕效果。

制作龟裂缝效果的具体操作如下。

实例名称：龟裂缝效果		
实例目的：学会如何制作龟裂缝效果		
	素材	素材\ch12\月季.jpg
	结果	结果\ch12\龟裂缝.jpg

❶打开随书光盘中的"素材\ch12\月季.jpg"文件。

❷选择【Filter】（滤镜）➢【Texture】（纹理）➢【Craquelure】（龟裂缝）命令，在弹出的【Craquelure】（龟裂缝）对话框中进行参数设置。

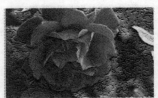

❸单击【OK】（确定）按钮。

2. Grain（颗粒）

通过模拟不同种类的颗粒（常规、软化、喷洒、结块、强反差、扩大、点刻、水平、垂直和斑点等）对图像添加纹理。

制作颗粒效果的具体操作如下。

实例名称：颗粒效果		
实例目的：学会如何制作颗粒效果		
	素材	素材\ch12\花苞.jpg
	结果	结果\ch12\颗粒.jpg

❶打开随书光盘中的"素材\ch12\花苞.jpg"文件。

❷选择【Filter】（滤镜）➢【Texture】（纹理）➢【Grain】（颗粒）命令，在弹出的【Grain】（颗粒）对话框中进行参数设置。

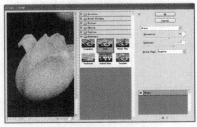

❸单击【OK】（确定）按钮即可。

3. Mosaic Tiles（马赛克拼贴）

绘制图像，使它看起来好像是由小的碎片拼贴组成，在拼贴之间灌浆。使用马赛克滤镜可将图像分解成各种颜色的像素块。

制作马赛克拼贴效果的具体操作如下。

实例名称：马赛克拼贴效果		
实例目的：学会如何制作风赛克拼贴效果		
	素材	素材\ch12\风.jpg
	结果	结果\ch12\马赛克拼贴.jpg

❶ 打开随书光盘中的 "素材\ch12\风.jpg" 文件。

❷ 选择【Filter】（滤镜）➢【Texture】（纹理）➢【Mosaic Tiles】（马赛克拼贴）命令，在弹出的【Mosaic Tiles】（马赛克拼贴）对话框中进行参数设置。

❸ 单击【OK】（确定）按钮即可。

4. Patchwork（拼缀图）

可以将图像分解为用图像中的主色填充的正方形。此滤镜随机减小或增大拼贴的深度，以模拟高光和暗调。

制作拼缀图效果的具体操作如下。

实例名称：拼缀图效果		
实例目的：学会如何制作拼缀图效果		
	素材	素材\ch12\白牡丹.jpg
	结果	结果\ch12\拼缀图.jpg

❶ 打开随书光盘中的 "素材\ch12\白牡丹.jpg" 文件。

❷ 选择【Filter】（滤镜）➢【Texture】（纹理）➢【Patchwork】（拼缀图）命令，在弹出的【Patchwork】（拼缀图）对话框中进行参数设置。

❸ 单击【OK】（确定）按钮即可。

5. Stained Glass（染色玻璃）

将图像重新绘制为用前景色勾勒的单色相邻单元格。

制作染色玻璃效果的具体操作如下。

实例名称：染色玻璃效果		
实例目的：学会如何制作染色玻璃滤镜		
	素材	素材\ch12\红百合.jpg
	结果	结果\ch12\染色玻璃.jpg

❶ 打开随书光盘中的 "素材\ch12\红百合.jpg" 文件。

❷选择【Filter】（滤镜）▶【Texture】（纹理）
▶【Stained Glass】（染色玻璃）命令，在
弹出的【Stained Glass】（染色玻璃）对话
框中进行参数设置。

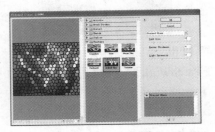

❸单击【OK】（确定）按钮。

6．Texturizer（纹理化）

将选择或创建的纹理应用于图像。
制作纹理化效果的具体操作如下。

实例名称：纹理化效果		
实例目的：学会如何制作纹理化效果		
	素材	素材\ch12\黑郁金香.jpg
	结果	结果\ch12\纹理化.jpg

❶打开随书光盘中的"素材\ch12\黑郁金
香.jpg"文件。

❷选择【Filter】（滤镜）▶【Texture】（纹理）
▶【Texturizer】（纹理化）命令，在弹出的
【Texturizer】（纹理化）对话框中进行参数
设置。

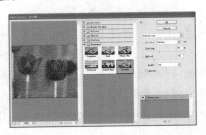

❸单击【OK】（确定）按钮。

12.1.12 Video（视频）及 Other（其他）

　　【Video】（视频）子菜单中包含【De-Interlace】（逐行）和【NTSC Color】（NTSC 颜色）
等菜单项。

1．De-Interlace（逐行）

　　通过移去视频图像中的奇数或偶数隔
行线，使在视频上捕捉的运动图像变得平
滑。可以选择通过复制或插值来替换扔掉的
线条。

制作逐行效果的具体操作如下。

实例名称：逐行效果		
实例目的：学会如何使用逐行滤镜		
	素材	素材\ch12\白菊.jpg
	结果	结果\ch12\逐行.jpg

❶打开随书光盘中的"素材\ch12\白菊.jpg"

文件。

❷选择【Filter】（滤镜）➢【Video】（视频）➢
【De-Interlace】（逐行）命令，在弹出的
【De-Interlace】（逐行）对话框中进行参数设置。

❸单击【OK】（确定）按钮。

2．NTSC Colors（NTSC 颜色）

将色域限制在电视机重现可接受的范围内，以防止过饱和颜色渗到电视扫描行中。

制作 NTSC 颜色效果的具体操作如下。

❶打开随书光盘中的"素材\ch12\牡丹.jpg"
文件。

❷选择【Filter】（滤镜）➢【Video】（视频）➢
【NTSC Colors】（颜色）命令，为图片调整
NTSC 颜色的效果。

3．Offset（位移滤镜）

将选区移动指定的水平量或垂直量，而选区的原位置变成空白区域。可以用当前背景色、图像的另一部分填充这块区域；如果选区靠近图像边缘，也可以使用所选择的填充内容进行填充。

【Offset】（位移滤镜）对话框如下图所示。

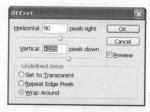

制作位移效果的具体操作如下。

实例名称：位移效果		
实例目的：学会如何使用位移滤镜		
	素材	素材\ch12\铜钱.jpg
	结果	结果\ch12\位移.jpg

❶打开随书光盘中的"素材\ch12\铜钱.jpg"
文件。

❷选择【Filter】（滤镜）➢【Other】（其他）➢
【Offset】（位移滤镜）命令，在弹出的
【Offset】（位移滤镜）对话框中进行参数设置。

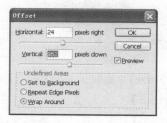

❸单击【OK】（确定）按钮。

4．Maximum（最大值）

可使图像中亮的区域扩大，暗的区域缩小。

【Maximum】（最大值）对话框如下图所示。

制作最大值效果的具体操作如下。

实例名称：最大值效果	
实例目的：学会如何使用最大值滤镜	
素材	素材\ch12\多色太阳花.jpg
结果	结果\ch12\最大值.jpg

❶打开随书光盘中的"素材\ch12\多色太阳花.jpg"文件。

❷选择【Filter】（滤镜）➢【Other】（其他）➢【Maximum】（最大值）命令，在弹出的【Maximum】（最大值）对话框中进行参数设置。

❸单击【OK】（确定）按钮。

5．Minimum（最小值）

可使图像中暗的区域扩大，亮的区域缩小。

【Minimum】（最小值）对话框如下图所示。

制作最小值效果的具体操作如下。

实例名称：最小值效果	
实例目的：学会如何使用最小值滤镜	
素材	素材\ch12\红色花.jpg
结果	结果\ch12\最小值.jpg

❶打开随书光盘中的"素材\ch12\红色花.jpg"文件。

②选择【Filter】(滤镜) ➢【Other】(其他) ➢【Minimum】(最小值) 命令, 在弹出的【Minimum】(最小值) 对话框中进行参数设置。

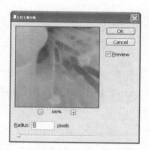

③单击【OK】(确定) 按钮即可。

6. Custom (自定义滤镜)

使用自定义滤镜可以设计自己的滤镜效果。根据预定义的数学运算, 可以更改图像中每个像素的亮度值, 然后根据周围的像素值为每个像素重新指定一个值。此操作与通道的加、减计算类似。

【Custom】(自定义滤镜) 对话框如下图所示。

制作自定效果的具体操作如下。

实例名称: 自定效果		
实例目的: 学会如何使用自定滤镜		
	素材	素材\ch12\彩色铅笔 2. jpg
	结果	结果\ch12\自定. jpg

①打开随书光盘中的 "素材\ch12\彩色铅笔 2.jpg" 文件。

②选择【Filter】(滤镜) ➢【Other】(其他) ➢【Custom】(自定义滤镜) 命令, 在弹出的【Custom】(自定义滤镜) 对话框中进行参数设置。

③单击【OK】(确定) 按钮。

7. High Pass (高反差保留)

在有强烈颜色转变发生的地方按指定的半径保留边缘细节, 并且不显示图像的其余部分 (0.1 像素半径仅保留边缘像素)。使用此滤镜可移去图像中的低频细节, 效果与高斯模糊滤镜相反。

【High Pass】(高反差保留) 对话框如下图所示。

注意 　在使用【Threshold】（阈值）命令或将图像转换为位图模式之前，将高反差滤镜应用于连续色调的图像会很有帮助。此滤镜对于从扫描图像中取出艺术线条和大的黑白区域非常有用。

　　制作高反差保留效果的具体操作如下。

实例名称：高反差保留效果		
实例目的：学会如何使用高反差保留滤镜		
	素材	素材\ch12\盘花 2.jpg
	结果	结果\ch12\高反差保留.jpg

❶ 打开随书光盘中的"素材\ch12\盘花 2.jpg"文件。

❷ 选择【Filter】（滤镜）➢【Other】（其他）➢【High Pass】（高反差保留）命令，在弹出的【High Pass】（高反差保留）对话框中进行参数设置。

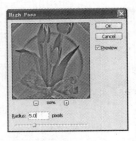

❸ 单击【OK】（确定）按钮。

12.2　使用新滤镜

🎥 本节视频教学录像：34 分钟

　　Photoshop CS4 不但提供上面的一系列滤镜命令，同时还提供一些特殊功能的滤镜命令。例如抽出滤镜命令主要是用来提取图像信息的，液化滤镜命令可以制造一些哈哈镜的效果，使用图像生成器命令可以自动地生成各种效果的花样图案。

12.2.1　Extract（抽出）

　　抽出滤镜为隔离前景对象并抹除它在图层上的背景提供了一种高级方法。即使对象的边缘细微、复杂或无法确定，也无需太多的操作就可以将其从背景中抽取出来。

　　下面以一个实例操作说明如何从背景中提取图像。

实例名称：使用抽出滤镜提取图像		
实例目的：学会如何使用抽出滤镜提取图像		
	素材	素材\ch12\抽出.jpg
	结果	结果\ch12\抽出后.jpg

❶打开随书光盘中的"素材\ch12\抽出.jpg"图像。

❷选择【Filter】（滤镜）➤【Extract】（抽出）命令打开【Extract】（抽出）对话框。

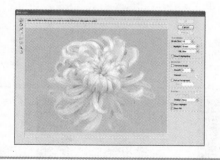

❸此时可利用【Herramienta Resaltador de bordes】（边缘高光器工具）（这个工具的用途是将物体的边缘部分包括边缘部分的背景同时圈选出来）沿菊花的边缘画出一个轮廓。

❹使用【Herramienta Resaltador de bordes】（边缘高光器工具）勾画图像后，【Herramienta Relleno】（填充工具）就会从原来的不可用变为可用。用【Herramienta Relleno】（填充工具）在边缘内部区域单击，区域内的颜色就会变成蓝色，这是由于在填充参数中将颜色设置成了蓝色。如果将颜色设置为其他颜色，则可显示其他颜色。

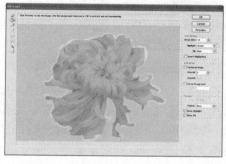

❺如果轮廓中圈选的部分有空隙或多余部分，则可利用【Herramienta Borrador】（橡皮工具）擦除。

❻单击【Preview】（预览）按钮可以查看抽取的内容。

❼最终效果如下图所示。

12.2.2　Liquify（液化）

液化滤镜可用于推、拉、旋转、反射、折叠和膨胀图像的任意区域。创建的扭曲可以是细微的扭曲效果或者剧烈的扭曲效果，这就使得【Liquify】（液化）命令成为了修饰图像和创建艺术效果的强大工具之一。

该对话框中各个工具的作用如下。

- 【Forward Warp Tool】（向前变形工具）

可向前推动像素。使用这个工具，图像会朝着鼠标移动的方向扭曲，扭曲后挤压的效果在移动结束点终止。

- 【Reconstruct Tool】（湍流工具）

选择该工具后在图像上移动鼠标，可以混合图片中的像素。图片扭曲的形状是混乱而没有规则的，只要是鼠标指针经过的地方都会产生扭曲效果，这对于制作烟雾、火焰、云彩和波纹等效果很有帮助。

- 【Twirl Clockwise Tool】（顺时针旋转扭曲工具）

使用该工具时图像扭曲会按照顺时针方向扭曲。只要把鼠标指针移动到需要扭曲的地方，按下鼠标一直不放开，图像就会自动扭曲，释放鼠标时则停止扭曲工作。

- 【Pucker Tool】（褶皱工具）

将像素向画笔区域的中心移动，该工具和【顺时针旋转扭曲工具】 的操作一样。使用该工具，图像扭曲的方向是向内深进，

感觉有点像漩涡。

- 【Bloat Tool】（膨胀工具）

将像素向远离区域的中心位置移动。该工具和褶皱工具 相反，它的扭曲方向是向外膨胀。

- 【Push Left Tool】（左推工具）

将像素垂直移向绘制的位置。使用该工具在图像上滑动，图像向垂直方向扭曲展开。

- 【Mirror Tool】（镜像工具）

将像素复制到画笔区域。使用该工具在图像上移动，扭曲变形的方向和移动的方向相反。

- 【Turbulence Tool】（重建工具）

可以将图像恢复原样。

- 【Freezer Mask Tool】（冻结蒙版工具）

如果在一幅图片上要进行大面积的扭曲变形，但其中有一部分不希望被扭曲，此时使用冻结工具就可以把这部分隔离出来。

- 【Thaw Mask Tool】（解冻蒙版工具）

当扭曲变形工作完成之后，需要使用解冻工具把图像显示出来。

下图所示分别为应用膨胀液化滤镜、褶皱液化滤镜和顺时针旋转扭曲液化滤镜的效果。

膨胀液化滤镜的效果

褶皱液化滤镜的效果

顺时针旋转扭曲液化滤镜的效果

12.2.3　Pattern Maker（图像生成器）

　　图案生成器可用于根据选区或剪贴板上的内容创建无数种图案。由于图案基于样本中的像素，因此它与样本具有相同的视觉特性。例如要采集草的图像样本，图案生成器就会生成一个可拼贴图案，该图案虽然与样本不同，但看起来仍然是草。可以从同一个样本生成多个图案，并将图案文件存储为 Photoshop、Illustrator 或者 GIF 文件，以供将来在 Photoshop 中作为预设使用。【Pattern Maker】（图像生成器）对话框如下图所示。

　　多次单击【Generate】（生成）按钮，同一图案可生成不同的效果。

提示　　图案生成器只对 RGB 颜色模式、CMYK 颜色模式、Lab 颜色模式和灰度图像模式等的 8 位图像有效。

12.2.4　滤镜画廊

　　使用滤镜画廊可以累积应用滤镜，并可多次应用单个滤镜。还可以重新排列滤镜并更改已应用的每个滤镜的设置，以便实现所需要的效果，滤镜画廊的各个组成部分如下图所示。

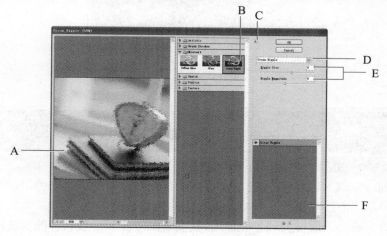

【Filter Gallery】（滤镜库）对话框中的
各个部分如下。

　　A：预览。

　　B：所选滤镜的缩略图。

C：显示/隐藏滤镜缩略图。

D：【Filter】（滤镜）下拉列表框。

E：所选滤镜的选项。

F：要应用或排列的滤镜效果的列表。

12.2.5　Vanishing Point（消失点）

概念小贴士

消失点

　　消失点是这样一种功能，它允许用户在包含透视平面（例如建筑物侧面或任何矩形对象）的图像中进行透视校正编辑。通过使用消失点，用户可以在图像中指定平面，然后应用诸如绘画、仿制、拷贝或粘贴以及变换等编辑操作。所有编辑操作都将采用用户所处理平面的透视。

　　利用消失点用户不用再好像所有图像内容都在面对用户的单一平面上一样来修饰图像。相反，用户将以立体方式在图像中的透视平面上工作。当用户使用消失点来修饰、添加或移去图像中的内容时，结果将更加逼真，因为系统可正确确定这些编辑操作的方向，并且将它们缩放到透视平面。

　　选择【Filter】（滤镜）➤【Vanishing Point】（消失点）命令，打开【Vanishing Point】（消失点）对话框。该对话框包含用于定义透视平面的工具、用于编辑图像的工具以及一个用户在其中工作的图像预览。首先在预览图像中指定透视平面，然后就可以在这些平面中绘制、仿制、拷贝、粘贴和变换内容。消失点工具（选框、图章、画笔及其他工具）的工作方式与 Photoshop 主工具箱中的对应工具十分类似。用户甚至可以使用相同的键盘快捷键来设置工具选项。

12.3　使用滤镜插件 KPT 7.0

 本节视频教学录像：11 分钟

　　虽然 Photoshop CS4 提供了很多内置滤镜，但是对于有更高要求的用户来说还远远不够。所以现在很多第三方厂商提供一些功能更强大的外挂滤镜。

　　外挂滤镜一般必须通过安装才能使用，其安装的步骤和一般软件的安装没有太大的区别。

安装完毕，重新启动 Photoshop CS4。Photoshop CS4 在启动时会搜索 Plug-ins 文件夹和其子文件夹。打开【Filter】（滤镜）菜单，安装的滤镜就会出现在【Filter】（滤镜）菜单的底部，运行的方式与内置的滤镜相同。

> **提示** 在选择安装路径的时候，一般要将安装滤镜插件放在 Photoshop CS4 目录下的 Plug-ins 文件夹中。在此文件夹中还有下一级文件夹，以便对滤镜进行分类，这为以后使用这些滤镜时带来很大的方便。

如果用户把滤镜插件安装在别的目录下，则必须通过选择【Edit】（编辑）➤【Preferences】（首选项）➤【Plug-Ins】（增效工具）命令，在弹出的对话框的【Additional Plug-Ins Folder】（附加的增效工具文件夹）选项中单击【Choose】（选取）按钮指定路径，然后关闭对话框即可。

目前功能强大而且比较受用户喜爱的外挂滤镜插件有 KPT7.0 和 Eye Candy。

12.4 滤镜的综合运用

📹 **本节视频教学录像：10 分钟**

下面通过实例具体介绍一下滤镜的综合运用。

实例名称：制作爆炸效果		
实例目的：学会如何综合使用滤镜		
	素材	素材无
	结果	结果\ch12\爆炸效果.jpg

① 新建大小为 400 像素 × 400 像素的画布，色彩模式为 RGB 模式。

② 调整前景色和背景色为默认的黑色和白色，然后选择【Filter】（滤镜）➤【Noise】（杂色）➤【Add Noise】（添加杂色）命令。

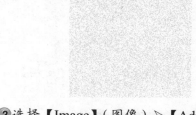

③ 选择【Image】（图像）➤【Adjustments】（调整）➤【Threshold】（阈值）命令，打开【Threshold】（阈值）对话框，然后在【Threshold Level】（阈值色阶）参数框中输入"222"。

④选择【Filter】（滤镜）➢【Blur】（模糊）
➢【Motion Blur】（动感模糊）命令，打开
【Motion Blur】（动感模糊）对话框，然后
在【Angle】（角度）参数框中输入"90"，
在【Distance】（距离）参数框中输入"400"。

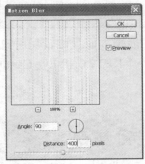

⑤按下【Ctrl+I】组合键，执行【反相】命
令。

⑥新建图层，将前景色改为白色，背景色改
为黑色。然后选择渐变工具，样式为【Linear
Gradient】（线性渐变），再由上至下拖动，并
改变图层模式为【Screen】（滤色）。

⑦合并图层。

⑧选择【Filter】（滤镜）➢【Distort】（扭曲）
➢【Polar Coordinates】（极坐标）命令，打
开【Polar Coordinates】（极坐标）对话框，
从中选择【Rectangular to Polar】（平面坐
标到极坐标）单选项。

⑨将背景色设置为黑色，改变画布大小，然
后在【Width】（宽度）和【Height】（高度）
参数框中均输入"500"。

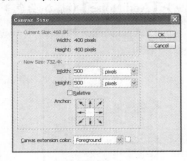

⑩选择【Filter】（滤镜）➤【Blur】（模糊）➤【Radial Blur】（径向模糊）命令，打开【Radial Blur】（径向模糊）对话框，然后在【Amount】（数量）参数框中输入"100"，并选择【Zoom】（缩放）和【Good】（好）单选项。

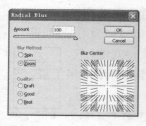 

⑪新建图层，将前景色设置为黑色，背景色设置为白色，然后选择【Filter】（滤镜）➤【Render】（渲染）➤【Clouds】（云彩）命令，并且重复使用几次。

⑫选择【Filter】（滤镜）➤【Noise】（杂色）➤【Add Noise】（添加杂色）命令，打开【Add Noise】（添加杂色）对话框，然后在【Amount】（数量）参数框中输入"7"，选择【Gaussian】（高斯分布）单选项并选中【Monochromatic】（单色）复选项。

⑬改变图层模式为颜色减淡，效果如下图所示。

⑭选择【Image】（图像）➤【Adjustments】（调整）➤【Hue/Saturation】（色相/饱和度）命令，调整色彩。

12.5　职场演练

卡通形象

卡通形象在广告、影视动画、吉祥物设计中应用非常多，被广泛接受和喜爱，有很好的市场前景和开发空间。

卡通形象设计一个重要的方法就是夸张变形，卡通形象的夸张要比通常意义上的漫画还要广泛，它强调讽刺、机智与幽默，可以在附加或是没有文字说明的情况下表现抽象或是象征的图画，借此来表现生活。

一幅运用夸张较好的艺术品，视觉上能产生巨大的冲击力和震撼力。夸张应从结构、形体、特征出发，抓住最典型的特征进行提炼、放大，把相近变相异，相异变特异，缩小形象之间的共性部分，夸大个性部分。

卡通图形设计在某些典型特征上进行独特的夸张，使形象极具喜剧效果和幽默感。

上图中的卡通形象属于可爱风格。作者设定了两个人物形象——SKY 和 YOYO，常把事情搞糟糕的 SKY，表面温柔但富有爆发力的 YOYO。在设计动作过程中要保持性格和造型一致，比如一个阴险狡诈的角色和一个善良纯朴的角色形象是不一样的，他们使用同样的动作效果也会有所不同。

下面简单介绍一下制作步骤。

(1) 将 SKY 和 YOYO 两个角色形象手绘出来，用钢笔描边。注意线条要流畅。

(2) 通过扫描仪将手绘稿转换为电子稿。注意扫描时分辨率不要设置得太低。

(3) 在 Photoshop 软件中打开卡通电子稿，调整图像亮度和对比度。

(4) 利用【Pen Tool】（钢笔工具）、【Magic Wand Tool】（魔棒工具）以及【Magnetic Lasso Tool】（磁性套索工具）勾画出角色头部、身体和衣服等选区，并填充相应的颜色（注意每个选区要分开图层，以方便修改、调整），将填充过颜色的各图层的图层混合模式改为正面叠底，这样做的目的是为了让手绘层的线条透上来。至此操作完成。

12.6　本章小结

在 Photoshop CS4 中有 13 大类位图处理传统滤镜和一些新滤镜，每一种滤镜又提供了多种细分的滤镜效果，为用户处理位图提供了极大的方便。本章的内容丰富有趣，可以按照实例步骤进行制作，建议打开光盘提供的素材文件进行对照学习，提高学习效率。

第 13 章　Photoshop CS4 新增功能——3D 图像处理

 马对小龙说："Photoshop CS4 新增了 3D 图层菜单，以后我们就可以直接用 Photoshop 进行 3D 图像处理了，可是我还不会用呢。"小龙高兴地说道："不用担心，下面这章就是讲解 3D 图层的应用的，学习完这些知识，我们就可以掌握 3D 图像处理的精髓了。让我们赶快开始吧！"

◈ 3D 基础

◈ 编辑 3D 对象

◈ 3D 图层的应用

◈ 3D 对象的渲染与输出

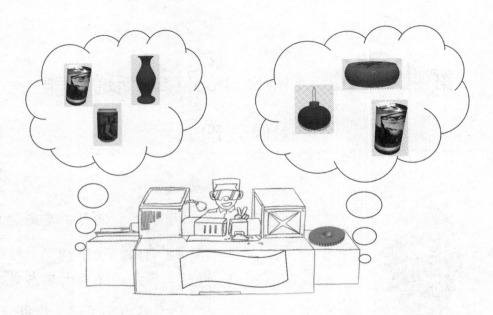

对 3D 图像进行处理，是 Photoshop CS4 新增的功能。Photoshop CS4 支持多种 3D 文件格式，并且可以处理和合并现有的 3D 对象，创建新的 3D 对象，编辑和创建 3D 纹理及组合 3D 对象与 2D 图像。

13.1 3D 概述

本节视频教学录像：35 分钟

Photoshop CS4 引入了 3D 功能。它允许用户导入 3D 格式文件，并可在画布上对 3D 物体旋转、移动等变换。更重要的是可以让用户在 3D 物体上面直接绘画，这大大提升了 Photoshop CS4 处理图像的功能。

13.1.1 3D 基础

使用 PhotoshopCS4 不但可以打开和处理由 MAYA、3DSMAX 等软件生成的 3D 对象，而且 Photoshop CS4 还支持下列 3D 文件格式：U3D、3DS、OBJ、KMZ 以及 DAE。

1．3D 组件

3D 文件可包含下列一个或多个组件。

⬤ 【MESH】（网格）

网格提供 3D 模型的底层结构。3D 模型通常至少包含一个网格，也可能包含多个网格。在 Photoshop 中，可以在多种渲染模式下查看网格，还可以分别对每个网格进行操作。

● 【MATERIALS】（材料）

一个网格可具有一种或多种相关的材料，这些材料控制整个网格的外观或局部网格的外观。下面是更改 3D 图像中材料设置的效果对比图。

● 【LIGHTS】（光源）

光源类型包括无限光、聚光灯和点光。可以移动和调整现有光照的颜色和强度，并且可以将新光照添加到 3D 场景中。下面是更改 3D 图像中光源设置的效果对比图。

2. 关于 OpenGL

OpenGL 是一种软件和硬件标准，可在处理大型或复杂图像（如 3D 文件）时加速视频处理过程。在安装了 OpenGL 的系统中，打开、移动和编辑 3D 模型时的性能将极大地提高。

提示　如果未在系统中检测到 OpenGL，则 Photoshop 使用只用于软件的光线跟踪渲染来显示 3D 文件。

如果系统中安装有 OpenGL，则可以在 Photoshop 首选项中启用它。

① 选择【Edit】（编辑）➤【Preferences】（首选项）➤【Performance】（性能）命令。

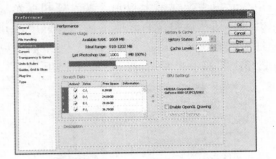

② 在 GPU Settings 设置区中，勾选【Enable OpenGL Drawing】（启用 OpenGL 绘图）复选项。

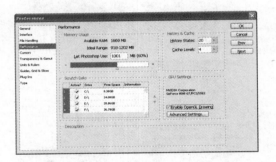

③ 单击【OK】（确定）按钮。首选项会影响新的（不是当前已打开的）窗口，无需重启。

提示　必须选定"启用 OpenGL 绘图"才能显示 3D 轴、地面和光源 Widget。

3. 打开 3D 文件

可以打开 3D 文件自身或将其作为 3D 图层添加到打开的 Photoshop 文件中。将文件作为 3D 图层添加时，该图层会使用现有文件的尺寸。3D 图层包含 3D 模型和透明背景。

Photoshop 可以打开下列 3D 格式：U3D、3DS、OBJ、DAE（Collada）以及 KMZ（Google Earth）。

执行下列操作之一可以打开 3D 文件。

方法一：

选择【File】（文件）➤【Open】（打开）命令，在【Open】（打开）对话框中选择文件。

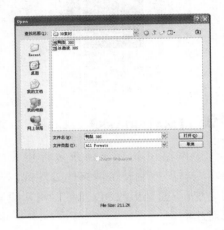

方法二：

在文档打开时，选择【3D】➤【New Layer from 3D File】（从 3D 文件新建图层）命令，然后选择要打开的 3D 文件。此操作会将现有的 3D 文件作为图层添加到当前的文件中。

提示　3D 图层不保留原始 3D 文件中的任何背景或 Alpha 信息。

13.1.2　3D 调板概述

打开 3D 调板的操作方法有以下 3 种。

（1）选择【Window】（窗口）➤【3D】命令。

(2) 在【Layers】（图层）调板中的图层缩览图上双击 3D 图层按钮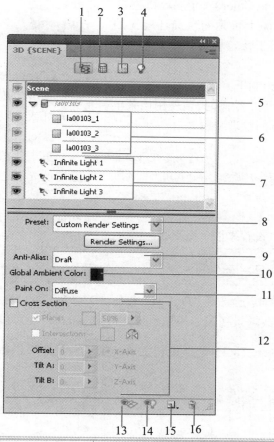。

(3) 选取【Window】（窗口）➤【Workspace】（工作区）➤【Advanced 3D】（高级 3D）命令。

打开 3D 图层调板后，此时 3D 调板会显示关联的 3D 文件的组件。在调板顶部列出文件中的网格、材料和光源。调板的底部显示在顶部选定的 3D 组件的设置和选项。下图为打开一个 3D 文件时，选中【Scene】（场景）选项卡后的 3D 调板。

下面介绍一下 3D 调板的各个按钮或选项的作用和功能。

1.【Scene】（场景）按钮

　　单击此按钮，显示所有的场景组件。

2.【Meshes】（网格）按钮

　　单击此按钮，可查看网格设置和 3D 调板底部的信息。

3.【Materials】（材料）按钮

　　单击此按钮，可查看在 3D 文件中所使用的材料信息。

4.【Lights】（光源）按钮

　　单击此按钮，可查看在 3D 文件中所使用的所有光源组件及类型。

5．网格

　　显示 3D 文件中出现的所有网格。

6．材料

　　显示 3D 文件中出现的所有材料。

7.【Infinite Light】（光源）

　　显示 3D 文件中出现的所有光源。

8.【Render Settings】（渲染设置）

　　指定模型的渲染预设。此菜单共包括了 17 种渲染预设，要自定选项，请单击"渲染设置"按钮。

9.【Anti-Alias】(消除锯齿)

选择该设置，可在保证优良性能的同时，呈现最佳的显示品质。使用"最佳"设置可获得最高显示品质；使用"草稿"设置可获得最佳性能。

10.【Global Ambient Color】(全局环境色)

设置在反射表面上可见的全局环境光的颜色。该颜色与用于特定材料的环境色相互作用。

11.【Paint On】(绘制于)

直接在 3D 模型上绘画时，请使用该菜单选择要在其上绘制的纹理映射。

提示　也可以通过选取"【3D】▶【3D Paint Mode】(3D 绘画模式)命令"，选择用于绘画的目标纹理。

12.【Gross Section】(横截面)

在此栏中可以设置平面、相交线、位移、倾斜等横截面的相关属性。

13.【Toggle ground plane】(切换地面)按钮

单击此按钮，可以切换到地面设置。地面是反映相对于 3D 模型的地面位置的网格。

14.【Toggle lights】(切换光源)按钮

单击此按钮，可以显示或隐藏光源参考线。

提示　只有在系统上启用 OpenGL 时，才能启用"切换地面"和"切换光源"按钮。

15.【Create a new light】(创建新光源)按钮

单击此按钮，然后选取光源类型(点光、聚光灯或无限光)，也可以创建一个新光源。

16.【Delete light】(删除光源)按钮

单击此按钮，可以删除在光源列表中已选定的光源。

了解了 3D 调板中的各个按钮或选项的功能与作用后，通过相应的设置，能更方便地对 3D 文件进行编辑与操作。

13.1.3　使用 3D 工具

选定 3D 图层时，会激活 3D 工具。使用 3D 对象工具可更改 3D 模型的位置或大小；使用 3D 相机工具可更改场景视图。如果系统支持 OpenGL，还可以使用 3D 轴来操控 3D 模型。

选定【3D Rotate Tool】(3D 旋转工具) ，其选项栏如下图所示。

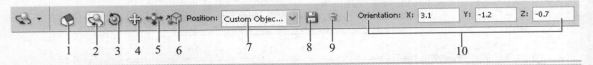

1.【Return to initial object position】(返回到初始相机位置)按钮

单击此按钮，可返回到模型的初始视图。

2.【Rotate the 3D Object】(旋转)按钮

单击此按钮，上下拖动可使模型围绕其 x 轴旋转，左右拖动可使模型围绕其 y 轴旋转。

3.【Roll the 3D Object】(滚动)按钮

单击此按钮，两侧拖动可使模型绕 z 轴旋转。

4.【Drag the 3D Object】(拖动)按钮

单击此按钮，两侧拖动可沿水平方向拖动模型，上下拖动可沿垂直方向拖动模型，按住【Alt】键的同时拖动可沿 x/z 方向移动。

5.【Slide the 3D Object】(滑动)按钮

单击此按钮，两侧拖动可沿水平方向移动模型，上下拖动可将模型移近或移远，按住【Alt】键的同时进行拖移可沿 x/y 方向移动。

6.【Scale the 3D Object】（缩放）按钮

　　单击此按钮，可以缩放 3D 模型的大小。

7.【Position】（位置）

　　可以更改 3D 模型的视图模式。

8.【Save the current view】（存储当前位置/相机视图）按钮

　　单击此按钮，可以保存 3D 模型的当前位置/相机视图。

9.【Delete the currently selected view】（删除当前位置/ 相机视图）按钮

　　单击此按钮，可以删除 3D 的当前位置/相机视图。

10.【Orientation】（位置/相机视图坐标）按钮

　　单击此按钮，可以显示 3D 模型的当前位置/相机视图坐标。

　　选择【3D Orbit Tool】（3D 环绕工具），其选项栏如图所示。

　　此工具选项栏与 3D 旋转工具的选项栏类似，这里不再赘述。

13.1.4 3D 场景设置

　　使用 3D 场景设置可更改渲染模式、选择要在其上绘制的纹理或创建横截面。要访问场景设置，请单击 3D 调板中的【Scene】（场景）按钮，然后在调板顶部选择【Scene】（场景）条目。

1. 查看横截面

　　通过将 3D 模型与一个不可见的平面相交，可以查看该模型的横截面，该平面以任意角度切入模型并仅显示其一个侧面上的内容。

　　（1）选择【Scene】（场景）选项卡底部的【Gross Section】（横截面）复选项。

　　（2）选择"对齐"、"位置"和"方向"的选项。

　　【Plane】（平面）：选择该选项，以显示创建横截面的相交平面。可以选择平面颜色和不透明度。

　　相交面：选择以高亮显示横截面平面相交的模型区域。单击色板以选择高光颜色。

翻转横截面：将模型的显示区域更改为相交平面的反面。

位移和倾斜：使用"位移"可沿平面的轴移动平面，而不更改平面的斜度。在使用默认位移 0 的情况下，平面将与 3D 模型相交于中点。使用最大正位移或负位移时，平面将会移动到它与模型的任何相交线之外。使用"倾斜"设置可将平面朝其任一可能的倾斜方向旋转至 360°。对于特定的轴，倾斜设置会使平面沿其他两个轴旋转。例如，可将与 y 轴对齐的平面绕 x 轴（"倾斜 1"）或 z 轴（"倾斜 2"）旋转。

对齐方式（x、y、z 轴）：为交叉平面选择一个轴（x、y 或 z）。该平面将与选定的轴垂直。

2. 对每个横截面应用不同的渲染模式

可以对横截面的每个面使用不同的渲染设置，以合并同一 3D 模型的不同视图，例如，带【Solid Wireframe】（实色线框）渲染模式。

下面通过一个实例来介绍 3D 场景设置的具体操作。

实例名称：3D 场景设置		
实例目的：学会如何进行 3D 场景设置		
	素材	素材\ch13\冰激凌.3DS
	结果	无

① 打开随书光盘中的"素材\ch13\冰激凌.3DS"文件。

② 打开【Scene】（场景）调板，勾选【Gross Section】（横截面）复选项。当前的渲染设置已应用于可见的横截面。

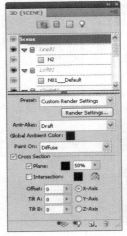

③ 单击【Scene】（场景）调板中的【Render Settings】（渲染设置）按钮 【Render Settings...】，弹出【3D Render Settings】（3D 渲染设置）对话框。

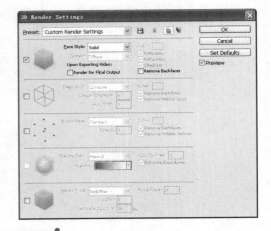

> 提示　选择【3D】➢【Render Settings】（渲染设置）命令，也可打开【3D Render Settings】（3D 渲染设置）对话框。

④ 在【3D Render Settings】（3D 渲染设置）对话框中的预设下拉列表框中选择【Solid Wireframe】（实色线框）选项。

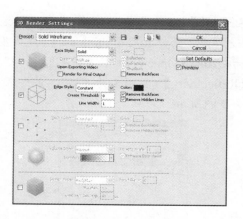

⑤单击【OK】（确定）按钮之后，可以看到
图像发生了变化。

提示 默认情况下，对于替代横截面，所有渲染设置都是关闭的，从而使其不可见。

13.1.5　3D 材料设置

3D 调板顶部列出了在 3D 文件中使用的材料。可从使用一种或多种材料来创建模型的整体外观。如果模型包含多个网格，则每个网格可能会有与之关联的特定材料。或者模型可以是一个网格构建的，但使用多种材料。在这种情况下，每种材料分别控制网格特定部分的外观。

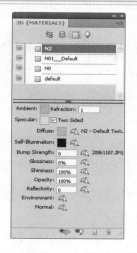

对于 3D 调板顶部选定的材料，底部会显示该材料所使用的特定纹理映射。某些纹理映射（如"漫射"和"凹凸"），通常依赖于 2D 文件来提供创建纹理的特定颜色或图案。如果材料使用纹理映射，则纹理文件会列在映射类型的旁边。

材料所使用的 2D 纹理映射也会作为"纹理"出现在"图层"调板中，它们按纹理映射类别编组。可以有多种材料使用相同的纹理映射。

可以使用每个纹理类型旁的纹理映射菜单按钮 创建、载入、打开、移去或编辑纹理映射的属性。也可以通过直接在模型区域上绘画来创建纹理。

提示 根据纹理类型，可能不需要单独的 2D 文件来创建或修改材料的外观。例如，可以通过输入值或使用这些纹理类型旁的小滑块控件来调整材料的光泽度、反光度、不透明度或反射。

下面通过一个实例来介绍材料设置的具体操作。

实例名称：3D 材料设置		
实例目的：学会对图像进行材料设置		
	素材	素材\ch13\会议桌.3DS
	结果	结果\ch13\3D 材料设置.psd

①打开随书光盘中的"素材\ch13\会议桌.3DS"文件。

② 选择【Window】（窗口）➤【3D】命令，弹出 3D 调板。在打开的 3D 调板中，单击【Materials】（材料）按钮 ▦。

③ 在打开的 3D 材料调板中设置【Bump

Strength】（凹凸强度）为 "5"、【Glossiness】（光泽度）为 "70"、【Shininess】（反光度）为 "70"、【Opacity】（不透明度）为 "75"、【Reflectivity】（反射）为 "30"，最终效果如下图所示。

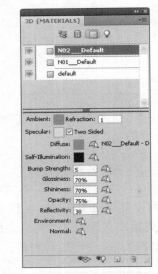

13.1.6 3D 光源设置

3D 光源从不同角度照亮模型，从而添加逼真的深度和阴影。Photoshop 提供 3 种类型的光源，每种光源都有独特的选项。

(1) 点光像灯泡一样，向各个方向照射。

(2) 聚光灯照射出可调整的锥形光线。

(3) 无限光像太阳光，从一个方向平面照射。

要调整这些光源的位置，可使用与 3D 模型工具类似的工具。

1. 添加或删除各个光源

在 3D 调板中，执行下列操作可以添加或删除光源。

(1) 要添加光源，请单击【Create a new light】（创建新光源）按钮 ⌐，然后选取光源的类型（【Point Light】（点光）、【Spot Light】（聚光灯）或【Infinite Light】（无限光））。

(2) 要删除光源，请从位于【Lights】（光源）顶部 💡 的列表中选择光源。然后单击调板底部的【Delete Light】（删除光源）按钮 🗑。

2. 调整光源属性

(1) 在 3D 调板的光源部分，从列表中选择光源。

（2）要更改光源类型，请从位于调板下半部分的第一个弹出式菜单中选择其他选项。

（3）设置以下选项。

【Intensity】（强度）：调整亮度。

【Color】（颜色）：定义光源的颜色。单击该框以访问拾色器。

【Create Shadows】（创建阴影）：从前景表面到背景表面、从单一网格到其自身或从一个网格到另一个网格的投影。禁用此选项可稍微改善性能。

【Softness】（柔和度）：模糊阴影边缘，产生逐渐的衰减。

（4）对于点光或聚光灯，请设置以下选项。

【Hotspot】（聚光）（仅限聚光灯）：设置光源明亮中心的宽度。

【Falloff】（衰减）（仅限聚光灯）：设置光源的外部宽度。

【Use Attenuation】（使用衰减）：【Inner】（内径）和【Outer】（外径）选项决定衰减锥形，以及光源强度随对象距离的增加而减弱的速度。对象接近"内径"限制时，光源强度最大。对象接近"外径"限制时，光源强度为零。处于中间距离时，光源从最大强度线性衰减为零。

下面通过一个实例来介绍调整光源属性的具体操作。

实例名称：3D 光源设置		
实例目的：学会对图像进行光源设置		
	素材	素材\ch13\花瓶. 3DS
	结果	结果\ch13\3D 光源设置. psd

❶ 打开随书光盘中的 "素材\ch13\花瓶. 3DS" 文件。

❷ 选择【Window】（窗口）▷【3D】命令，弹出 3D 调板。在打开的 3D 调板中，单击【Lights】（光源）按钮 。

❸ 在无限光中选择 "Infinite Light2" 光源。

④在打开的 3D 光源调板中设置【Intensity】（强度）为"2.97"和【Color】（颜色）为绿色（R:28，G:251，B:90）。最终效果如下图所示。

3．调整光源位置

在 3D 调板的光源部分 ，更改以下任意一个选项就会调整光源位置。

【Rotate the Light】（旋转光源）按钮 （仅限聚光灯和无限光）旋转光源，同时保持其在 3D 空间的位置。

【Drag the Light】（拖移光源）按钮 （仅限聚光灯和点光）将光源移动到同一 3D 平面中的其他位置。

【Slide the Light】（滑动光源）按钮 （仅限聚光灯和点光）将光源移动到其他 3D 平面。

【Point light at origin】（原点处的点光）按钮 （仅限聚光灯）使光源正对模型中心。

【Move to current view】（移至当前视图）按钮 将光源置于与相机相同的位置。

4．添加光源参考线

光源参考线为进行调整提供三维参考点。这些参考线反映了每个光源的类型、角度和衰减。点光显示为小球，聚光灯显示为锥形，无限光显示为直线。

在 3D 调板底部，单击【Toggle lights】（切换光源）按钮 即可添加光源参考线。下图即为添加光源参考线后的效果图。

提示 可以在"首选项"对话框的"参考线"、"网格"、"切片"部分中更改参考线颜色。

5．存储、替换或添加光源组

要储存供稍后使用的光源组，需进行保存。要将光源包含到其他项目中，需要添加到现有组中或替换现有组。

单击 3D 调板菜单右上角的黑色三角按钮 ，弹出如下图所示的下拉菜单。

【Save Lights Preset】（存储光源预设）将当前光源组存储为预设，这样可以使用以下命令重新载入。

【Add Lights】（添加光源）：对于现有光源，添加选定的光源预设。

【Replace Lights】（替换光源）：用选择的预设替换现有光源。

13.2　使用 2D 图像来创建 3D 对象

📹 本节视频教学录像：11 分钟

Photoshop 可以将 2D 图层作为起始点，生成各种基本的 3D 对象。创建 3D 对象后，可以在 3D 空间移动、更改渲染设置、添加光源或将其与其他 3D 图层合并。

13.2.1　创建 3D 明信片

下面通过一个实例介绍创建 3D 明信片的具体操作。

❶ 打开随书光盘中的 "素材\ch13\13-1.jpg" 文件。

2D 图层转换为"图层"调板中的 3D 图层后，2D 图层内容将作为材料应用于明信片两面。原始 2D 图层作为 3D 明信片对象的"漫射"纹理映射出现在"图层"调板中。另外，3D 图层将保留原始 2D 图像的尺寸。

> **提示**　要将 3D 明信片作为表面平面添加到 3D 场景，请将新 3D 图层与现有的、包含其他 3D 对象的 3D 图层合并，然后根据需要进行对齐。此外，要保留新的 3D 内容，请将 3D 图层以 3D 文件格式导出或以 PSD 格式存储。

❷ 选择【3D】▶【New 3D Postcard From Layer】（从图层新建 3D 明信片）命令。

13.2.2　创建 3D 形状

根据所选取的对象类型，最终得到的 3D 模型可以包含一个或多个网格。"球面全景"选项映射 3D 球面内部的全景图像。

下面通过一个实例介绍创建 3D 形状的具体操作。

① 打开随书光盘中的"素材\ch13\13-1.jpg"
  文件。

② 选择【3D】➢【New Shape From Layer】（从
  图层新建形状）➢【Soda Can】（易拉罐）
  命令。

13.2.3 创建 3D 网格

【New Mesh From Grayscale】（从灰度新建网格）命令可将灰度图像转换为深度映射，从而将明度值转换为深度不一的表面。较亮的值生成表面上凸起的区域，较暗的值生成表面上凹下的区域。

选择【3D】➢【New Mesh From Grayscale】（从灰度新建网格）命令，可以选择想要创建的 3D 网格。

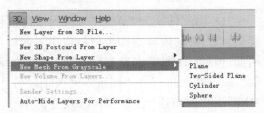

【Plane】（平面）：将深度映射数据应用于平面表面。

【Two-Sided Plane】（双面平面）：创建两个沿中心轴对称的平面，并将深度映射数据应用于两个平面。

【Cylinder】（圆柱体）：从垂直轴中心向外应用深度映射数据。

【Sphere】（球体）：从中心点向外呈放射状地应用深度映射数据。

下面通过一个实例介绍创建 3D 网格的具体操作。

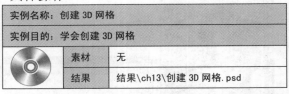

实例名称：创建 3D 网格	
实例目的：学会创建 3D 网格	
素材	无
结果	结果\ch13\创建 3D 网格.psd

① 选择【File】（文件）➢【New】（新建）命令。新建一个 800 像素×600 像素的文档。

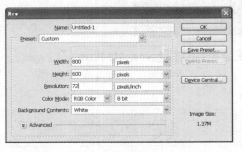

② 选择【Filter】（滤镜）➢【Render】（渲染）
  ➢【Clouds】（分层云彩）命令。

③单击【Window】（窗口）➢【Adjustments】（调整）命令，打开调整调板。

提示　　单击曲线调板下方的【此调整影响下面的所有图层（单击可剪切到图层）】按钮，可对曲线图层下方的所有图层执行调整操作。

⑤右击【Curves 1】图层，在弹出的菜单中选择【Merge Down】（向下合并）命令。

④单击调整调板中的【Create a new Curves Adjustments layer】【创建新的曲线调整图层】按钮，打开【Curves】（曲线）调板对曲线进行如下图所示的调整。

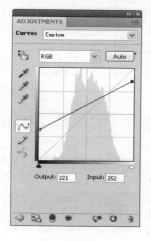

⑥选择【3D】➢【New Mesh From Grayscale】（从灰度新建网格）➢【Two-Sided Plane】（双面平面）命令，然后使用 3D 旋转工具可查看绘制的图像。

提示　黑白区分越小，呈现出的高低效果越不明显。可以根据自己的需要使用曲线调整黑白图像的色差。

此外，如果将 RGB 图像作为创建网格时的输入，则绿色通道会被用于生成深度映射。如有必要，请调整灰度图像以限制明度值的范围。

13.3　创建和编辑 3D 对象的纹理

🎥 本节视频教学录像：16分钟

3D 纹理可以看作是各种不同的立方体材料，内部包括整个体积的像素点，每个点在纹理内部空间中都有三维的相对坐标，也可以把 3D 纹理简单地想象成有内部花纹的大理石（或水晶）立方体。

用户可以使用 Photoshop 的绘画工具和调整工具编辑 3D 文件中包含的纹理，或创建新纹理。纹理作为 2D 文件与 3D 模型一起导入。它们会作为条目显示在"图层"调板中，嵌套于 3D 图层下方，并按以下映射类型编组：散射、凹凸、光泽度，等等。

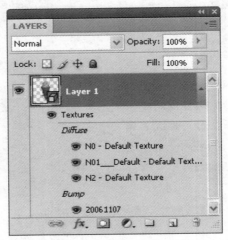

要在 Photoshop 中编辑 3D 纹理，请执行下列操作之一。

方法一：将纹理作为 2D 文件在其自身的文档窗口中打开以便进行编辑。纹理作为智能对象打开。

方法二：直接在模型上编辑纹理。如有必要，可以暂时去除模型表面，以访问要绘制的区域。

13.3.1　编辑 2D 格式的纹理

编辑 2D 格式的纹理的具体操作如下。

实例名称：	编辑 2D 格式的纹理	
实例目的：	学会编辑 2D 格式的纹理	
	素材	素材\ch13\象棋.3DS
	结果	结果\ch13\编辑 2D 格式的纹理.psd

①打开随书光盘中的 "素材\ch13\象棋.3DS" 文件。

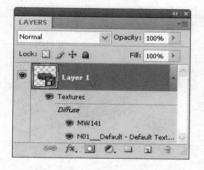

③使用画笔工具对纹理进行编辑。

④选择包含 3D 模型的窗口，以查看应用于模型的已更新纹理。

②双击【Layers】(图层) 调板中的 "MW141" 纹理。纹理作为 "智能对象" 在独立的文档窗口中打开。

⑤关闭 "智能对象" 窗口，并存储对纹理所做的更改。

13.3.2　显示或隐藏纹理

通过单击 "纹理" 图层旁边的眼睛图标 (要隐藏或显示所有纹理，请单击顶层 "纹理" 图层旁边的眼睛图标)，可以显示或隐藏纹理，以帮助识别应用了纹理的模型区域。

13.3.3　【Create UV Overlays】(创建 UV 叠加)

3D 模型上多种材料所使用的漫射纹理文件可将应用于模型上不同表面的多个内容区域编组，这个过程叫做 UV 映射。它将 2D 纹理映射中的坐标与 3D 模型上的特定坐标相匹配。UV 映射使 2D 纹理可正确地绘制在 3D 模型上。

对于在 Photoshop 外创建的 3D 内容，UV 映射发生在创建内容的程序中。然而，Photoshop 可以将 UV 叠加创建为参考线，这样能直观地了解 2D 纹理映射如何与 3D 模型表面匹配。在编辑纹理时，这些叠加可作为参考线。

实例名称：创建 UV 叠结		
实例目的：学会创建 UV 叠结效果		
	素材	素材\ch13\吊灯. 3DS
	结果	结果\ch13\UV 叠加效果. psd

① 打开随书光盘中的 "素材\ch13\吊灯.3DS" 文件。

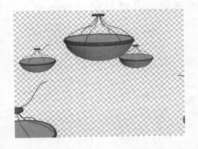

② 双击【Layers】（图层）调板中的 "NO1_Default-默认纹理" 纹理，将其打开，以便进行编辑。

③ 选择【3D】≻【Create UV Overlays】（创建 UV 叠加）≻【Normal Map】（正常映射）命令。

④ 选择包含 3D 模型的窗口，以查看应用于模型的 UV 叠加效果。

⑤ 关闭打开的纹理编辑窗口，存储 UV 叠加的效果。

> 提示 请在执行最终渲染之前，删除或隐藏 UV 叠加。

13.3.4　重新参数化纹理映射

可能偶尔会打开其纹理未正确映射到底层模型网格的 3D 模型。效果较差的纹理映射会在模型表面外观中产生明显的扭曲，如多余的接缝、纹理图案中的拉伸或挤压区域。当您直接在模型上绘画时，效果较差的纹理映射还会造成不可预料的结果。

要检查纹理参数化情况，请打开要编辑的纹理，然后应用 UV 叠加以查看纹理是如何与模型表面对齐的。

使用【Reparameterize】（重新参数化）命令可将纹理重新映射到模型，以校正扭曲并创建更有效的表面覆盖。Photoshop 会将纹理重新应用于模型。【Reparameterize】（重新参数化）选项的窗口如下图所示。

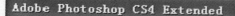

【Low Distortion】(低扭曲度):使纹理图案保持不变,但会在模型表面产生较多接缝。

【Fewer Seams】(较少接缝):会使模型上出现的接缝数量最少。这会产生更多的纹理拉伸或挤压,具体情况取决于模型。

另外还可以使用"重新参数化"命令改进从 2D 图层创建 3D 模型时产生的默认纹理映射。

13.3.5 创建重复纹理的拼贴

重复纹理由网格图案中完全相同的拼贴构成。重复纹理可以提供更逼真的模型表面覆盖,使用更少的存储空间,并且可以改善渲染性能。可将任意 2D 文件转换成拼贴绘画。在预览多个拼贴如何在绘画中相互作用之后,可存储一个拼贴以作为重复纹理。

要设置重复纹理的网格,需要使用创建模型的 3D 应用程序。

下面通过一个实例介绍创建重复纹理的拼贴的具体操作。

❶打开随书光盘中的"素材\ch13\风景.jpg"文件。

❷选择背景图层,然后选择【3D】➢【New Tiled Painting】(新建拼贴绘画)命令。

❸选择【Filter】(滤镜)➢【Artistic】(艺术效果)➢【Cutout】(木刻)命令,并对参数进行设置,如下图所示。

❹单击【OK】(确定)按钮,将单个拼贴存储为 2D 图像。

⑤ 单击 3D 调板中的【MATERIALS】(材料)
按钮,选择【Diffuse】(漫射)菜单中的【Open
Texture】(打开纹理)命令。然后选择【File】
(文件)➤【Save As】【存储为】命令来存
储新生成的文档,并指定名称、位置和格
式。

⑥ 要以重复的纹理载入拼贴,请打开 3D 模
型文件。在 3D 调板的材料部分,从
【Diffuse】(漫射)菜单中选取【Load
Texture】(载入纹理)命令,然后选择在上
述操作中存储的文件即可。

13.4　在 3D 对象上绘图

本节视频教学录像: 11 分钟

　　可以使用任何 Photoshop 绘画工具直接在 3D 模型上绘画,就像在 2D 图层上绘画一样。
使用选择工具将特定的模型区域设为目标,或让 Photoshop 识别并高亮显示可绘画的区域。使
用 3D 菜单命令可清除模型区域,从而访问内部或隐藏的部分,以便进行绘画。

13.4.1　显示需要绘画的表面

　　对于具有内部区域或隐藏区域的更复杂的模型,可以隐藏部分模型,以便访问要在上面绘
画的表面。例如,要在汽车模型的仪表盘上绘画,可以暂时去除车顶或挡风玻璃,然后缩放到
汽车内部以获得不受阻挡的视图。

　　1.　使用选择工具(如"套索"工具或"选框"工具)选择要去除的模型区域。

　　2.　使用以下任何一种 3D 菜单命令来显示或隐藏模型区域。

　　【Hide Nearest Surface】(隐藏最近的表面):只隐藏 2D 选区内的模型多边形的第一个图
层。要快速去掉模型表面,可以在保持选区处于激活状态时重复使用此命令。

> 提示　　隐藏表面时,如有必要,请旋转模型以调整表面的位置,使之与当前视角正交。

　　【Only Hide Enclosed Polygons】(仅隐藏封闭的多边形):选定该选项后,"隐藏最近的表
面"命令只会影响完全包含在选区内的多边形。取消选择后,将隐藏选区所接触到的所有多边
形。

　　【Invert Visible Surfaces】(反转可见表面):使当前可见表面不可见,不可见表面可见。

　　【Reveal All Surfaces】(显示所有表面):使所有隐藏的表面再次可见。

　　下面就是选择【Hide Nearest Surface】(隐藏最近的表面)命令前与后的对比效果图。

 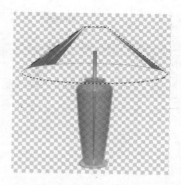

13.4.2　设置绘图衰减角度

在模型上绘画时，绘画衰减角度控制表面在偏离正面视图弯曲时的油彩使用量。衰减角度是根据"正常"，或根据朝向自己的模型表面突出部分的直线来计算的。

选择【3D】➤【Paint Falloff】（绘画衰减）命令，可以设置绘图衰减角度的最小角度和最大角度。

```
3D Paint Falloff                          [X]

Min Angle:  0            [      OK      ]

Max Angle:  0            [    Cancel    ]

                         [ Reset To Defaults ]
```

【Max Angle】（最大角度）：在 0°~90°之间。0°时，绘画仅应用于正对前方的表面，没有减弱角度。90°时，绘画可沿弯曲的表面（如球面）延伸至其可见边缘。在 45°角设置时，绘画区域限制在未弯曲到大于 45°的球面区域。

【Min Angle】（最小角度）：设置绘画随着接近最大衰减角度而渐隐的范围。例如，如果最大衰减角度是 45°，最小衰减角度是 30°，那么在 30°和 45°的衰减角度之间，绘画不透明度将会从 100 减少到 0。

13.4.3　标识可绘图区域

只观看 3D 模型，可能还无法明确判断是否可以成功地在某些区域绘画。因为模型视图不能提供与 2D 纹理之间的一一对应，所以直接在模型上绘画与直接在 2D 纹理映射上绘画是不同的。模型上看起来是个小画笔，相对于纹理来说可能实际上是比较大的，这取决于纹理的分辨率，或应用绘画时用户与模型之间的距离。

最佳的绘画区域，就是那些能够以最高的一致性和可预见的效果在模型表面应用绘画或其他调整的区域。在其他区域中，绘画可能会由于角度或用户与模型表面之间的距离，出现取样不足或过度取样。

标识最佳绘图区域的具体操作方法如下。

实例名称：标识可绘图区域	
实例目的：在 3D 图像上识别最佳绘图区域	
素材	素材\ch13\灯笼. 3DS
结果	结果\ch13\标识可绘图区域.psd

❶ 打开随书光盘中的"素材\ch13\灯笼.3DS"
文件。

❷ 选择【3D】➤【Select Paintable Areas】（选
择可绘画区域）命令，选框高亮显示是表
示可在模型上绘画的最佳区域。

❸ 在 3D 调板【Scene】（场景）中，从【Preset】
（预设）菜单中选取【Paint Mask】（绘画蒙
版）命令。

提示　　在【Paint Mask】（绘画蒙版）模式下，
白色显示最佳绘画区域，蓝色显示取样不足的区
域，红色显示过度取样的区域（要在模型上绘画，
必须将【Paint Mask】（绘画蒙版）渲染模式更改
为支持绘画的渲染模式，如【Solid】（实色）渲染
模式）。

❹ 选择【Brush Tool】（画笔工具）在选区内
进行绘制，按【Ctrl+D】组合键取消选区。
得到的最终效果如下图所示。

13.5　3D 图层的应用

本节视频教学录像：10 分钟

　　3D 图层应用主要体现在将 3D 图层转换为 2D 图层、3D 图层转换为智能对象、合并 3D
图层、合并 3D 图层和 2D 图层等方面。下面具体介绍 3D 图层的应用。

13.5.1　3D 图层转换为 2D 图层

　　转换 3D 图层为 2D 图层可将 3D 内容在当前状态下进行栅格化。只有不想再编辑 3D 模型
位置、渲染模式、纹理或光源时，才可将 3D 图层转换为常规图层。栅格化的图像会保留 3D
场景的外观，但格式为平面化的 2D 格式。

将 3D 图层转换为 2D 图层的具体操作是：在"图层"调板中选择 3D 图层，并选取【3D】
➤【Rasterize】（栅格化）命令即可。

13.5.2　3D 图层转换为智能对象

　　将 3D 图层转换为智能对象，可保留包含在 3D 图层中的 3D 信息。转换后，可以将变换或智能滤镜等其他调整应用于智能对象。可以重新打开"智能对象"图层以编辑原始 3D 场景。应用于智能对象的任何变换或调整会随之应用于更新的 3D 内容。

　　下面通过一个实例介绍将 3D 图层转换为智能对象的具体操作方法。

①打开随书光盘中的"素材\ch13\台灯.3DS"文件。

②在【Layers】（图层）调板中选择 3D 图层。

③在【Layers】（图层）调板中右击，在弹出的选项菜单中选择【Convert to Smart

Object】（转换为智能对象）命令，即可将 3D 图层转换为智能对象。

提示　要重新编辑 3D 内容，请双击【Layers】（图层）面板中的"智能对象"图层。

13.5.3　合并 3D 图层

　　使用合并 3D 图层功能可以合并一个场景中的多个 3D 模型。合并后，可以单独处理每个 3D 模型，或者同时在所有模型上使用位置工具和相机工具。

　　下面通过一个实例介绍合并 3D 图层的具体操作。

实例名称：合并 3D 图层	
实例目的：学会如何合并 3D 图层	
素材	素材\ch13\吊灯.3DS、象棋.3DS
结果	结果\ch13\合并 3D 图层.psd

①打开随书光盘中的"素材\ch13\吊灯.3DS"和"素材\ch13\象棋.3DS"两个文件。

②将"象棋"文件拖曳到"吊灯"文件中。

③ 在工具调板中选择 3D 相机工具，在其选项栏中的【Position】（位置）下拉菜单中选择【Layer 1】（图层 1）并调整"象棋"和"吊灯"的位置和大小。

④ 在【Layers】（图层）调板选项菜单中，选择【Merge Visible】（合并可见图层）命令。

即可将两个 3D 图层合并成一个 3D 图层。

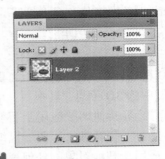

> **提示** 根据每个 3D 模型的大小，在合并 3D 图层之后，一个模型可能会部分或完全嵌入到其他模型中。

合并两个 3D 模型后，每个 3D 文件的所有网格和材料都包含在目标文件中，并显示在 3D 调板中。在网格调板中，可以使用其中的 3D 位置工具选择并重新调整各个网格的位置。

如果需要在同时移动所有模型和移动图层中的单个模型之间转换，请在工具调板的 3D 位置工具和网格调板的工具之间切换。

13.5.4 合并 3D 图层和 2D 图层

合并 3D 图层和 2D 图层有以下两种方法。

方法一：2D 文件打开时，选取【3D】➢【New Layer from 3D File】（从 3D 文件新建图层）命令，并打开 3D 文件。

方法二：2D 文件和 3D 文件都打开时，将 2D 图层或 3D 图层从一个文件拖动到打开的其他文件的文档窗口中。添加的图层移动到【Layers】（图层）调板的顶部。

将 3D 图层与一个或多个 2D 图层合并后可以创建复合效果。例如，可以对照背景图像置入模型，并更改其位置或查看角度以与背景匹配。

另外在处理包含合并的 2D 图层和 3D 图层的文件时，可以在处理 3D 图层时暂时隐藏 2D 图层以改善性能。暂时隐藏 2D 图层有以下两种方法。

方法一：选取【3D】➢【Auto-Hide Layers For Performance】（自动隐藏图层以改善性能）命令。

方法二：选择"3D 位置"工具或"相机"工具。

除此之外使用任意一种工具按住鼠标按钮时，所有 2D 图层都会临时隐藏。鼠标松开时，所有 2D 图层将再次出现。移动 3D 轴的任何部分也会隐藏所有 2D 图层。

而在 2D 图层位于 3D 图层上方的多图层文档中，可以暂时将 3D 图层移动到图层堆栈顶部，以便快速进行屏幕渲染。

Ps

13.6　创建 3D 动画

本节视频教学录像：5 分钟

使用 Photoshop 动画时间轴，可以创建 3D 动画，在空间中移动 3D 模型并实时改变其显示方式。可以对以下的任意 3D 图层属性进行动画处理。

下面通过一个实例介绍创建 3D 动画的具体操作。

实例名称：创建 3D 动画	
实例目的：学会如何创建 3D 动画	
素材	素材\ch13\灯笼.3DS
结果	结果\ch13\创建 3D 动画.gif

① 打开随书光盘中的"素材\ch13\灯笼.3DS"文件。

② 使用【Scale the 3D Object】（缩放工具）调整图像的大小。

③ 新建【Layer 1 copy】（图层 1 副本）图层，并使用【3D 滚动工具】调整图像的位置。

④ 重复步骤③的操作。制作的效果如下图所示。

⑤ 选择【Window】（窗口）➢【Animation】（动画）命令，打开动画调板并转换为帧动画调板。

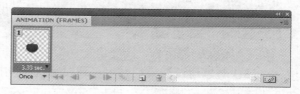

⑥ 隐藏【Layer 1】（图层 1）外的所有副本图层，并在第 1 帧的下方调整间隔时间为 0.1 秒。

⑦ 单击【Duplicates selected frames】（复制所有帧）按钮，隐藏除【Layer 1 copy】（图层 1 副本）之外的所有图层。

⑧ 重复步骤 **⑦** 的操作并设置重复次数为"永远"。制作的效果如下图所示。

⑨ 单击【Plays animation】（播放）按钮 ▶，查看动画效果。

13.7　3D 对象的渲染和输出

本节视频教学录像：10 分钟

3D 对象通过渲染后，可以通过系统所支持的格式来输出 3D 文件。

13.7.1　渲染设置

渲染设置决定如何绘制 3D 模型。Photoshop 为默认预设提供了常用设置。自定设置以创建自己的预设。

> **提示**　渲染设置是图层特定的。如果文档包含多个 3D 图层，请为每个图层分别指定渲染设置。

下面通过一个实例介绍渲染设置的具体操作。

① 打开随书光盘中的"素材\ch13\花瓶.3DS"文件。

② 单击【Scene】（场景）选项卡中的【Render Settings】（渲染设置）按钮 Render Settings...。弹出【3D Render Settings】（3D 渲染设置）对话框。

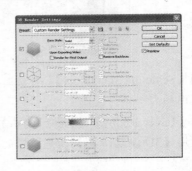

③ 根据需要对图像进行设置，设置完参数后单击【OK】（确定）按钮即可为文件进行渲染。

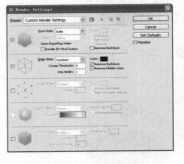

1. 选择渲染预设

标准渲染预设为"实色"，即显示模型的

可见表面。"线框"和"顶点"预设会显示底层结构。要合并实色和线框渲染，请选择"实色线框"预设。要以反映其最外侧尺寸的简单框来查看模型，请选择"外框"预设。

2. 自定渲染设置

在 3D 调板顶部，单击【Scene】（场景）按钮可进行渲染设置。

> **提示** 要在更改时查看新设置的效果，请选择"预览"，或者取消选择该选项以略微改善性能。若还要指定每一半横截面的唯一设置，请单击对话框顶部的横截面按钮 。

3. 存储或删除渲染预设

存储或删除渲染预设的方法如下。

（1）存储预设

根据自己的需要设置渲染参数，单击【Save】（存储）按钮 即可存储渲染预设。

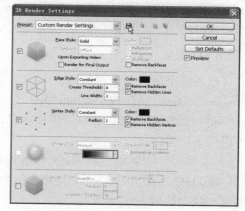

（2）删除预设

从【Preset】（预设）菜单中选择要删除的渲染预设，单击【Delete】（删除）按钮 即可删除渲染预设。

13.7.2 渲染 3D 文件

完成 3D 文件的处理之后，可创建最终渲染以产生用于 Web、打印或动画的最高品质输出。最终渲染使用光线跟踪和更高的取样速率以捕捉更逼真的光照和阴影效果。

下面通过一个实例介绍渲染 3D 文件的具体操作。

❶打开随书光盘中的"素材\ch13\吊灯.3DS"文件。

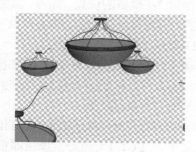

❷选择【3D】➢【Render for Final Output】（为

最终输出渲染）命令。

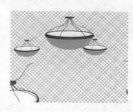

渲染完成后，可拼合 3D 场景以便用其他格式输出、将 3D 场景与 2D 内容复合或直接从 3D 图层打印。

提示 对 3D 图层所做的任何更改（例如移动模型或更改光照）都会停用最终渲染并恢复到先前的渲染设置。

另外，在导出 3D 动画时，可使用"为最终输出渲染"选项。在创建动画时，动画中的每个帧都将为最终输出进行渲染。

13.7.3 存储和导出 3D 文件

要保留文件中的 3D 内容，请以 Photoshop 格式或另一受支持的图像格式存储文件。还可以用受支持的 3D 文件格式将 3D 图层导出。

1. 导出 3D 图层

可以用以下所有受支持的 3D 格式导出 3D 图层：Collada DAE、Wavefront/OBJ、U3D 和 Google Earth 4 KMZ。选取导出格式时，需考虑以下因素。

（1）"纹理"图层以所有 3D 文件格式存储，但是 U3D 只保留"漫射"、"环境"和"不透明度"纹理映射。

（2）Wavefront/OBJ 格式不存储相机设置、光源和动画。

（3）只有 Collada DAE 会存储渲染设置。

下面通过一个实例介绍导出 3D 图层的具体操作。

① 打开随书光盘中的"素材\ch13\灯笼.3DS"文件。

② 选择【3D】➢【Export 3D Layer】（导出 3D 图层）命令。在弹出的【Save As】（存储为）对话框中为图像重命名，并选择文件存储格式。

注意 U3D 和 KMZ 支持 JPEG 或 PNG 作为纹理格式；DAE 和 OBJ 支持所有 Photoshop 支持的用于纹理的图像格式。

③ 单击【Save】（保存）按钮，在弹出的【3Dexport Options】（3D 导出选项）对话框中的【Texture Format】（纹理格式）下拉列表框中选择要导出的图像格式。

④ 单击【OK】（确定）按钮即可导出 3D 图层。

2. 存储 3D 文件

要保留 3D 模型的位置、光源、渲染模式和横截面，请将包含 3D 图层的文件以 PSD、PSB、TIFF 或 PDF 格式储存。

选择【File】（文件）➢【Save】（存储）或【File】（文件）➢【Save As】（存储为）命令，在文件类型下拉菜单中选择 Photoshop(PSD)、Photoshop PDF 或 TIFF 格式，然后单击【OK】（确定）按钮即可存储 3D 文件。

13.8　职场演练

用户在 Photoshop CS4 中除了可以导入 MAYA、3DSMAX 等软件生成的 3D 对象，还可以在 Photoshop CS4 中直接生成或转换平面图像为三维形状，包括帽子、苏打罐、葡萄酒瓶等。用户既可以使用材质进行贴图，也能够使用画笔和图章直接在三维对象上绘画，甚至可以使用【Ctrl+E】组合键直接把二维图像压入三维对象中。下面就是把两张二维图片转换成三维图像的效果图。

13.9　本章小结

本章主要讲述了 3D 图像处理的一些基本操作，包括 3D 概述、从 2D 图像创建 3D 图像、创建和编辑 3D 对象的纹理、在 3D 对象上绘图、3D 图层应用及 3D 对象的渲染和输出等内容。

本章通过对 3D 基本内容的讲解及实例操作，系统而全面地介绍了 3D 在图像处理方面的功能与应用，让读者在处理二维与三维图像时更加得心应手、游刃有余！

 读书笔记

第 14 章　提高工作效率

小马对小龙说："我在处理旅游相片时，几十张照片都要使用相同的处理方法，这种重复的工作太累了，在 Photoshop CS4 中有什么办法能够减少这种重复性的工作呢！" 小龙回答说："的确，在使用 Photoshop CS4 的过程中经常会遇到一些重复操作的问题，为了提高工作效率，Photoshop CS4 提供有一系列的动作命令，如批处理、Web 照片画廊等。"

◈ 使用【动作】调板
◈ 使用内置动作
◈ 录制动作
◈ 使用批处理
◈ 自动化处理
◈ 设置软件参数

14.1 使用【动作】调板

本节视频教学录像：6分钟

通过【Actions】（动作）调板可以快速地使用一些已经设定的动作，也可以设定一些自己的动作。

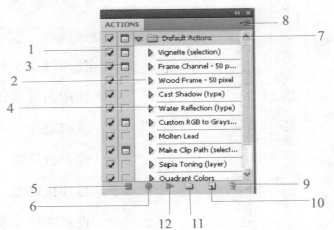

【Actions】（动作）调板中各个选项的功能如下。

1．【Toggle item on/off】（切换项目开关）

如果调板上的动作的左边有该图标，这个动作就是可执行的，否则这个动作是不可执行的。如果序列前没有 ✔ 图标，就表示该序列中的所有动作都是不可执行的。

2．展开工具

单击小三角形，如果是一个序列，那么它将会把所有的动作都展开；如果是一个动作，它将会把所有的操作步骤都展开；而如果是一个操作，它将把执行该操作的参数设置打开。可见，动作是由一个个的操作序列组合到一起的。

3．【Toggle dialog on/off】（切换对话开关）

若在该选框中出现▢图标，则在执行该图标所在的动作时，会暂时停止在有▢图标的位置。对弹出窗口的参数进行设置后单击【OK】（确定）按钮，动作则继续向下执行。若没有▢图标，动作则按照设置的过程逐步地进行操作，直至到达最后一个操作完成动作。有的图标是红色的，那就表示该动作中只有部分动作是可执行的，此时在该图标上单击，它会自动地将动作中所有的不可执行的操作全部变成可执行的操作。

4．动作操作的参数设置

形成动作各步操作的参数设置。

5．【Stop playing/recording】（停止播放/记录）按钮▣

▣是停止录制动作和记录动作的按钮，它只有在新录制动作时才是可用的。

6．【Begin recording】（开始录制）按钮●

单击该按钮，Photoshop 开始录制一个新的动作。处于录制状态时，图标呈现红色●。

7．动作文件夹名称

它显示的是当前的动作所在的文件夹的名称。图中的默认动作文件夹是 Photoshop 默认的设置，它的图标很像一个文件夹，里面包含了许多的动作。

8．【Actions】（动作）调板的下拉菜单

单击该小三角形▾☰将会弹出【Actions】（动作）调板的下拉菜单。

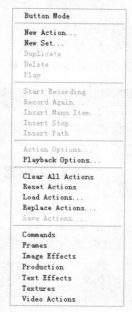

9．【Delete】（删除）按钮🗑

单击【Delete】（删除）按钮🗑，可以将当前的动作或序列，或者动作的某一步操作删除。

10．【Create new action】（创建新动作）按钮🗒

单击【Create new action】（创建新动作）按钮🗒可以在调板上新建一个动作。

11．【Play selection】（播放选区）按钮▶

当做好一个动作时，可以单击▶观看动作执行的效果。如果播放中间要停止，可以单击▣停止。

12.【Create new set】（创建新设置）按钮　　　钮　可以新建一个序列。

单击【Create new set】（创建新设置）按

14.2 使用内置动作

我们可以利用 Photoshop CS4 已经创建好的动作来快速地实现一系列的动作，这样能够大大地提高工作效率。

14.2.1 使用默认动作

在【Actions】（动作）调板中选择想要的默认动作命令，然后单击【Play selection】（播放选区）按钮 ▶ 即可实现一种效果。

下图所示为应用默认动作中的木质画框效果。

14.2.2 影像中的文字特效

Photoshop CS4 提供许多专门针对文字的动作效果。单击【Actions】（动作）调板上端的 按钮打开下拉菜单，从中选择【Text Effects】（文字效果）命令即可添加文字效果动作。

输入"ILOVEYOUFOREVER"，选择【Actions】（动作）调板中的【Water Reflection（Type）】（水中倒影（文字））动作，然后单击【Play selection】（播放选区）按钮 ▶。

ILOVEYOUFOREVER

14.2.3　为照片添加多彩的边框

给图片添加一个多彩的边框可以使图片表现得更加漂亮。在 Photoshop CS4 的动作中提供有一系列的边框命令用于添加图片的边框。

单击【Actions】（动作）调板上端的 按钮打开下拉菜单，选择其中的【Frames】（画框）命令，即可在【Actions】（动作）调板中添加一个【Frames】（画框）动作文件夹。

下图为应用【Frames】（画框）动作中的【Ripple Frame】（浪花形画框）的图像效果。

14.2.4　影像的色彩变幻

利用【Actions】（动作）调板提供的各种针对色彩调整的动作，能够为图像调整出各种不同的特殊效果。单击【Actions】（动作）调板上端的 按钮打开下拉菜单，选择其中的【Image Effects】（图像效果）命令，即可添加【Image Effects】（图像效果）动作文件夹。

动作中的【Lizard Skin】（鳞片）的图像效果。

下图为应用【Image Effects】（图像效果）

14.3　录制动作

🎥 本节视频教学录像：5 分钟

有的时候 Photoshop CS4 提供的默认动作并不能够满足使用的需要。为了达到实际工作的要求，可以自己手动录制一些动作。

自定义动作的操作步骤如下。

❶单击【Create new set】（创建新设置）按钮 　　□弹出【New Set】（新建组）对话框。

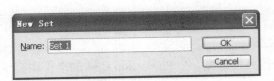

②单击【OK】（确定）按钮创建动作【组1】
文件夹。

③单击【Create new action】（创建新动作）
按钮□打开【New Action】（新建动作）对
话框。

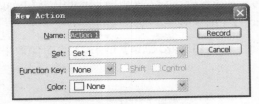

④单击【Record】（记录）按钮创建 Action 1
（动作1）。

⑤将执行的一系列命令定义为自己的动作。

⑥单击【Stop playing/recording】（停止播放/
记录）按钮■结束动作的录制工作，这样
整个动作就录制完成了。

14.4 使用批处理

🎥 本节视频教学录像：9分钟

　　使用【Batch】（批处理）命令能够对一批文件执行一个动作或者对一个文件执行一系列动作，这样能够避免许多重复性的操作。

14.4.1 认识批处理

　　选择【File】（文件）➤【Automate】（自动）➤【Batch】（批处理）命令打开【Batch】（批处理）对话框。

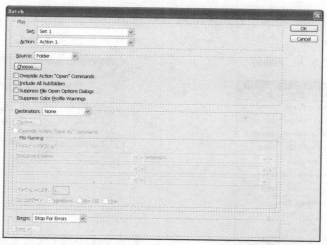

下面就对【Batch】（批处理）对话框中的设置作一些简单的介绍。

● 【Play】（播放）设置区

用于选择需要执行的动作命令。

● 【Set】（组合）下拉列表框

用于选择动作序列，这取决于用户在【Action】（动作）调板中加载的动作序列。如果用户在【Action】（动作）调板中只加载了默认动作序列，那么在此下拉列表框中就只有该动作序列可以选择。

● 【Action】（动作）下拉列表框

用于从动作序列中选择一个具体的动作。

● 【Source】（源）下拉列表框

选择将要处理的文件来源。它可以是一个文件夹中的所有图像，也可以是输入或打开的图像。

当在【Source】（源）下拉列表框中选择【Folder】（文件夹）选项时，此选项组中提供有以下一些选项。【Choose】（选取）按钮：单击该按钮可以浏览并选择文件夹；【Override Action "Open" Commands】（覆盖动作中的"打开"命令）复选项：忽略动作中的"打开"命令；【Include All Subfolders】（包含所有子文件夹）复选项：对该文件夹内所有子目录下的图像执行同样的动作；【Suppress File Open Options Dialogs】（禁止

显示文件打开选项对话框）复选项：隐藏"文件打开选项"对话框。当对相机原始图像文件的动作进行批处理时，这是很有用的。将使用默认设置或以前指定的设置；【Suppress Color Profile Warnings】（禁止颜色配置文件警告）复选项：关闭颜色方案信息的显示。

当在【Source】（源）下拉列表框中选择【Opended Files】（打开的文件）选项时，【Batch】（批处理）对话框内不提供任何选项，此时批处理命令只处理在 Photoshop 中打开的文件。

当在【Destination】（目标）下拉列表框中选择【Folder】（文件夹）选项时，以下几个选项将被激活。【Choose】（选取）按钮：单击此按钮可以浏览选择文件夹；【Override Action "Save As" Commands】（覆盖动作"存储为"命令）复选项；【File Namings】（文件命名）设置区：用于确定文件命名的方式，在该选框中提供多种命名的方式，这样可以避免重复并且便于查找。

【Errors】（错误）下拉列表框：提供遇到错误时的两种处理方案，一是遇到错误即停止，二是将错误信息保存。

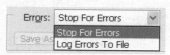

将一批格式为 JPEG 的文件转换为格式为 TIFF 格式的文件。

❶ 自定义 "文件格式转换" 动作。

❷ 选择【File】（文件）➢【Automate】（自动）➢【Batch】（批处理）命令打开【Batch】（批

处理）对话框，从中设置各种参数，更改源文件、目标文件和文件的扩展名。

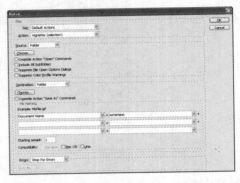

❸ 单击【OK】（确定）按钮，计算机就会自动地按照所设置的【Source】（源）和【Destination】（目标）进行相应的动作处理。

14.4.2 使用快捷批处理

创建快捷批处理命令，即是创建一个具有批处理功能的可执行程序。

快捷批处理用来将动作加载到一个文件或者一个文件夹中的所有文件之上，当然要完成执行的动作还需要启动 Photoshop 程序并在其中进行处理。但是如果要高频率地对大量的图像进行同样的动作处理，那么应用快捷批处理就可以大幅度地提高工作的效率。

选择【File】（文件）➢【Automate】（自动）➢【Create Droplet】（创建快捷批处理）命令打开【Create Droplet】（创建快捷批处理）对话框。

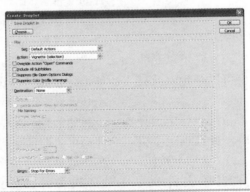

注意　一定要选中【Override Action "Open" Commands】（覆盖动作中的"打开"命令）复选项和【Override Action "Save As" Commands】（覆盖动作"存储为"命令）复选项。

该对话框与【Batch】（批处理）对话框十分相似，可以将快捷批处理理解为批处

理命令的保存形式。有了批处理就可以随时地对一个单独的文件或者一个文件夹内的所有文件进行动作处理，使源文件的选择更加灵活。

● 【Save Droplet In】（将快捷批处理存储于）设置区

用于选择一个地址保存生成的快捷批处理。

● 【Play】（播放）设置区

选择一个动作序列中的具体动作，这一系列选项与【Batch】（批处理）对话框中的选项相同，在此不再赘述。

● 【Destination】（目的）设置区

确定如何保存处理过的文件，这一系列选项与【Batch】（批处理）对话框中的选项相同，在此不再赘述。

● 【Errors】（错误）下拉列表框

与【Batch】（批处理）对话框相同，在此不再赘述。

所有的选项设置完毕，单击【OK】（确定）按钮，这样批处理就会被保存到指定的文件夹中。

使用批处理的方法很简单，只需要将准备处理的文件或文件夹拖曳至批处理文件的图标上即可。这时 Photoshop 就会自动地开始对文件夹中的图像文件进行动作处理。

14.5　自动化处理

本节视频教学录像：6 分钟

Photoshop 提供的 Web 照片画廊可以自动地创建缩览图目录，执行【Picture Package】（图片包）命令可以自动地完成图片的排列。

14.5.1　使用联系表预览缩略图

使用联系表可以通过在一页上显示一系列的缩览图来轻松地预览一组图像和对其编目。使用【联系表 II】命令，可以自动地创建缩览图并将其放在页面上。选择【File】（文件）➤【Automate】（自动）➤【Contact Sheet II】（联系表 II）命令打开【Contact Sheet II】（联系表 II）对话框。

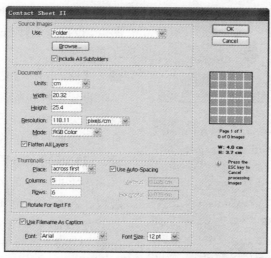

在该对话框中设定参数，然后单击【OK】（确定）按钮即可，最后产生的缩览图目录效果如下图所示。

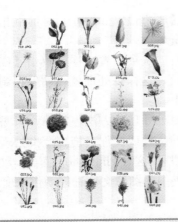

14.5.2　制作图片排列

执行【Picture Package】（图片包）命令可以将一幅图像的众多副本按照一定的布局排列在一张纸上，从而节约打印的时间和费用。在 Photoshop CS4 中【Picture Package】（图片包）命令得到了进一步的增强，现在可以在同一个【Picture Package】（图片包）命令中放置不同的图像，并且可以为图像添加标签信息。

选择【File】（文件）➤【Automate】（自动）➤【Picture Package】（图片包）命令，打开【Picture Package】（图片包）对话框。

【Picture Package】（图片包）对话框中的功能设置如下。

● 【Source Images】（源图像）设置区

在【Use】（使用）下拉列表框中可以选择【Frontmost Document】（最前面的文档）选项，以使用 Photoshop 当前工作图片作为源图像。也可以选择【Files】（文件）或【Folders】（文件夹）。

● 【Document】（文档）设置区

设置图片包的图像属性，如页面大小、版面、分辨率和颜色模式，以及确认是否拼合生成的图片包中的所有图层。

● 【Label】（标签）设置区

用来设置文件的标签信息，如文件名、版权、题注、信用和标题等。

在版面中单击图片将弹出【Select an Image File】（选择一个图像文件）对话框。

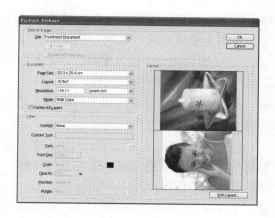

从中选择一幅图片即可替换当前缩略图，如此替换图片后，就可以制作多图片的图像包。

14.6 设置软件参数

本节视频教学录像：11 分钟

选择【Edit】（编辑）➤【Preferences】（首选项）➤【General】（常规）命令可以进行常规选项的设置，例如文件存储选项、显示与光标选项、透明区域与色域选项，以及增效工具与暂存盘选项的设置等，从而定制自己的工作环境。

14.6.1 常规设置

常规设置的参数如下图所示。

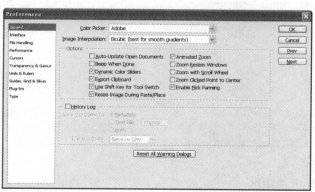

其中主要的参数设置如下。

● 【Color Picker】（拾色器）下拉列表框

如果用的是 Windows 操作系统，那么最好选用 Adobe 拾色器，因为它能根据 4 种颜色模型从整个色谱及 PANTONE 等颜色匹配系统中选择颜色。而 Windows 的拾色器只涉

及基本的颜色，而且只允许根据两种色彩模型选出想要的颜色。

● 【Image Interpolation】（图像插值）下拉列表框

当用到自由变形或图像大小命令时，图

像中像素的数目会随着图像形状的改变而改变，这时生成或删除像素的方法就叫"插值方法"。在图像插值中选择【两次立方】插值方法，它能进行最精确的处理。

● 【Export Clipboard】（导出剪贴板）复选项

选择此复选项，在退出 Photoshop 之前复制到系统剪贴板上的内容将会被系统保存，以供其他应用程序使用。

● 【Zoom Resizes Windows】（缩放时调整窗口大小）复选项

用于决定缩放文件时文件窗口是否相应地调整大小。

● 【Auto-Update Open Documents】（自动更新打开的文档）复选项

选择此复选项，当打开的文件在其他应用程序中被修改保存时，该文件在 Photoshop 中将被自动更新。

● 【Beep When Done】（完成后用声音提示）复选项

选择此复选项，执行完一次处理操作后则发出嘟嘟声。

● 【Dynamic Color Sliders】（动态颜色滑块）复选项

选择此复选项，在颜色调板中调节滑杆，颜色则会随着用户的拖曳而发生变化。

● 【Use Shift Key For Tool Switch】（使用 Shift 键切换工具）复选项

选择此复选项，可以使用【Shift】键进行成组工具之间的切换。

● 【History Log】（历史记录）设置区

用于记录和存储每一步的使用过程，同时可以随时返回到前面做过的每一步骤。

14.6.2 界面设置

界面设置的参数如下图所示。

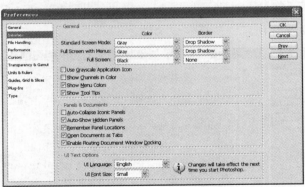

主要参数介绍如下。

● 【General】（常规）选项区

此选项主要是修改图像界面的颜色、边界、使用灰度应用图标、彩色显示通道、显示菜单颜色和显示工具提示等。

● 【Panels & Documents】（面板和文档）选项区

设置面板和文挡在界面中显示的样式。

● 【UI Text Options】（用户界面文本选项）选项区

设置用户界面语言和界面字体大小，用户更改后将在下一次启动 Photoshop 时生效。

14.6.3　文件处理设置

文件处理设置的参数如下图所示。

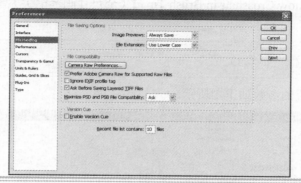

● 【Image Previews】（图像预览）下拉列表框

选择【Always Save】（总是存储）选项，Photoshop 在保存文件时都会同时保存一张缩略图。这样在下一次执行【File】（文件）▶【Open】（打开）命令选择该文件时，对话框中会显示该文件的缩略图，即提供图像预览。否则，将无法提供图像预览。

● 【File Extension】（文件扩展名）下拉列表框

用于选择文件的扩展名是大写还是小写。

● 【Ask Before Saving Layered TIFF Files】（存储分层的 TIFF 文件之前进行询问）复选项

选择【Ask Before Saving Layered TIFF Files】（存储分层的 TIFF 文件之前进行询问）复选项，则会兼容所有的 TIFF 文件。

● 【Enable Version Cue】（启用 Version Cue）复选项

选择此复选项，可以设置以何种方式与服务器联系以便共同处理文件。

● 【Recent File List Contains】（近期文件列表包含）参数框

用于确定【File】（文件）▶【Open Recent】（最近打开的文件）命令中所包含的最近打开过的文件个数。

14.6.4　光标设置

光标设置的参数如下图所示。

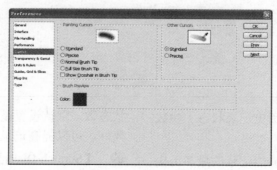

【Painting Cursors】（绘画光标）和【Other Cursors】（其他光标）选项区：选择【Standard】（标准）单选项，使用的工具将以实际形态出现；选择【Precise】（精确）单选项，绘画工具将以十字形光标显示；选择【Normal Brush Tip】（正常画笔笔尖）单选项，光标将以标准的画笔尺寸显示；选择【Show Crosshair in Brush Tip】（全尺寸画笔笔尖）单选项，光标将以画笔的实际尺寸显示。

14.6.5 透明度与色域设置

透明度与色域设置的参数如下图所示。

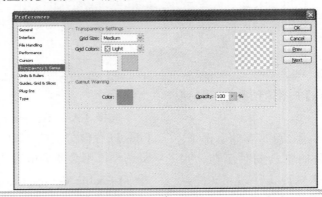

● 【Transparency Settings】（透明区域设置）设置区

在【Grid Size】（网格大小）下拉列表框中设置网格大小，在【Grid Color】（网格颜色）下拉列表框中为网格选择一种颜色。

● 【Gamut Warning】（色域警告）设置区

如果图像中使用了显示器可以显示但在打印机上无法打印的颜色时将给出警告。

14.6.6 性能设置

性能设置的参数如下图所示。

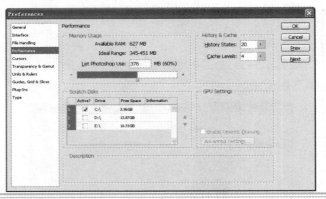

● 【History States】（历史记录状态）参数框

用来设置 Photoshop 能记录的最多历史状态数，默认设置是 20。如果计算机的性能较好，可以提高记录数。

● 【Scratch Disks】（暂存盘）设置区

在处理图像的过程中如果内存不足，Photoshop 会将计算机的硬盘分区作为虚拟内存使用，前提是该分区中尚有足够的使用空间。

● 【Cache Levels】（高速缓存设置）参数框

在进行颜色调整或图层调整时，Photoshop 使用高速缓存来快速地更新屏幕。对于 10MB 以下的文件而言，【高速缓存】级别设为 4 最佳。否则在进行颜色调整或图层调整时速度缓慢。

● 【Memory Usage】（内存使用情况）设置区

一般设为 50%即可。如果计算机的内存不够，则可加大百分比，但这样会影响其他应用程序的使用。

14.7　职场演练

请柬设计

在中国传统文化中，礼尚往来是人们生活交际特别重要的一个环节，特别是在一些重要的活动中，经常需要邀请很多亲朋好友，这时一张请柬起到了很重要作用。请柬设计的好坏往往可以直接体现出所举办活动的水平和层次。

请柬设计中的图案的选择直接反映活动的内容。如举办婚礼时发出的邀请函，通常选取大家喜闻乐见的一些吉祥图案，如鸳鸯戏水、喜鹊等图案，然后配上一个大的双喜字，就把结婚喜庆吉祥的气氛渲染得淋漓尽致。

请柬设计中字体的版式编排有很严格的规定，根据不同地方的文化风俗其设计也不尽相同，但通常需要把被邀请人的名字写在邀请人名字的前边，体现对被邀请人的尊重。

本实例讲述如何设计制作一张漂亮的结婚请贴卡片。

简单制作过程如下。

(1) 新建文件。新建一个 14cm×20cm 大小的文件；

(2) 打开随书光盘中的"素材\ch14\戒指.jpg、卡通.jpg、卡通 1.jpg 和玫瑰花.jpg"图像，并使用【Free Transform】（自由变换）命令调整图像的大小；

(3) 添加【图层蒙版】将两个图层巧妙地融合；

(4) 使用【Horizontal Type Tool】（横排文字工具）输入文字并编辑文本。

14.8　本章小结

本章主要介绍了如何使用【Actions】（动作）调板、使用内置动作、使用批处理功能以及设置软件相关参数等内容。本章知识点较多，建议在操作过程中读者自行总结归纳重点命令的运用，以提高学习的效率。

第 15 章　网页输出

小马对小龙说："我的照片都处理好了，想输出到网页上，在 Photoshop CS4 中能够完成吗？"小龙回答说："使用 Photoshop 和 ImageReady 可以精确地控制图像在 Web 页面上的显示方式。在这两个应用程序中都可以指定切片和切片表结构，以确保导出的 HTML 或 XHTML 文件的功能正常。"

◎ 制作 Web 照片画廊

◎ 制作切片

15.1　创建 Web 照片画廊

📹 本节视频教学录像：12分钟

　　用户使用Photoshop可以创建自己的Web照片画廊，以便把快乐和他人分享。Photoshop CS4
为Web照片画廊提供有更精致的模板。

15.1.1　关于 Web 照片画廊

　　【Web Photo Gallery】（Web照片画廊）是一个 Web 站点，它具有一个包含缩览图图像的
主页和若干包含完整大小图像的画廊页。每页都包含链接，使访问者可以在该站点中浏览。例
如，当访问者点按主页上的缩览图图像时，关联的完整大小图像便会载入画廊页。如下图所示
是一个创建好的Web画廊。

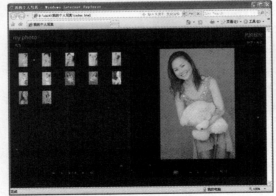

15.1.2　创建 Web 照片画廊

下面讲解使用Adobe Bridge创建Web照片画廊的具体操作。

实例名称：创建 Web 照片画廊		
实例目的：学会如何使用 Adobe Bridge 创建 Web 照片画廊		
	素材	素材\ch15\个人写真\01～12.jpg
	结果	结果\ch15\我的个人写真.html

① 单击左上角的 Br 按钮，启动 Adobe Bridge 工作界面。

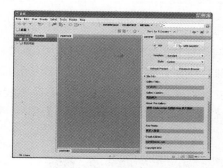

② 在左边的文件夹列表下选择要使用的文件或文件夹，选中本书"光盘\素材\ch15\个人写真"文件夹。

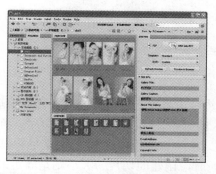

③ 在界面右侧的"【Output】（输出）"对话框内选中 WEB GALLERY 按钮，拖曳右侧的滑块，依次在下面的各个对话框中添加相关信息。

④ 添加完毕后，在最下面的"【Create Gallery】（创建画廊）"对话框中为画廊添加名称、存储保存路径，然后单击 Save 按钮即可。

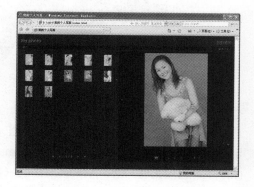

15.2　制作切片

本节视频教学录像：11 分钟

概念小贴士

切片

所谓【切片】是根据图层或参考线精确选择的区域，或者用【Slice Tool】（切片工具） 创建的趋向区域。

在 ImageReady 中可以将图像分割成独立的切片，用不同的网页图像格式优化每个切片。

每个切片可以被制成动画，然后链接到 URL 地址或用于制作翻转按钮等。

15.2.1 切片类型

使用切片工具创建的切片称为用户切片，从一个图层创建的切片称为图层切片。当创建一个新的用户切片或图层切片时，图像的其他区域会产生自动切片，自动切片会填补图像中未被用户切片或图层切片定义的空间。在每次添加或编辑用户切片或图层切片时都会重新生成自动切片，自动切片不能被编辑。图像中图层切片和用户切片是用实线边框定义的，而自动切片则是用虚线边框定义的。

15.2.2 创建切片

1. 从参考线中创建切片

在 Photoshop 中可以把参考线之间的所有区域创建成用户切片。打开一幅图像，执行【View】（视图）➢【Rulers】（标尺）命令使工作窗口显示标尺，然后将鼠标指针移到标尺上，按住鼠标左键并拖曳，这样就可以拉出参考线。再按设计要求在图像上拉出几条参考线，选择【Slice Tool】（切片工具）🔪，然后单击工具选项栏上的【Slices Form Guides】（基于参考线的切片）选项即可。

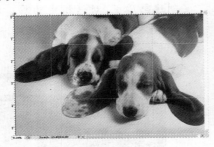 

2. 使用切片工具创建切片

选中工具箱中【Slice Tool】（切片工具）🔪，然后在需要创建切片的位置直接切割即可。当切片工具选项栏的样式选项为【Normal】（正常）的时候，可以任意地创建切片；当选项栏上的样式选项为【Fixed Aspect Ratio】（约束长宽比）时，创建的切片的长宽比是被限定的；当选项栏上的样式选项为【Fixed Size】（固定大小）时，创建的切片的大小则是固定的。

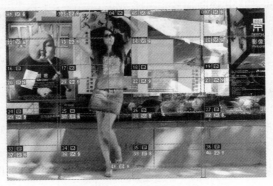

15.3　职场演练

名片制作

　　随着社会的发展，人们对名片的要求也越来越高，很多人已经不满足于原来那种单色调的普通名片了，而是希望自己的名片色彩更加丰富，印刷效果更加精致。

　　过去的名片设计大多以简单扼要为主，现在所使用的名片，比以往则有趣多了，字体表现、色块表现、图案表现、色彩表现、装饰表现，甚至是排版的变化，使名片不再是一张简单而没有生气的纸片，它变成人与人初次见面时加深印象的一种媒介。

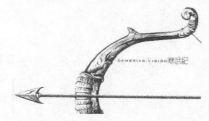 

　　一般名片的尺寸为 90mm×55mm。

　　名片设计必须做到文字简明扼要，字体层次分明，强调设计意识，艺术风格要新颖。

　　名片设计的基本要求应强调 3 个字：简、功、易。

　　简：名片传递的主要信息要简明清楚，构图完整明确。

　　功：注意质量、功效，尽可能使传递的信息明确。

　　易：便于记忆，易于识别。

　　常见的名片的构图方式如下。

（1）横版构图。

（2）竖版构图。

(3) 稳定形构图。

稳定形构图是画面的主题及标志在画面的中上部，下部是辅助说明文案，标志、主题和辅助说明文案各有区域分割。

(4) 长方形构图。

长方形构图是指由主题、标志和辅助说明文案构成相对完整的长方形，文字及图形更加内向集中，这种构图画面完整利落。

(5) 椭圆形构图。

椭圆形构图是指由主题、标志和辅助说明文案构成相对完整的椭圆形，文字及图形更加内向集中，这种构图画面更加完整。

(6) 半圆形构图。

半圆形构图是指辅助说明文案构成在一个半圆图案区域，与主题、标志构成相对的半圆。

(7) 左右对分形构图。

这种构图是指标志、文案左右分开。

(8) 斜置形。

它是一种主题、标志和辅助说明文案按区域斜置放置，外框对齐的强有力的动感构图方式。

(9) 三角形构图。

三角形构图是指由主题、标志和辅助说明文案构成相对完整的三角形的外向对齐的构图。

(10) 轴线形。

轴线形分两类，中轴线形与不对称轴线形。

中轴线形：在画面中央设一条中轴线，名片的主题、标志和辅助说明文案以中轴线为准居中排列。

不对称轴线形：名片的主题、标志和辅助说明文案都排在一条实际的纵线的一边。习惯上把主题、标志和辅助说明文案排在轴线的右边，一律向左看齐，也可以反过来向右看齐。

名片的构图在名片的设计中是至关重要的，好的名片构图可以使名片呈现不同的风格，不同的视觉感，可以说名片设计的成功与否首先取决于名片构图的好坏。在此告诉读者，若想体现名片的主题风格，体现自我，在设计时必须选择合适的构图形式，以达到最佳的效果。

15.4　本章小结

除了本章所介绍的知识外，在 Photoshop CS4 中还可以导入多种类型的文件，也可以将绘制的图形以多种形式导出，另外还可以在 Photoshop CS4 中把文本和图片发布到网上供他人浏览等。本章内容非常实用，建议读者参照操作步骤学习掌握后，在实际工作中多加练习。

第 4 篇　案例篇

学习过入门篇、功能篇和精通篇的内容之后，读者一定会对如何绘制出漂亮的图形很感兴趣。本篇综合运用前 3 篇的知识和技巧着重介绍海报招贴及广告设计、书籍装帧设计、房产广告和包装设计的绘制方法。

　　学习是为了应用，为了工作。本篇精选了 Photoshop CS4 在行业应用中的典型案例，手把手教大家如何从一名学生变成一名工作者。

　　通过对本篇的学习，读者应能更加熟练地掌握 Photoshop CS4 的使用方法和绘制设计图形的要领。

第 16 章　数码照片修饰

马学完 Photoshop CS4 的各种操作好一段时间了，可仍没能做出什么和职业相关的作品来，于是对小龙说："小龙，我的 Photoshop CS4 学得差不多了，但还是不能做出好的作品，怎么办呢？"小龙对小马说："下面的 6 章内容我们就来学习使用 Photoshop CS4 做出几个大型的综合实例来，而且是和职业相关的哦，小马，准备开始学了吗？"小马开心地说："准备好了，我们开始吧！"

- ◈ 艺术照片制作
- ◈ 照片修复
- ◈ 照片合成

平时我们所拍摄的照片或多或少都会有一些不足，如色彩饱和度不够，画面构图不合理，人物有红眼等。为此就需要在后期的处理过程中下一番工夫，使照片更清晰，画面更合理。本章介绍如何完成图像后期的加工处理。

16.1 艺术照片制作

本节视频教学录像：31 分钟

在现实的生活中，很多的影像效果单凭照相机是无法实现的，但是通过一定的电脑处理往往能够达到意想不到的效果。本节介绍高级柔滑皮肤技巧、制作光晕梦幻效果、仿制旧照片和处理背光照片等内容。

16.1.1 高级柔滑皮肤技巧

本实例主要是学会利用通道、修复画笔等工具，把一张面部粗糙的人像照片修复成为一张具有皮肤柔滑效果的图像。

实例名称：	高级柔滑皮肤技巧
实例目的：学会利用通道修复画笔等工具，把一张面部粗糙的人像照片修复成为一张具有皮肤柔滑效果的图像	
素材	素材\ch16\1.jpg
结果	结果\ch16\高级柔滑皮肤技巧.jpg

① 打开随书光盘中的"素材\ch16\1.jpg"文件，可见雀斑的存在严重地破坏了人物的面部形象，下面要做的就是去掉脸上的雀斑，还女孩一张漂亮的脸。

② 打开【Channel】（通道）调板，观察 3 个通道中雀斑的不同，可以看到【Green】（绿色）通道和【Blue】（蓝色）通道中的雀斑表现得十分明显，而在【Red】（红色）通道中表现得不明显，所以就可以利用【Red】（红色）通道来完成对图像的修复工作。

③ 选中【Red】（红色）通道，选择【Healing Brush Tool】（修复画笔工具）🖊，设定其【Hardness】（硬度）属性为"50%"，这样可以保证修复的效果更加的自然柔美。在去掉雀斑的过程中要以雀斑的密集程度和分散区域为依据，来回地更换笔刷大小和取样部位，并注意保持人物脸部的阴影。

④回到 RGB 图像，在【Layers】（图层）调板中将原雀斑女孩所在的背景图层复制，得到【Background Copy】（背景副本）图层，然后重新选择背景图层为当前工作图层并隐藏【Background Copy】（背景副本）图层。

⑤选择【Lasso Tool】（套索工具）🅿，围绕存在雀斑的脸部区域建立选区，然后选择【Select】（选择）➢【Feather】（羽化）命令打开【Feather】（羽化）对话框，设定【Feather Radius】（羽化半径）为"20"像素以柔化选区边界，这样做的目的是在去掉雀斑的同时利用选区以外的颜色来保持图像的色调不发生太大的变化。

⑥保持选区，在【Channel】（通道）调板中单击【Red】（红色）通道，按【Ctrl+C】组合键将红色通道中的选区图像复制到剪贴板中。然后分别单击【Green】（绿色）通道和【Blue】（蓝色）通道，在这两个通道中均按【Ctrl+V】组合键，将【Red】（红色）通道内的选区图像粘贴到这两个通道中，回到 RGB 图像。此时的图像效果如下图所示。

⑦按【Ctrl+D】组合键取消选区，将【Background Copy】（背景副本）图层显示并确定为当前图层，选择【Filter】（滤镜）➢【Gaussian Blur】（高斯模糊）命令，在弹出的对话框中设置【Radius】（半径）为"6.5"像素，单击【OK】（确定）按钮，此时的图像效果如下图所示。

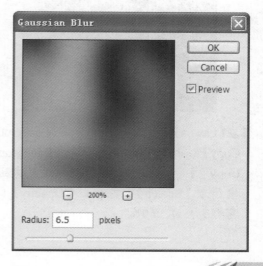

⑧ 在【Layers】（图层）调板中选择【Background Copy】（背景副本）图层的混合模式为【Color】（颜色），可见此时人脸的雀斑已经得到了清除，只不过是图像的色调显得有点不自然，皮肤有点粗糙，不过没关系，我们可以很容易地再次美化图片。

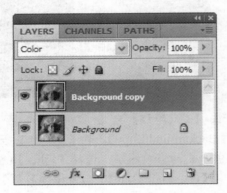

⑩ 选择【Eraser Tool】（橡皮擦工具）分别将【Background Copy 2】（背景副本 2）图层中的眼睛和嘴唇部位擦除，露出人物原本的眼睛和嘴唇。至此就完成了对雀斑的清除工作，并进一步地柔化了图片，使人物形象大为改观。

⑨ 在【Layers】（图层）调板中复制【Background Copy】（背景副本）图层得到【Background Copy 2】（背景副本 2）图层，设置其混合模式为【Screen】（滤色），【Opacity】（不透明度）为"60%"。

针对人物面部有大面积缺陷的图像，一般情况下问题都在蓝色通道和绿色通道中，红色通道的效果稍微好一些。所以我们就可以利用这一点来修复蓝色通道和绿色通道，最终完成对问题通道的修改，这是解决此类问题的根本。

16.1.2　制作梦幻效果

本实例主要学会为数码照片制作梦幻效果。

实例名称：梦幻效果		
实例目的：学会使用数码照片制作梦幻效果		
	素材	素材 ch16\2. jpg 和 3. jpg
	结果	结果\ch16\制作梦幻效果. jpg

① 打开随书光盘中的 "素材\ch16\2.jpg 和 3.jpg" 文件。

② 选择【Magnetic Lasso Tool】(磁性套索工具)，在工具选项栏上将【Width】(宽度) 值设置为 "20"，选择 "2.jpg" 图像中的人物区域，然后执行【Select】(选择) ▷【Modify】(修改) ▷【Feather】(羽化) 命令，将【Feather Radius】(羽化半径) 设置为 "2"，这样人物和背景图层的搭配才会显得不突兀。

③ 选择【Move Tool】(移动工具)，将选择的图像拖曳到 "3.jpg" 图像中，然后按【Ctrl+T】组合键调节图像的大小和位置。

④ 接下来修改图像的整体色调。单击【Layers】(图层) 调板上的【Create New Fill or Adjustment Layer】(创建新的填充或调整图层) 按钮，然后选择【Hue/Saturation】(色相/饱和度) 命令。

单击【创建新的填充或调整图层】按钮

⑤弹出【Hue/Saturation】(色相/饱和度) 对话框, 勾选【Colorize】(着色) 复选项, 并设置颜色参数。

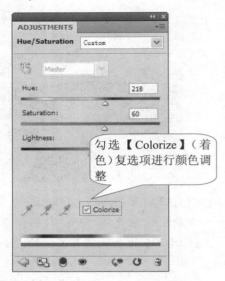

勾选【Colorize】(着色)复选项进行颜色调整

⑥新建一个图层, 将【Set Foreground Color】(前景色) 设置为 "248,253,112"。选择【Brush Tool】(画笔工具) ✎, 选择相应的画笔大小, 绘制光点效果。

⑦选择【Filter】(滤镜)➢【Render】(渲染)➢【Lighting Effects】(光照效果)命令打开【Lighting Effects】(光照效果)对话框, 设

置效果。

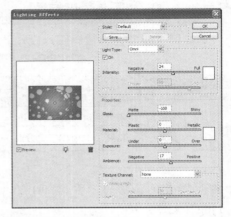

⑧合并所有图层, 然后选择【Image】(图像)➢【Adjustments】(调整)➢【Brightness/Contrast】(亮度/对比度)命令, 调整图像的亮度和对比度, 至此一幅梦幻图像就制作完成了。

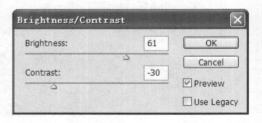

16.1.3　仿制旧照片

本实例主要学习通过图像的【Adjust】（调整）命令以及滤镜的特殊效果来做一张旧照片。

实例名称：仿制旧照片	
实例目的：学会通过图像的【Adjust】（调整）命令以及滤镜的特殊效果来做一张旧照片	
素材	素材\ch16\4.jpg
结果	结果\ch16\仿制旧照片.jpg

❶打开随书光盘中的"素材\ch16\4.jpg"图像。

❷选择【Image】(图像)➢【Adjustments】(调整)➢【Desaturate】（去色）命令，将图像变为黑白色。

❸选择【Image】（图像）➢【Adjustments】（调整）➢【Hue/Saturation】（色相/饱和度）命令打开【Hue/Saturation】（色相/饱和度）对话框，选择【Colorize】（着色）复选项，调整参数。

❹选择【Image】（图像）➢【Adjustments】（调整）➢【Curves】（曲线)命令打开【Curves】（曲线）对话框，在这里增强图像的明暗对比效果，设置参数。

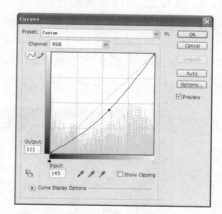

❺下面来增加图像中的"脏"的感觉。选中【Channel】（通道)调板，新建 Alpha 通道，然后选择【Filter】（滤镜）➢【Render】（渲染）➢【Clouds】（云彩）命令。

⑥ 按下【Ctrl】键，单击【Alpha1】通道载入选区，选择【RGB】通道同时隐藏【Alpha1】通道,切换回图层，然后选择【Filter】（滤镜）➢【Noise】（杂色）➢【Add Noise】（添加杂色）命令，在背景图层上添加杂色效果，按下【Ctrl+D】组合键取消选区。

⑦ 新建通道 Alpha2，选择【Filter】（滤镜）➢【Render】（渲染）➢【Clouds】（云彩）命令，按下【Ctrl】键同时单击【Alpha2】通道载入选区，选择【RGB】通道同时隐藏【Alpha1】与【Alpha2】通道，切换回图层，然后按下【Ctrl+M】组合键弹出【Curves】（曲线）对话框，设置参数。

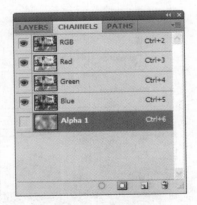

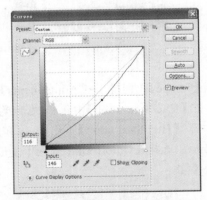

⑧ 按下【Ctrl+Shift+I】组合键反选选区，然后调出【Curves】（曲线）对话框，设置参数。

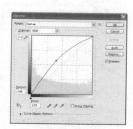

⑨ 取消选区，一幅效果图就制作完成了。

　　在制作旧照片的时候，首先要使照片具有怀旧的色彩感觉，其次要制作出"脏"的效果，这些主要是通过【Noise】（杂色）命令来完成的，最后要实现局部区域的明暗对比效果。

16.1.4　处理背光照片

　　在生活中背光照片是很常见的问题，有时也是让大家很头疼的事。这里我们可以通过通道和图像调整命令来解决。

实例名称：处理照相中的背光照片		
实例目的：学会处理照相中的背光照片		
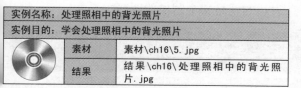	素材	素材\ch16\5.jpg
	结果	结果\ch16\处理照相中的背光照片.jpg

① 打开随书光盘中的"素材\ch16\5.jpg"图像。

② 选择【Channel】（通道）调板，按下【Ctrl】键并单击 RGB 复合通道，载入选区，然后切换回【Layers】（图层）调板。

❸按下【Ctrl+Shift+I】组合键反选选区，然后选择【Select】（选择）➤【Modify】（修改）➤【Feather】（羽化）命令，弹出【Feather】（羽化）对话框，设置【Feather Radius】（羽化半径）为"10"。

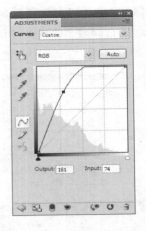

❹单击【Layers】（图层）调板中的【Create New Fill or Adjustment Layer】（创建新的填充或调整图层）按钮，创建【Curves 1】（曲线 1）并打开调整【Curves】（曲线）对话框，参数设置及最终效果如下图所示。

　　在现实生活中会经常遇到背光问题，主要在于如何创建背光区域的选区，而利用复合通道是一种很好的方法，复合通道其实所表达的就是整个图像的明暗关系。

16.2　照片修复

📹 **本节视频教学录像：25分钟**

　　我们的生活照总会存在着许多不足，比如过旧、图像的取景不佳、镜深不够、红眼等，本节介绍如何处理这些问题。

16.2.1　旧照片翻新

　　我们都有许多的旧照片，可以利用 Photoshop 将它们变成新的照片。比如可以将爸爸妈妈年轻时候的照片翻新，然后作为结婚纪念日的礼物送给他们，他们一定很喜欢。

实例名称：旧照片翻新		
实例目的：学会处理旧照片翻新效果		
💿	素材	素材\ch16\6.jpg
	结果	结果\ch16\旧照片翻新.jpg

❶打开随书光盘中的"素材\ch16\6.jpg"图像。

❷首先翻新上衣。使用【Pen Tool】(钢笔工具)建立上衣路径，按下【Ctrl+Enter】组合键将路径转换为选区，新建一个图层并命名为"上衣"，颜色填充为"255,132,0"，然后调整图层的混合模式为【Color Burn】(颜色加深)，按下【Ctrl+D】组合键取消选区。

> **注意** 【Pen Tool】(钢笔工具)：常常用于制作一些复杂的线条，用它可以画出很精确的曲线。
>
> 【Freeform Pen Tool】(自由钢笔工具)：画出的线条就像用铅笔在纸上画的一样。
>
> 【Delete Anchor Point Tool】(删除锚点工具)：可以在路径上删除任何锚点。

❸使用【Pen Tool】(钢笔工具)创建裙子的路径选区，新建图层"裙子"，颜色填充为"235,0,190"，然后调整图层的混合模式为【Color Burn】(颜色加深)，按下【Ctrl+D】组合键取消选区。使用同样的方法新建图层"头巾"并修改头巾的颜色。

❹使用钢笔路径创建胳膊、腿和头部的选区，新建图层"身体"，颜色填充为棕色"35,25,0"，然后调整图层的混合模式为

【Color】(颜色)，按下【Ctrl+D】组合键取消选区。

❺按下【Ctrl+Shift+E】组合键合并所有图层，然后使用【Blur Tool】(模糊工具)，在两种颜色的交接处进行模糊操作，使两种颜色能够自然地融合，下图所示为调整后的效果。

　　在旧照片翻新的时候要注意颜色的搭配，保留原来黑白图像的明暗变化效果，处理好不同颜色区域的交接位置，使其能够自然地融合。

新编 **Photoshop CS4** 从入门到精通

16.2.2 景深强化

景深是指对焦在主体景物上时，画面内景物前后清晰的范围。景深与物体至相机的距离、相机使用的焦距和光圈这三要素密切相关。

光圈越大，景深就越短，因此可以利用短景深来使前景、后景模糊，以起到强化主体物的目的；镜头的焦距越短，景深就越长，因此使用广角镜头拍出的照片就比长焦镜头拍出的照片显得更为清晰锐利；主体物与相机的距离越近，景深就越短，因此要想拍出背景非常模糊的人像照片除了要尽可能地使用大光圈外，最好还要使用长焦距的镜头。同时，人物要离相机尽可能远一点，然后再用长焦距将人像拉近，这样拍出来的照片就能如愿以偿。

也许大家经常会看到一些主体十分清晰而背景模糊的照片，觉得这样的效果非常好，十分有效地突出了主体而忽略了其他不相关的背景。要拍摄这样的照片就需要了解什么是景深。

实例名称：景深强化		
实例目的：学会处理景深强化效果		
	素材	素材\ch16\7.jpg
	结果	结果\ch16\景深强化.jpg

❶打开随书光盘中的"素材\ch16\7.jpg"图像，使用【Lasso Tool】（套索工具）仔细地沿着人像的身体边缘圈选。选择【Select】（选择）➤【Feather】（羽化）命令打开【Feather】（羽化）对话框，从中设定【Feather Radius】（羽化半径）为"5"，然后按下【Shift+Ctrl+I】组合键反选背景，如下图所示。

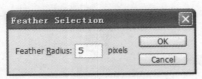

❷选择【Filter】（滤镜）➤【Blur】（模糊）➤

【Gaussian Blur】（高斯模糊）命令弹出【Gaussian Blur】（高斯模糊）对话框，设置【Radius】（半径）为"3"像素，对背景进行模糊，如下图所示。

❸为了进一步突出人物主体，可以将背景的亮度变暗一点。选择【Image】（图像）➤【Adjustments】（调整）➤【Brightness/Contrast】（亮度/对比度）命令，打开【Brightness/Contrast】（亮度/对比度）对话框，设置【Brightness】（亮度）为"-8"，【Contrast】(对比度)为"9"，如下图所示。

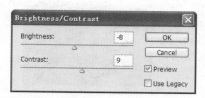

④按下【Ctrl+D】组合键取消选区，选择【Blur Tool】（模糊工具），将其选项栏中的【Strength】（强度）设置为"20%"，对图像的边缘部分进行模糊，使得边缘部分不至于给人一种突兀的感觉。至此图像就调整好了，效果如下图所示。

16.2.3　小耗损扩大图片

本实例主要学会如何把小图片"小耗损"扩大为大图片，以供所需。

实例名称：小耗损扩大图片		
实例目的：学会如何把小图片"小耗损"扩大为大图片，以供所需		
	素材	素材\ch16\8.jpg
	结果	结果\ch16\小耗损扩大图片.jpg

①打开随书光盘中的"素材\ch16\8.jpg"图像。

②选择【Image】（图像）➢【Image Size】（图像大小）命令，在打开的【Image Size】（图像大小）对话框进行参数设置。需注意两点：一是要选中【Resample Image】（重定图像像素）复选项，并把插补方法设定为【Bicubic】（两次立方）；二是把文档大小的单位设置为【Percent】（百分比），并且只

采用 110 这个百分比，即只把图像增大10%。

③要使图像足够大，就需要不断地扩大，因此最好把上述操作过程定义为一个动作。这样每执行一次动作图像就会增大10%。

④执行 10 次动作之后，图像大小就会变为 26.78cm × 41.86cm。

16.2.4 修复红眼

由于 Photoshop CS4 提供了颜色替换工具，我们通过它可以修复照片中的红眼。

实例名称：修复红眼		
实例目的：学会如何修复红眼		
	素材	素材\ch16\9.jpg
	结果	结果\ch16\修复红眼.jpg

①打开随书光盘中的"素材\ch16\9.jpg"图像。

②选择工具箱中的【Zoom Tool】（缩放工具）
　，单击要修复的眼睛，将其放大以便于查看。

③选择工具箱中的【Red Eye Tool】（红眼工具）　，然后设置选项栏中的参数。

④在人物眼睛的红色区域上拖曳【Red Eye Tool】（红眼工具）直到修复好眼睛，至此红眼就修复好了。

16.3　照片合成

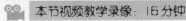
本节视频教学录像：16分钟

　　在很多的时候由于受场地的限制及数码相机自身性能等原因，往往无法拍摄出一张表现全部景物的照片以及自己所需的理想照片。所以大家看到画幅很宽、表现恢弘风光的全景的合成照片都会产生出自己也要学会拍摄合成这样的照片的愿望。学习了本节的内容，大家就能轻松地合成一张全景图像，而且还可以合成出山川造型的照片效果。

16.3.1　更换新娘背景

所谓图片合成，大致的意思就是将处于不同环境、不同光照等各种不同条件下的两张或多张图片组合成一张新的图片。当然也可以是各张图片中的某个部分的组合。在此过程中需要注意的是：不仅要使合成后的图片的色调协调，而且也要和所处的环境与光感及光照的位置协调，使其在合成后看上去仍然是一个自然、和谐的整体。

对于一张漂亮的外景新娘照片，只要更换照片的背景就可以得到在教堂里拍摄的效果。本实例讲解如何快速更换新娘背景。

实例名称：更换新娘背景		
实例目的：主要使用【调整工具】和【高斯模糊】命令快速更换新娘背景		
	素材	素材\ch16\10.jpg 和 11. jpg
	结果	结果\ch16\更换新娘背景. jpg

❶选择【File】（文件）➤【Open】（打开）命令（或按快捷键【Ctrl+O】），打开随书光盘中的"素材\ch16\10.jpg 和 11.jpg"2 个素材文件。

❷选择【Magnetic Lasso Tool】（磁性套索工具）🔲，设置【Width】（宽度）为"20"，在图像区域内选择人物的图像部分。

❸选择【Select】（选择）➤【Modify】（修改）➤【Feather】（羽化）命令打开【Feather Selection】（羽化选区）对话框，设置【Feather Radius】（羽化半径）为"5"像素，将上面创建的选取进行羽化处理，然后使用【Move Tool】（移动工具）🔲将选取的图像拖曳到"10.jpg"素材文件中，并调整其大小位置。

④分别选择【Image】（图像）➤【Adjustments】（调整）➤【Color Balance】（色彩平衡）命令和【Image】（图像）➤【Adjustments】（调整）➤【Curves】（曲线）命令调整新娘图像的色彩和亮度，使新娘图像和背景图像保持在一个色调范围内。

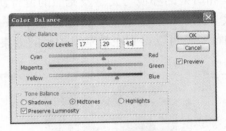

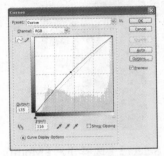

⑤选中背景图层，选择【Filter】（滤镜）➤

【Blur】（模糊）➤【Gaussian Blur】（高斯模糊）命令，设置【Gaussian Blur】（高斯模糊）半径为"1.5"像素，为背景图像添加高斯模糊效果，制作出照相机的景深效果，至此一幅完整的效果图就制作完成了。

16.3.2　全景图像拼合

　　由于受照相机视野的限制，一般不能够拍摄大幅面的图像，但是我们能够水平地拍摄多张图像，再将它们拼合到一起就能够得到想要的大幅面图像了。但是要记住：在拍摄水平图像的时候，要尽量保持镜头的水平而且图像之间要有一定的重叠，这样才有利于后期的处理工作。

实例名称：全景图像拼合	
实例目的：主要学习制作全景图像拼合效果	
素材	素材\ch16\12.jpg、13.jpg和14.jpg
结果	结果\ch16\全景图像拼合

①打开随书光盘中的"素材\ch16\12.jpg、13.jpg和14.jpg"3幅要拼合的图像。

④将中间图像的【Opacity】（不透明度）调整为"50%"，通过半透明状态让其在接缝处与右侧的图像对齐，将两者拼合到一起。

②将其中一幅图像的画布扩大 3 倍，然后将其他 2 幅图像拖曳进去。

⑤使用同样的方法将左侧的图像也调整好。

③通过观察可以看到右边的图像在色调上与另外两幅图像不符，为此可按下【Ctrl+M】组合键打开【Curves】（曲线）对话框，然后调整色调。

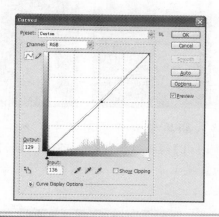

⑥使用【Crop Tool】（裁切工具）将无用的边缘部分裁切，至此一张完整的图片就拼合完成了。

16.4　个人写真的制作

 本节视频教学录像：32 分钟

本节主要讲述如何制作个人写真。

有了很多数码照片后是不是想做本个人写真集呢？本实例主要学习制作个人写真集的全过程。

实例名称：个人写真集的制作	
实例目的：主要学习制作个人写真集	
素材	素材 \ch16\15.jpg 、 16.jpg、 17.jpg、18.jpg 和 19.jpg
结果	结果\ch16\个人写真集的制作.jpg

① 打开随书光盘中的"素材\ch16\15.jpg"和 "素材\ch16\16.jpg"两幅素材图片。

② 将人物图像拖曳到背景中，然后按下 【Ctrl+T】组合键执行【Free Transform】（自 由变换）命令，将人物图像调整到合适的 大小。

③ 单击【Add Layer Mask】（快速蒙版）按钮 ◙ 创建图层蒙版，选择【Brush Tool】（画 笔工具）✐，将画笔工具的前景色设置为 黑色█，然后编辑图层蒙版。

④ 选择【Horizontal Type Tool】（文字工具） Ｔ，在画布上输入文字并调整文字大小、 字体及摆放位置，并将背景图层适当模糊。

⑤ 打开随书光盘中的"素材\ch16\17.jpg"和 "素材\ch16\18.jpg"另一组素材图片。

⑥ 将人物拖曳到背景图层中，然后按下 【Ctrl+T】组合键执行【Free Transform】（自 由变换）命令，将人物图像调整到合适的 大小。

⑦单击【Add Layer Mask】(快速蒙版）按钮
　☑创建图层蒙版，选择【Pencil Tool】(铅
　笔工具）✏️，将铅笔工具的前景色设置为
　黑色▣，然后编辑图层蒙版。选择【Blur
　Tool】(模糊工具）💧，将人物的边缘进行
　柔化，这样人物和背景图才不会显得那么
　突兀。

⑧新建图层，然后选择【Brush Tool】(画笔
　工具）✏️，设置画笔工具的各项参数，前
　景色设置为 "125,96,56"。

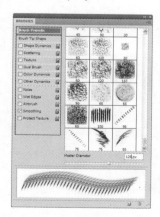

⑨在新建图层上适当涂抹。

⑩将制作好的两幅写真分别合并图层。

⑪打开随书光盘中的 "素材\ch16\19.jpg" 写
　真集封皮。

⑫将第一幅写真拖曳到封皮图像中，然后按
　下【Ctrl+T】组合键执行【Free Transform】
　(自由变换）命令，将人物图像调整到合适
　的位置。

⑬对第二幅写真做同样的操作，至此一本个
　人写真就制作完成了。

16.5　本章小结

在现实生活中，很多影像效果单凭照相机是无法实现的，但是通过电脑处理往往能够达到意想不到的效果。本节介绍了高级柔滑皮肤技巧、制作光晕梦幻效果、仿制旧照片和处理照相中的背光照片等方法。

第 17 章 平面广告设计

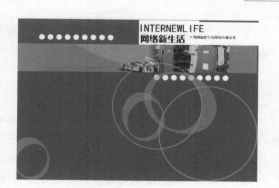

龙对小马说："上一章我们学习了怎样处理数码照片，本章我们来学习使用PhotoshopCS4做平面广告设计。小马，准备好开始学了吗？"小马开心地说："准备好了，我们开始吧！"

◆ 企业形象识别系统 CIS

◆ 平面设计常用表现手法

◆ 广告设计术语

◆ 企业画册封面设计

◆ 家具广告设计

概念小贴士

CIS

CIS 是指企业形象识别之意，其概念是指社会公众和企业职员对企业的整体印象和评价，是企业的表现与特征在公众心目中的反映。它主要体现在产品形象、环境形象、职工形象、企业家形象、公共关系形象、社会形象和总体形象等方面。

17.1 企业形象识别系统 CIS

本节视频教学录像：9分钟

CIS 是一个企业的灵魂，它是由内而外有计划地展现企业形象的系统工程。对内部而言，它形成企业的文化；对外部而言，它取得社会的认知，从而获得公信力。良好企业形象的设计与推广是实现企业发展理想的必然途径。

17.1.1 CIS（CI）的含义

一是指企业形象，二是指企业形象识别或品牌形象识别。形象是能够引起人的思想或感情活动的具体形状或者形态，有物质表征与精神表征两个层面。从物质表征方面来说，形象表现为具体的动态形状或形态，以具体的方式出现。例如厂容、厂貌、技术设备、产品包装、商标图案及员工面貌等。从精神表征方面来说，人们对不同视觉形象的认识会引发不同的心理体验和精神感受。

CI 是指企业有意识、有计划地将自己的企业或品牌特征向公众展示，使公众对某一个企业或品牌有一个标准化、差异化、美观化的认识，从而提升企业的经济效益和社会效益。

17.1.2 包括的部分

● MI（Mind Identity）理念识别

指企业思想的整合化，包括经营理念、经营宗旨、事业目标、企业定位、企业精神、企业格言、管理观念、人才观念、创新观念、工作观念、客户观念、人生观念、价值观念、品牌定位及品牌标准广告语等。

● VI（Visual Identity）视觉识别

指企业识别的视觉化，包括基础要素和应用要素两大部分。基础要素指企业名称、品牌名称、标志、标准字、标准色、辅助色、辅助图形、辅助色带、装饰图案、标志组合及标语组合等；应用要素指办公用品、公关用品、环境展示、路牌招贴、制服饰物、交通工具及广告展示等。

● BI（Behavior Identity）行为识别

指企业思想的行为化，包括干部教育、员工培训、规章制度、质量管理、行为规范、文娱活动、公关活动、公益活动及品牌推广等。

17.1.3　实施 CI 的目的

- 提高企业的知名度
- 塑造鲜明、良好的企业形象
- 达到使公众明确企业的主体个性和统一性的目的
- 培养员工的集体精神，强化企业的存在价值，增进内部团结和凝聚力

17.1.4　CI 的两大功能

对内功能如下。

- 有利于重建企业文化
- 有利于增强产品竞争力
- 有利于企业多元化、集团化、国际化经营

对外功能如下。

- 有利于提升企业形象，扩大企业知名度
- 有利于公众的认同及企业公共关系的运转

17.2　平面设计常用表现手法

本节视频教学录像：12 分钟

广告中的展示手法多种多样，不同的表现手法能够得到不同的表达效果。本节介绍几种常用的表现手法。

17.2.1　直接展示法

这是一种最常见的、同时运用得十分广泛的表现手法。它将某个产品或主题直接如实地展示在广告版面上，充分运用摄影或绘画等技巧的写实表现能力，细致刻画和着力渲染产品的质感、形态和功能用途，将产品精美的质地呈现出来，给人以逼真的现实感，使消费者对所宣传的产品产生一种亲切感和信任感。

由于这种手法是直接将产品推到消费者的面前，所以要十分注意画面上产品的组合和展示的角度。应着力突出产品的品牌和产品本身最容易打动人心的部位，运用色光和背景进行烘托，使产品置身于一个具有感染力的空间，这样才能增强广告画面的视觉冲击力。

17.2.2 间接展示法

间接展示法是最常用的广告创意设计方法。广告以产品品牌、人物、置景或道具作为主体来吸引人们的注意，并引导人们的视线转向画面中的产品。在间接展示法的画面中，产品的大小和位置一般不在视觉的中心，而是通过富有感染力的画面来展示产品内在的魅力。间接展示法最主要的方法就是把产品置于一个富有感染力的空间，运用光色和置景以及画面渲染，营造出广告的视觉冲击力。

17.2.3 对比衬托法

对比是一种趋向于对立冲突的艺术美中最突出的表现手法。它把作品中所描绘事物的性质和特点放在直接对比中来表现，借彼显此、互比互衬，从对比所呈现的差别中，达到集中、简洁、曲折变化的表现。这种手法更鲜明地强调或提示产品的性能和特点，给消费者以深刻的视觉感受。

作为一种常见的行之有效的表现手法，可以说，一切艺术都受惠于对比表现手法。对比手法的运用不仅使广告的主题加强了表现的力度，而且饱含情趣，扩大了广告作品的感染力。对比手法的成功运用，能使貌似平凡的画面含有丰富的意味，从而展示不同层次和深度的广告主题。

17.2.4 合理夸张法

借助想象，对广告作品中所宣传的对象的品质或特性的某个方面进行相当明显的夸大，以加深或扩大对这些特征的认识。文学家高尔基指出："夸张是创作的基本原则。"通过这种手法能更鲜明地强调或揭示事物的实质，加强作品的艺术效果。

夸张是在一般中求新奇变化，通过虚构把对象的特点和个性中美的方面进行夸大，赋予人们一种新奇与变化的感受。

按其表现的特征，夸张可以分为形态夸张和神情夸张两种类型，前者为表象性的处理品，后者则为含蓄性的情态处理品。夸张手法的运用，可以为广告的艺术美注入浓郁的感情色彩，使产品的特征鲜明、突出、动人。

17.2.5 联想法

在审美的过程中通过丰富的联想能突破时空的界限，扩大艺术形象的容量，提高画面的意境。

通过联想，人们在审美对象上看到自己或与自己有关的经验，美感往往会显得特别强烈，从而使审美对象与审美者融合为一体。在产生联想的过程中引发的美感共鸣，其感情的强度总是激烈的、丰富的。

17.2.6 富于幽默法

幽默法是指广告作品中巧妙地再现喜剧性特征，抓住生活现象中局部性的东西，通过人们的性恪、外貌和举止的某些可笑的特征表现出来。

幽默的表现手法往往运用饶有风趣的情节、巧妙的安排，把某种需要肯定的事物无限延伸到漫画的程度，造成一种充满情趣、引人发笑而又耐人寻味的幽默意境。幽默的矛盾冲突可以达到出乎意料之外又在情理之中的艺术效果，勾起观赏者会心的微笑，以别具一格的方式发挥艺术感染力的作用。

17.2.7 借用比喻法

比喻法是指在设计的过程中选择两个原本各不相同，而只在某些方面有些相似性的事物，"以此物喻彼物"。比喻的事物与主题没有直接的关系，但是在某一点上与主题的某些特征有相似之处，因而可以借题发挥，进行延伸转化，获得"婉转曲达"的艺术效果。

与其他的表现手法相比，比喻手法比较含蓄隐伏，有时难以一目了然，但一旦领会了其意便能给人以意味无穷的感受。

17.2.8 以情托物法

艺术的感染力最有直接作用的是感情因素，审美就是主体与美的对象不断交流感情产生共鸣的过程。艺术有传达感情的特征，"感人心者，莫先于情"这句话已表明了感情因素在艺术创造中的作用。在表现手法上侧重选择具有感情倾向的内容，以美好的感情来烘托主题，真实而生动地反映这种审美感情就能以情动人。发挥艺术感染的力量，是现代广告设计中对文学的侧重和美的意境与情趣的追求。

17.2.9　悬念安排法

在表现手法上故弄玄虚，布下疑阵，使人对广告画面乍看不解题意，造成一种猜疑和紧张的心理状态，在观众的心理上掀起层层波澜，产生夸张的效果，驱动消费者的好奇心，开启积极的思维联想，引起观众进一步探明广告题意之所在的强烈愿望。然后通过广告标题或正文把广告的主题点明，使悬念得以解除，从而给人留下难忘的心理感受。

悬念手法有相当高的艺术价值，它首先能加深矛盾冲突，吸引观众的兴趣和注意力，造成一种强烈的感受，以产生引人入胜的艺术效果。

17.2.10　连续系列法

通过连续的画面形成一个完整的视觉印象，这样通过画面和文字传达的广告信息十分清晰、突出、有力。

广告画面本身有生动的直观形象，多次反复地不断积累，能加深消费者对产品或劳务的印象，获得良好的宣传效果，对扩大销售、树立名牌、刺激购买欲及增强竞争力有很大的作用。对于作为设计策略的前提，确立企业形象更有不可忽略的重要作用。

作为设计构成的基础，对形式心理的把握是十分重要的。从视觉心理来说，人们厌弃单调、单一的形式，追求多样变化，连续系列的表现手法符合"寓多样于统一之中"这一形式美的基本法则，使人们于"同"中见"异"，于统一中求变化，形成既多样又统一、既对比又和谐的艺术效果，加强了艺术的感染力。

17.3　广告设计术语

本节视频教学录像：6分钟

广告设计术语是我们在日常的工作中经常遇到的一些名词。掌握这些术语有助于同行之间的交流与沟通，规范行业的流程。

17.3.1　设计

设计指美术指导和平面设计师如何选择和配置一条广告的美术元素。设计师选择特定的美术元素并以其独特的方式对它们加以组合，以此定下设计的风格——即某个想法或形象的表现方式。在美术指导的指导下，几位美工制作出广告概念的初步构图，然后再与文案配合，拿出自己的平面设计专长（包括摄影、排版和绘图），创作出最有效的广告或手册。

17.3.2　布局

概念小贴士

布局

布局图指一条广告所有组成部分，包括图像、标题、副标题、正文、口号、印签、标志和签名等的整体安排。

布局图有以下几个作用。首先，布局图有助于广告公司和客户预先制作并测评广告的最终形象和感觉，为客户（他们通常都不是艺术家）提供修正、更改、评判和认可的有形依据；其次，布局图有助于创意小组设计广告的心理成分——即非文字和符号元素。精明的广告主不仅希望广告给自己带来客源，还希望广告为自己的产品树立某种个性——形象，在消费者心目中建立品牌（或企业）资产。要做到这一点，广告的"模样"必须明确表现出某种形象或氛围，反映或加强产品的优点。因此在设计广告布局初稿时，创意小组必须对产品或企业的预期形象有很强的意识。最后，挑选出最佳设计之后，布局图便发挥蓝图的作用，显示各个广告元素所占的比例和位置。一旦制作部了解了某条广告的大小、图片数量、排字量以及颜色和插图等这些美术元素的运用，便可以判断出制作该广告的成本。

17.3.3　小样

小样是美工用来具体表现布局方式的大致效果图。小样通常很小（大约为7.62cm×10.16cm），省略了细节，比较粗糙，是最基本的东西。直线或水波纹表示正文的位置，方框表示图形的位置。然后再对中选的小样做进一步的发展。

17.3.4　大样

在大样中，美工画出实际大小的广告，提出候选标题和副标题的最终字样，安排插图和照片，用横线表示正文。广告公司可以向客户，尤其是在乎成本的客户提交大样，以征得他们的认可。

17.3.5 末稿

到了末稿这一步，制作已经非常精细，几乎和成品一样。末稿一般都很详尽，有彩色照片、确定好的字体风格、大小和配合用的小图像，再加上一张光喷纸封套。现在，末稿的文案排版以及图像元素的搭配等都是由电脑来执行，打印出来的广告如同 4 色清样一般。到了这一阶段，所有的图像元素都应当最后落实。

17.3.6 样本

样本应体现手册、多页材料或售点陈列被拿在手上的样子和感觉。美工借助彩色记号笔和电脑清样，用手把样本放在硬纸上，然后按照尺寸进行剪裁和折叠。例如，手册的样本是逐页装订起来的，看起来同真的成品一模一样。

17.3.7 版面组合

交给印刷厂复制的末稿，必须把字样和图形都放在准确的位置上。现在，大部分设计人员都采用电脑来完成这一部分工作，完全不需要拼版这道工序。但有些广告主仍保留着传统的版面组合方式，在一张空白版（又叫拼版）上按照各自应处的位置标出黑色字体和美术元素，再用一张透明纸覆盖在上面，标出颜色的色调和位置。由于印刷厂在着手复制之前要用一部大型制版照相机对拼版进行照相，设定广告的基本色调、复制件和胶片，因此印刷厂常把拼版称为照相制版。

17.3.8 认可

文案人员和美术指导的作品始终面临着"认可"这个问题。广告公司越大，客户越大，这道手续就越复杂。一个新的广告概念首先要经过广告公司创意总监的认可，然后交由客户部审核，再交由客户方的产品经理和营销人员审核，他们往往会改动一两个字，有时甚至推翻整个广告的表现方式。双方的法律部可再对文案和美术元素进行严格的审查，以免发生问题。最后，企业的高层主管对选定的概念和正文进行审核。

在"认可"中面对的最大困难是：如何避免让决策人打破广告原有的风格。

17.4 企业画册封面设计

📹 **本节视频教学录像:** 19 分钟

本节主要讲述企业画册封面的设计。完成后的效果图如下。

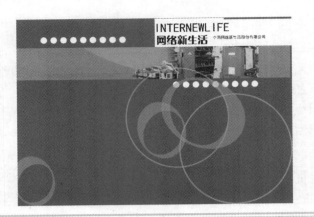

本实例要求制作一张企业的画册封面，整体要求具有一定的大气风格，同时要求包含一定的科技意味在里面。

实例名称：	企业画册封面	
实例目的：	学会制作企业画册封面	
	素材	素材\ch17\1.jpg
	结果	结果\ch17\企业画册封面.jpg

17.4.1 创建背景

① 新建一个大小为 426mm × 297mm 的画布，设置分辨率为 300 像素/英寸，背景填充为桃红色（R:248,G:9,B:172）。

② 选择【View】（视图）➤【New Guide】（新建参考线）命令，分别在水平方向的 3mm、294mm 和垂直方向的 3mm、423mm 处设置出血线，并在垂直方向的 213mm 处设置版面的垂直中心线。

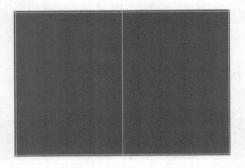

③ 打开随书光盘中的"素材\ch17\1.jpg"素材文件，使用【Move Tool】（移动工具） 将素材拖曳到画布中，然后按下【Ctrl+T】

组合键执行【Free Transform】（自由变换）命令，将素材调整到合适的位置。

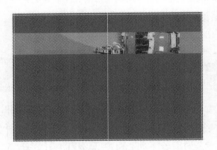

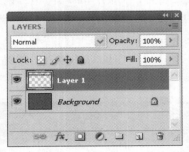

④ 新建【Layer 2】（图层 2）图层，选择【Rectangular Marquee Tool】（矩形选框工具） ，在图片上方创建矩形选区，设置

前景色为白色，然后按【Alt+Delete】组合键为矩形选区填充前景色，再调整位置。

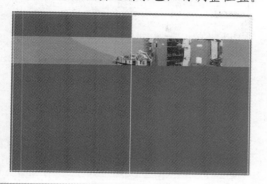

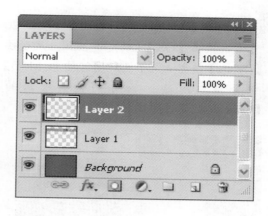

17.4.2 添加点缀物

① 新建【Layer 3】（图层 3）图层，选择（Elliptical Marquee Tool）（椭圆选框工具）⬭ 创建圆形选区，设置前景色为白色，按下【Alt+Delete】组合键为圆形选区填充前景色，将该形状复制 8 个，选中这 8 个图层单击【Align vertical centers】（水平对齐）按钮 ⬚ 和【Distribute Horizontal Centers】（垂直分布）组合按钮 ⬚，然后按下【Ctrl+E】组合键将所有的圆形图层合并到【Layer 3】（图层 3）中，再将【Layer 3】（图层 3）调整到合适的位置。

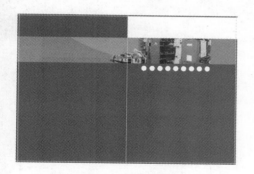

② 复制【Layer 3】（图层 3），然后调整该图层的内容到合适的位置。

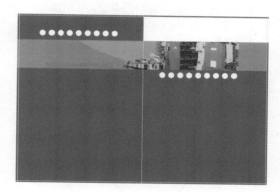

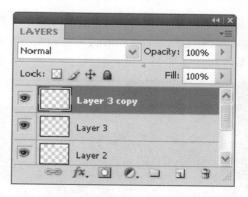

③ 新建【Layer 4】（图层 4）图层，选择【Elliptical Marquee Tool】（椭圆选框工具）⬭ 创建圆形选区，设置前景色为白色，然后按【Alt+Delete】组合键为圆形选区填充前景色。选择【Select】（选择）➤【Modify】

（修改）➤【Contract】（收缩）命令收缩 20 像素，单击【OK】（确定）按钮。然后按【Delete】键形成一个圆环同时按【Ctrl+D】组合键取消选区。再调整其图层的【Opacity】(不透明度)为 "35%"。

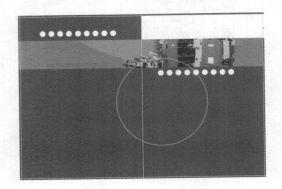

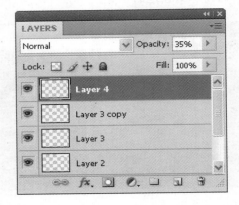

④复制出【Layer 4 copy】（图层 4 副本）图层，执行【Free Transform】（自由变换）命令，调整宽度到合适的程度。

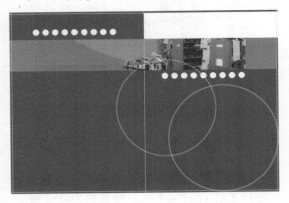

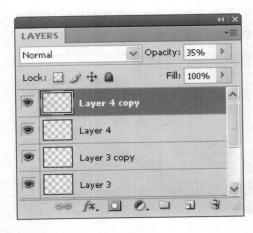

⑤新建【Layer 5】（图层 5）图层，选择【Elliptical Marquee Tool】（椭圆选框工具）创建圆形选区，然后填充橘红色（R:249,G:138,B:7），将该形状复制 3 个，调整它们的大小、位置及透明度。

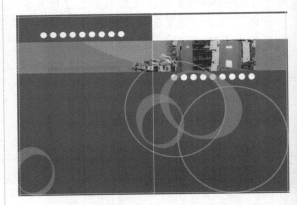

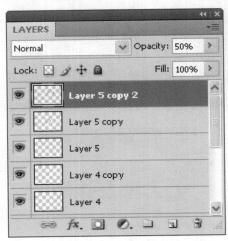

17.4.3　添加文字

① 新建【Layer 6】（图层 6）图层，选择【Rectangular Marquee Tool】（矩形选框工具）创建矩形选区并填充白色，然后调整到合适的位置。

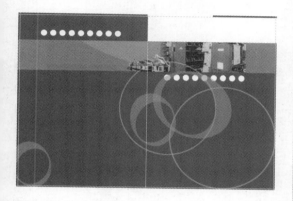

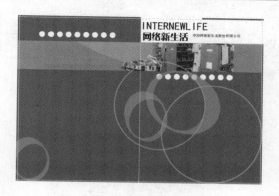

③ 按下【Ctrl+H】组合键隐藏参考线，至此一幅企业画册封面设计就完成了。

② 选择【Horizontal Type Tool】（文字工具）**T**，输入并设置各部分的文字信息。"网络新生活"字号为"45"号，字体为"方正粗倩简体"；"INTERNEWLIFE"字号为"55"号，字体为"黑体"；"中国网络新生活股份有限公司"的字号为"18"号，字体为"黑体"，然后调整文字。

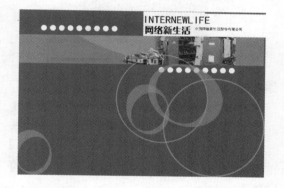

17.5　家具广告设计

🎥 本节视频教学录像：13分钟

该作品属于家具广告，它打破了常规的家具广告形式。完成的效果图如下。

本节主要讲述家具广告的设计与制作。

实例名称：家具广告设计	
实例目的：学会制作家具广告	
素材	素材\ch17\家具.jpg 和标志.psd
结果	结果\ch17\家具广告.jpg

① 新建一个大小为 210mm × 297mm 的画布，设置分辨率为 300 像素/英寸，背景填充为蓝灰色(R:102,G:153,B:153)。

② 打开随书光盘中的"素材\ch17\家具.jpg"素材图片，用【Move Tool】(移动工具)将"家具"素材文件拖入背景中，然后按下【Ctrl+T】组合键执行【Free Transform】(自由变换)命令，将图片调整到合适的位置。

③ 打开随书光盘中的"素材\ch17\标志.jpg"素材图片，使用【Move Tool】(移动工具)将素材拖曳到画布中，然后按下【Ctrl+T】组合键执行【Free Transform】(自由变换)命令调整到合适的位置。

④ 将另一个标志拖到背景中，按下【Ctrl+T】组合键执行【Free Transform】(自由变换)命令，调整到合适的位置，用【Rounded Rectangle Tool】(圆角矩形工具)和【Convert Point Tool】(转换点工具)为标志绘制一个红色（R:249 G:12 B:45）底纹。

⑤ 输入一段广告文案"专业……"，设置主题文字的字体为"黑体"，颜色为"黑色"，其他文字为"白色"，字号依据画面需要灵活调整，然后调整文字的位置。

⑥新建图层，用【Rectangular Marquee Tool】（矩形选框工具）在画面的下部绘制一个矩形，并填充为蓝色（R:4，G:52，B:106）。

⑦在蓝色的矩形右边添加标志和"庄·年十周年"字样，并调整大小。

⑧重复步骤⑥，在蓝色矩形上面绘制一个灰色矩形，适当调整整个画面，至此一幅家具广告宣传设计就制作完成了。

17.6　钟表广告

 本节视频教学录像：8 分钟

　　广告创意是通过广告活动达到销售目的的创造性主意。是说服消费者接受产品的支点，是一个广告的灵魂。本例通过 Photoshop 制作一张钟表的广告效果图。

17.6.1 创建背景

本节主要讲述钟表广告的设计与制作。

实例名称：钟表广告		
实例目的：学会制作钟表广告		
	素材	素材\ch17\钟表背景.jpg、钟表.jpg 和光.psd
	结果	结果\ch17\钟表广告完成图.jpg

① 选择【File】（文件）➢【Open】（打开）命令，打开随书光盘中的"素材\ch17\钟表背景.jpg"、"钟表.jpg"和"光.psd"文件。

② 单击工具箱中的【Move Tool】（移动工具），将"光.psd"拖曳到"钟表背景.jpg"文件中。

③ 单击【Layers】（图层）调板左上方的属性栏，在弹出的【图层混合模式】下拉列表中，选择【Overlay】（叠加）选项。

17.6.2 添加钟表文件

① 单击工具箱中的【Move Tool】（移动工具），将"钟表.jpg"拖曳到"钟表背景.jpg"文件中。

② 单击工具箱中的【Magic Wand Tool】（魔棒工具），在其选项栏中设置【Tolerance】（容差）为"10"，勾选【Anti-Alias】（消除锯齿）复选项，使用鼠标在钟表所在图层的白色区域处单击，然后按【Delete】键删除白色背景，按【Ctrl+D】组合键取消选区。

③单击【Layers】（图层）调板左上方的属性栏，在弹出的【Set The Blending Mode For The Layer】（图层混合模式）下拉列表中，选择【Hard Light】（强光）选项。

④单击【Layers】（图层）调板下方的【Add a layer style】（添加图层样式）按钮 **fx.**，在弹出的【layer style】（图层样式）对话框中选择【Outer Glow】（外发光）选项，其设置如下图所示。

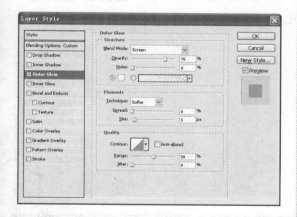

⑤单击【Layers】（图层）调板下方的【Add a layer style】（添加图层样式）按钮 **fx.**，在弹出的【layer style】（图层样式）对话框中选择【Bevel and Emboss】（斜面和浮雕）选项，其设置如下图所示。

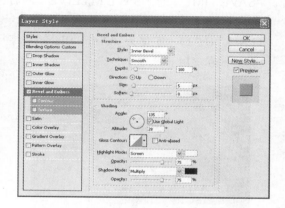

⑥单击工具箱中的【Move Tool】（移动工具），调整"钟表"的位置，并再复制出一个钟表，调整其位置向左上方移动。

17.6.3 添加文字

① 单击工具箱中的【Horizontal Type Tool】(横排文字工具) T ，在画布中输入文本"SAVE TIME"和"SAVE MYLIVE"两行英文，设置文字的颜色为黄色（R:252，G:244，B:32），字体为"Arial Black"，字号大小为"14点"。

② 单击【Layers】(图层)调板左上方的属性栏，在弹出的【图层混合模式】下拉列表中，选择【Soft Light】(柔光)选项。

③ 单击【Layers】(图层)调板下方的【Add a layer style】(添加图层样式)按钮 fx.，在弹出的【layer style】(图层样式)对话框中选择【Bevel and Emboss】(斜面和浮雕)选项，其设置如下图所示。单击【OK】(确定)按钮后，一张钟表广告就制作完成了。

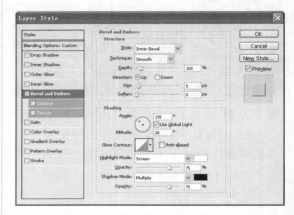

17.7 本章小结

　　广告可以起到传达信息、宣传的作用。它不同于版画和油画，因此用户在设计制作广告时，要使广告内容尽量一目了然，简洁明快，使人在一瞬间之内、一定的距离之外就能够看清楚所要宣传的事物，并要使人们在有限的画面中能够联想到更广阔的生活空间。

第 18 章　商品包装设计

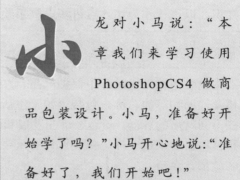

龙对小马说："本章我们来学习使用PhotoshopCS4做商品包装设计。小马，准备好开始学了吗？"小马开心地说："准备好了，我们开始吧！"

- 包装设计概况
- 平面包装设计
- 立体包装设计

　　商品包装设计是所有的设计中最具商业特征的一种设计，每一个优秀的设计师都应该熟练地掌握。而 Photoshop CS4 在制作商品的立体效果图方面有着不可替代的优势。

18.1　包装设计概况

　　📹 本节视频教学录像：13 分钟

　　在商品包装设计中，要求设计师有很强的美术素养和手绘能力。本节从包装的概念、功能、分类、要注意的问题、应放置的内容、图案和文字以及色彩的注意事项等方面介绍包装的基础知识，以透视作为切入点讲解电脑手绘包装要注意的事项。

18.1.1　包装的概念

　　包装是在流通过程中保护产品、方便储运、促进销售、按一定技术方法而采用的容器、材料及辅助物等的总称。包装"始于生活，盛于经济"，是人们早期为了储运物品而设计出的一些不同材质的容器。随着经济的发展和商品的极大丰富，包装的作用越来越重要，包装的形式和材料也越来越多样。包装设计的重要性与地位取决于某个国家或地区的经济生产是否发达，产品是否充裕。

18.1.2　包装的功能

　　包装的主要功能是保护和美化商品。除此之外还具有使商品增值、便于运输、促进销售等作用。如果没有精良的包装设计，就算商品本身的品质优良，也很容易在市场竞争中失败。因此包装设计不是单纯地为了艺术，而是要为产品创造更多的销售机会。更有"商品包装和装潢设计如果不能充当商品的助产士，便会成为商品的掘墓人"的说法。

18.1.3　包装的分类

　　包装分类的方法很多。

　　按包装形态分类，有固体、液体、气体及粉状、粒状和膏乳状等。

　　按包装形式分类，有包装纸、袋、盒、瓶、罐、管及筒等，或小包装、中包装和外包装等。

　　按使用方式分类，有易开启式包装、适量小包装、一次性包装、便于携带包装、可回收包装和复用包装等。

　　按包装材料分类，有木箱包装、纸箱包装、纸板包装、塑料包装、金属包装、搪瓷包装、玻璃包装、陶瓷包装、软性包装和复合包装等。

　　按包装内容分类，有食品包装、饮品包装、药品包装、化妆品包装、文教体育用品包装、纤维织物包装、机械电子产品包装、玩具包装、蔬果包装、花卉包装和工艺品包装等。

18.1.4　包装设计需要注意的几个问题

　　(1) 清楚此包装的功能，熟悉包装技术和材料。

　　(2) 了解市场需求，了解消费者的心理需求，把握"科学、经济、美观、适销"的原则。

　　(3) 了解一定的法律知识和各地文化、信仰的差异。

　　(4) 要便于展示、便于携带，尤其是要有视觉冲击力，利于引导购买。

　　(5) 要考虑到消费者的使用，要方便、安全而且可靠。

18.1.5　设计包装前的准备工作

　　(1) 收集市场上相关产品的包装，通过对比找出其他相关产品的包装的优点和缺点，以便在设计包装时做到扬长避短。

　　(2) 收集与产品相关的素材，在设计包装时恰当地传递出产品的相关信息。

　　(3) 设计多方案、多风格包装，通过对比选出最优秀的设计方案。

　　(4) 召集人员进行市场调查，当设计方案确定后应先做出少量的产品进行试用，然后调查新包装在消费者中的反映，看其能否对销售起到促进的作用，能否吸引更多人的注意。

18.1.6　在包装上应该放置哪些内容

　　标志：企业标志、商品标志和防伪标志。

　　图案：消费者形象、产品形象、产品原料、吉祥物、代言人和产品名称。

　　文案：说明文和广告语。

　　随文：产品厂家、地址和电话等。

　　条形码：条形码（分为两类，即 8 位和 13 位）。

　　以上内容有时并不要求全部放置，应根据实际情况而定。

18.1.7　包装中图形的使用

● 产品形象

　　被包装物品的自身形象是包装设计中出现最多的形象，它可以使消费者非常直观地认识商品的外观、质感、色彩，从而诱惑消费者。多用特写，突出质感效果，可以产生强烈的视觉冲击力。

● 标志形象

● 消费者形象

● 反映商品的使用对象

● 产品原料形象

　　通过该产品的原料形象的表达来揭示商品的特性与品格。多用于饮料、果汁、牛奶、奶粉、咖啡、调味料及纺织品等。

● 点线面形象

　　有些商品不适合用具体的图形来表现，则可用点线面等抽象的图形来表现。多用于化妆品、科技产品、医药和卫生类产品等。

● 肌理底纹

用一些形式感比较强的装饰纹理、图案来表现。比如茶叶、酒类产品、土特产品及工艺礼品等。可使用中国传统的图案或外国的抽象纹样等来表现。

18.1.8 字体在包装设计中的应用

● 视商品内容设计字体

选择字体时，要注意内容与字体在风格气韵上的吻合或象征意义上的默契，设计的风格要从商品的物质特征和文化特征中寻找。如现代工艺品应选择清新精致的字体；五金机电产品的字体要厚重硬朗；医药制品的字体要简洁单纯；体育用品的字体要充满活力，具有运动感。

● 视销售对象选择字体

选择字体时要针对商品的特定消费对象，以增强亲切感。如儿童用品可多用活泼、拙趣的字体；文化办公用品可选择典雅细腻的字体；化妆品则应使用轻柔秀丽的字体。

● 视造型与结构选择字体

选择字体时要根据不同形态的包装需要，以适应其造型与结构特质。如盒、袋等方正平整的外形可采用多种字体；瓶、罐、筒等圆柱体造型包装的字体不宜过于花哨凌乱，以防扰乱视觉辨识；异形与不规则的包装结构则更需注意字体的易识与单纯明确。

18.1.9 包装设计中的色彩要求

日本色彩学专家大智浩曾对包装的色彩设计做过深入的研究。他在《色彩设计基础》一书中曾对包装的色彩设计提出如下 8 点要求。

(1) 包装色彩要能在竞争商品中有清楚的识别性。
(2) 能很好地象征着商品内容。
(3) 色彩与其他设计因素要和谐统一，能有效地表示商品的品质与分量。
(4) 为商品购买阶层所接受。
(5) 有较高的明视度，并能对文字有很好的衬托作用。
(6) 单个包装的效果与多个包装的叠放效果。
(7) 色彩在不同市场、不同陈列环境中都充满活力。
(8) 商品的色彩不受色彩管理与印刷的限制，效果如一。

18.2 平面包装

本节视频教学录像：17 分钟

本实例讲述如何设计制作漂亮的月饼包装。

实例名称：	月饼平面包装
实例目的：	学会设计制作平面包装

素材	素材\ch18\菊花.psd
结果	结果\ch18\月饼平面包装完成图.jpg

① 选择【File】（文件）➢【New】（新建）命令，在弹出的【New】（新建）对话框中的【Name】（名称）文本框中输入"月饼包装"，设置【Preset】（预设）为"Custom"，【Width】（宽度）为"48cm"，【Height】（高度）为"25cm"，【Resolution】（分辨率）为"72 pixels/inch（像素/英寸）"，【Color Mode】（颜色模式）为"8 bit（位）"的"RGB Color（RGB 模式）"，【Background Contents】（背景内容）为"【White】（白色）"。

② 【Set foreground color】（设置前景色）为深红色（R:135,G:0,B:0），按【Alt+Delete】组合键填充。

③ 分别在垂直方向 20cm、24cm 和 44cm 处

设置参考线。

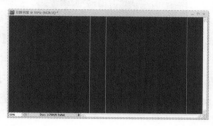

④ 打开随书光盘中的"素材\ch18\菊花.psd"文件，单击工具箱中的【Move Tool】（移动工具）, 将"菊花.psd"图像拖到"月饼包装"文件中，并调整其位置。

⑤ 选择工具箱中的【Custom Shape Tool】（自定义形状工具）, 在选项栏中选择【Paths】（路径）选项，单击属性栏右侧的【Shape】（形状）按钮，在弹出的【Shape】下拉列表中，选择【Blob 1】（模糊点 1）选项，在画面中绘制出【Blob 1】（模糊点 1）的路径。

⑥新建【Layer 2】（图层 2）图层。【Set foreground color】（设置前景色）为橘黄色（R:255, G:200,B:0），按【Ctrl+Enter】组合键将路径转换为选区。按【Alt+Delete】组合键填充。按【Ctrl+D】组合键取消选区，并调整该形状的位置。

⑦单击【LAYERS】（图层）调板下方的【Add a layer style】（添加图层样式）按钮 fx.，为图层添加【Stroke】（描边）的效果，设置【Stroke】（描边）的颜色为"R:135,G:140,B:40"。

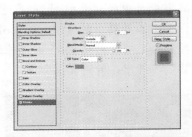

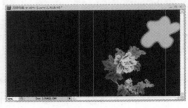

⑧新建【Layer 3】（图层 3）图层。【Set foreground color】（设置前景色）为黑色，【Set background color】（设置背景色）为白色。选择【Filter】（滤镜）➢【Render】（渲染）➢【Clouds】（云彩）命令，制作出云彩效果。

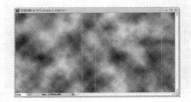

⑨选择工具箱中的【Elliptical Marquee Tool】（椭圆选框工具）◯，在页面中绘制一个圆形选区。选择【Layer】（图层）➢【New】（新建）➢【Layer via Copy】（通过拷贝的图层）命令，复制选区中的图像，然后删除【Layer 3】（图层 3）图层。

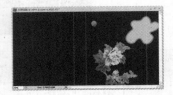

⑩选择【Image】（图像）➢【Adjustments】（调整）➢【Levels】（色阶）命令，在弹出的【Levels】（色阶）对话框中的【Input Level】（色阶）栏中依次输入"8、1、171"，单击【OK】（确定）按钮。

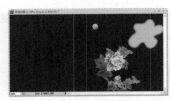

⑪新建【Layer 5】（图层 5）图层，然后按住【Ctrl】键单击【Layer 4】（图层 4）图层，得到【Layer 4】（图层 4）图层的选区。【Set foreground color】（设置前景色）为浅黄色（R:250,G:250,B:190），按【Alt+Delete】组合键为【Layer 5】（图层 5）图层填充。按【Ctrl+D】组合键取消选区。

⑫ 调整【Layer 5】（图层 5）图层到【Layer 4】（图层 4）图层的下方。设置【Layer 4】（图层 4）图层混合模式为【Multiply】（正片叠底），然后再设置图层的不透明度为 "70%"。

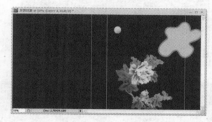

⑬ 单击【Layers】（图层）调板下方的【Add a layer style】（添加图层样式）按钮 fx.，为图层添加 "外发光" 的效果。

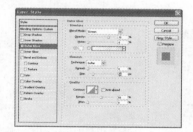

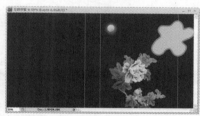

⑭ 单击工具箱中的【Vertical Type Tool】（直排文字工具）【T】，在画布上方输入 "花好月圆" 文本，设置文字的颜色为深红色（R:135,G:0,B:0），设置 "花好" 字体为 "汉仪蝶语体简"、"月圆" 字体为 "汉仪粗篆繁"，设置字号大小均为 "36 点"。

⑮ 选择【Layer】（图层）➢【Resterize】（栅格化）➢【Type】（字体）命令，将文字转换为图形。选择工具箱中的【Lasso Tool】（套索工具）,调整文字位置，并使用【自由变换】命令调整其大小。

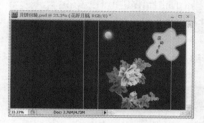

⑯ 单击【Layers】（图层）调板下方的【Add a layer style】（添加图层样式）按钮 fx.，为图层添加【Stroke】（描边）的效果，设置【Stroke】（描边）的颜色为 "R:135,G:140,B:40"。

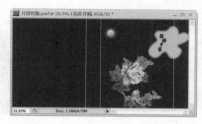

⑰ 单击工具箱中的【直排文字工具】【T】，在画布中输入文本 "明月几时有 把酒问青天 不知天上宫……" 等文字，设置文字的颜色为白色，字体为 "汉仪粗篆繁"，字号大小 "48 点"。

⑱ 新建【Layer 6】（图层 6）。【Set foreground color】（设置前景色）为白色。选择工具箱中的【Line Tool】（直线工具），在选项栏中选择【Fill Piexl】（填充像素）□选项，设置【Weight】（粗细）为 "3px"，使用鼠标在页面中由上向下拖曳，绘制一条直线并复制多个图层放在合适的位置。

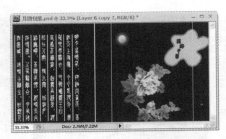

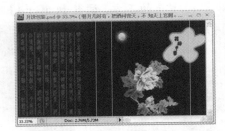

图层的不透明度设置为"20%"。

19 合并所有"线"图层，并将其图层和文字

18.3　立体包装

 本节视频教学录像：9分钟

本实例讲解如何设计制作月饼包装的立体效果。

通过本例的实践操作，将制作一个漂亮的月饼立体包装设计。

实例名称：	月饼立体包装设计
实例目的：	学会设计制作平面包装
素材	素材\ch18\月饼包装正面.jpg和月饼包装侧面.jpg
结果	结果\ch18\月饼立体包装完成图.jpg

1 选择【File】（文件）➢【New】（新建）命令，在弹出的【New】（新建）对话框中的【Name】（名称）文本框中输入"月饼立体包装"，设置【Preset】（预设）为"Custom"，【Width】（宽度）为"20cm"，【Height】（高度）为"20cm"，【Resolution】（分辨率）为"72 pixels/inch（像素/英寸）"，【Color Mode】（颜色模式）为"8 bit（位）"的"RGB Color（RGB模式）"，【Background Contents】（背景内容）为"White（白色）"。

2 打开随书光盘中的"素材\ch18\月饼包装正面.jpg和月饼包装侧面.jpg"文件，单击工具箱中的【Move Tool】（移动工具），分别将"月饼包装正面.jpg"和"月饼包装侧面.jpg"拖入"月饼立体包装"文件中。按下【Ctrl+T】组合键执行【Free Transform】（自由变换）命令并调整到合适的大小。

③ 分别选中【Layer 1】（图层 1）和【Layer 2】（图层 2），选择【Edit】（编辑）➤【Free Transform】（自由变换）命令，按【Ctrl】键的同时拖动控制节点，做自由变换，使它们符合透视原理。

④ 单击选中【Layer 2】（图层 2）图层，使用【Curves】（曲线）命令，调整图像的明暗度。

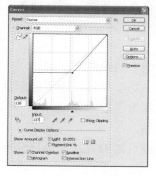

⑤ 新建【Layer 3】（图层 3）图层。单击工具箱中的【Pen Tool】（钢笔工具），在其选项栏中，选择【Paths】(路径)选项，使用钢笔工具勾出侧面路径。

⑥ 按【Ctrl+Enter】组合键，将路径转换为选区。【Set foreground color】（设置前景色）为深红色(R:135,G:0,B:0)，按【Alt+Delete】组合键，填充【Layer 3】（图层 3）图层。

⑦ 新建【Layer 4】（图层 4）图层。选择【Select】（选择）➤【Modify】（修改）➤【Contract】（收缩）命令，打开【Contract Selection】（收缩选区）对话框，设置【Contract By】（收缩量）为 "2" 像素，然后单击【OK】（确定）按钮。

⑧ 【Set foreground color】（设置前景色）为浅黄色(R:255,G:240,B:175)，按【Alt+Delete】组合键，填充【Layer 4】（图层 4）。按

【Ctrl+D】组合键，取消选区。

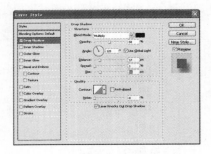

❾ 按【Shift】键分别选中【Layer 1】（图层 1）、
【Layer2】（图层 2）、【Layer 3】（图层 3）
和【Layer 4】（图层 4）图层，然后按
【Ctrl+E】组合键合并图层。单击【LAYERS】
（图层）调板下方的【Add a layer style】（添
加图层样式）按钮，为图层添加【Drop
Shadow】（投影）的图层效果。

18.4 本章小结

在对产品进行包装设计的时候一定要找准诉求点，以下几点提示将有助于用户寻找诉求点。

(1) 以商品自身的图像为主题形象，也就是商品再现。可以将通过写实的商品照片直接运用到包装设计上，这样可以更直接地传达商品信息，也会让消费者更容易接受和理解。

(2) 以生产原料为主题形象，这类包装设计主要是突出原料的个性功能。

(3) 以品牌、商标或者企业形象为主题形象，这往往是原有的品牌、商标或者标志在市场上已经有了较大的知名度的情况，只要进一步强化就很容易被消费者所接受。

(4) 以商品用途为主题形象。

(5) 以强调商品的自身特点为主题形象，如牛奶可以强调它的纯白和新鲜。

(6) 以产品或者原料的产地为主题形象，如"蒙牛"牌牛奶以草原作为主题形象。

(7) 以使用对象为主题形象，如儿童奶粉包装可以用儿童为主题形象。

(8) 以日常生活中常见的动物、植物、花卉等为主题形象。

(9) 以文字的特殊效果作为主题形象。文字是传达信息最直接的方式，也符合不同层次的消费群体的需求。

(10) 以产品特有的色彩作为主题形象，例如茶叶的绿色、巧克力的棕色等。

第 19 章 商业插画手绘创意

龙对小马说："本章我们学习使用 Photoshop CS4 做商业插画手绘创意设计。小马，准备好开始学了吗？"小马开心地说："准备好了，我们开始吧！"

- 视觉传达经典作品
- 商业插画效果
- 艺术插画效果

19.1　视觉传达经典作品

本节视频教学录像：14分钟

随着电脑技术的发展，越来越多的传统手绘与电脑技术紧密地结合到了一起，使得在表现手法和创作方法上有了更大的发挥空间。如今与电脑相结合的商业绘画正以一种崭新的面貌出现在大街小巷，如下图所示。

19.1.1　商业插画的概念

为企业或产品绘制插画，获得与之相关的报酬，作者放弃对作品的所有权，只保留署名权的商业买卖行为即为商业插画。

这种行为和我们以前认识的绘画是有本质区别的。艺术绘画作品在没有被个人或机构收藏之前，可以无限制地在各种媒体上刊载或展示，作者可以得到很小比例的费用。而商业插画只能为一个商品或客户服务，一旦支付费用，作者便放弃了作品的所有权，而会相应地得到比例较大的报酬，这和艺术绘画被收藏或拍卖的最终结果是相同的。

但是，商业插画的使用寿命是短暂的，一个商品或企业在进行更新换代时，此幅作品即宣告消亡或终止宣传。从科学定义上来看，似乎商业插画的结局有点悲壮，但另一方面，商业插画在短暂的时间里迸发的光辉却是艺术绘画不能比拟的。因为商业插画是借助广告渠道进行传播，覆盖面很广，社会关注率比艺术绘画要高出许多倍。

19.1.2　商业插画的种类

插画是运用图案表现的形式，本着审美与使用相统一的原则，应尽量使线条、形态要清晰明快，制作方便。插画是世界通用的语言，其设计在商业应用上通常分为人物形象、动物形象和商品形象等几类。

● **人物形象**

插画以人物为题材容易与消费者相投合，因为人物形象最能表现出可爱感与亲切感，人物形象的想象性创造空间是非常大的。首先，塑造的比例是重点，生活中成年人的头身比例为 1:7，儿童的比例为 1:4 左右，而卡通人常以 1:2 或 1:1 的大头形态出现，这样的比例可以充分地利用头部的面积来再现形象。人物的脸部表情是整体的焦点，因此描绘眼睛非常重要。其次，运用夸张变形不会给人不自然、不舒服的感觉，反而能够使人发笑，让人产生好感，整体形象更明确，给人的印象更深刻。

● **动物形象**

动物作为卡通形象的历史已经相当悠远。在现实生活中，有不少动物成了人们的宠物，这些动物作为卡通形象更受到公众的欢迎。在创作动物形象时，必须十分重视创造性，注重形象的拟人化手法。比如，动物与人类的差别之一就是表情上不会显露笑容，但是卡通形象可以通过拟人化手法赋予动物具有如人类一样的笑容，使动物形象具

有人情味。这样，人们生活中所熟知的、喜爱的动物形象就容易被人们接受。

● **商品形象**

它是动物拟人化在商品领域中的扩展，经过拟人化的商品能给人以亲切感。个性化的造型可令人有耳目一新的感觉，从而加深人们对商品的直接印象。以商品拟人化的构思来说大致分为以下两类。

第一类：完全拟人化，即夸张商品，运用商品本身的特征和造型结构做拟人化表现。

第二类：半人化，即在商品上另加上与商品无关的手、足、头等作为拟人化特征元素。

以上两种拟人化塑造手法可使商品富有人情味和个性化，通过动画形式强调商品的特征，其动作、语言与商品直接联系起来，这样的宣传效果较为明显。

19.1.3　商业插画的 4 个组成部分

● **广告商业插画**

为商品服务——必须具有强烈的消费意识。

为广告商服务——必须具有灵活的价值观念。

为社会服务——必须具有仁厚的群体责

任。

● **卡通吉祥物设计**

产品吉祥物——了解产品寻找卡通与产品的结合点。

企业吉祥物——结合企业的 CI 规范为企业度身定制。

社会吉祥物——分析社会活动特点适时迎合便于延展。

● 出版物插画

文学艺术类——具备良好的艺术修养和文学功底。

儿童读物类——拥有健康快乐的童趣和观察体验。

自然科普类——扎实的美术功底和超常的想象力。

社会人文类——丰富多彩的生活阅历和默写技能。

● 影视游戏美术设计

形象设计类——人格互换形神离合的情感流露。

场景设计类——独特视角微观宏观的快速切换。

故事脚本类——文学音乐通过美术的手段体现。

19.2 商业插画效果

本节视频教学录像：17分钟

本实例主要是学会如何制作商业插画效果。

实例名称：商业插画效果		
实例目的：学会制作商业插画效果		
	素材	素材\ch19\1.jpg
	结果	结果\ch19\商业插画效果.jpg

① 打开随书光盘中的"素材\ch19\1.jpg"线稿文件。

② 新建一个图层并命名为"身体部位"，然后根据线稿使用【Magic Wand Tool】（魔棒工具）将人物的各个部分逐个选取出来并填充浅黄颜色。

③ 新建一个图层并命名为"上衣"，使用【Magic Wand Tool】（魔棒工具）选择上衣的区域，然后填充为紫色。

④ 使用同样的方法为身体的其他各个部分填充颜色。

⑤ 选择【Dodge Tool】（减淡工具）和【Burn Tool】（加深工具）对人物上衣的颜色进行调整。

⑥使用同样的方法对身体的其他部分进行调整，一幅漂亮的美女图就制作完成了。

19.3　艺术插画效果

📹 本节视频教学录像：12分钟

　　在制作的过程中需要注意的是关于人物身体表面的明暗分布，这可以通过使用加深和减淡工具来实现，这也是在制作商业插画时最难把握的地方。

实例名称：艺术插画效果		
实例目的：学会制作艺术插画效果		
	素材	素材\ch19\2.jpg 和 3.jpg
	结果	结果\ch19\艺术插画效果.jpg

①进入到 Photoshop CS4，按【Ctrl+O】组合键，在弹出的【Open】（打开）对话框中打开随书光盘中的"素材\ch19\2.jpg"文件。

②单击工具箱中的【Magic Wand Tool】（魔棒工具）✨，并在出现的选项栏中单击【Add to selection】（添加到选区）按钮🔲，【Tolerance】（容差）设置为"15"，然后使用【Magic Wand Tool】（魔棒工具）✨依次单击黄灰色背景。接着按【Shift+Ctrl+I】

组合键进行反选，这样就把人物选中了。得到选区后按【Ctrl+J】组合键复制选区并新建图层，得到【Layer 1】（图层 1）。

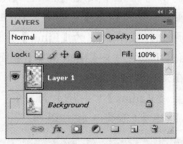

③选中【Layer 1】（图层 1）图层，将其拖放到【Layers】（图层）调板下方的【Create a new layer】（创建新图层）按钮上，创建出

【Layer 1 copy】（图层 1 副本）图层，执行菜单栏中的【Image】（图像）▷【Adjustments】（调整）▷【Desaturate】（去色）命令。接着将【Layer 1 copy】（图层 1副本)图层拖放到图层下方的【Create a new layer】（创建新图层）按钮上，创建【Layer 1 copy 2】（图层 1 副本 2）图层，并将其隐藏。

④ 选中【Layer1 copy】（图层 1 副本）图层，执行菜单栏中的【Image】（图像）▷【Adjustments】（调整）▷【Posterize】（色调分离）命令，在弹出的【Posterize】（色调分离）对话框中设置【Levels】（色阶）为 "4"，单击【OK】（确定）按钮返回。接着再执行菜单栏中的【Filter】（滤镜）▷【Noise】（杂色）▷【Median】（中间值）命令，在弹出的【Median】（中间值）对话框中设置【Radius】（半径）为 "1" 像素，单击【OK】（确定）按钮返回。

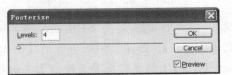

⑤ 单击菜单栏中的【Image】（图像）▷【Adjustments】（调整）▷【Curves】（曲线）命令，在弹出的【Curves】（曲线）对话框中调整好曲线，使图像变得亮一些。

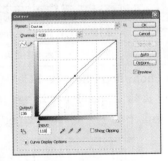

⑥ 单击【Layer 1 copy 2】（图层 1 副本 2）图层前面的【小眼睛】图标，将【Layer 1 copy 2】（图层 1 副本 2）图层显示出来，接着执行菜单栏中的【Image】（图像）▷

【Adjustments】(调整)➤【Threshold】(阈值)命令,在弹出的【Threshold】(阈值)对话框中设置【Threshold Level】(阈值色阶)为"167",使图像的线条看起来更为清晰。

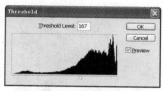

⑦选择【Filter】(滤镜)➤【Noise】(杂色)➤【Median】(中间值)命令,在弹出的【Median】(中间值)对话框中设置【Radius】(半径)为"1"像素,单击【OK】(确定)按钮返回。将【Layer 1 copy 2】(图层 1 副本 2)图层的图层混合模式设置为【Multiply】(正片叠底)。

⑧在图层调板中将【Layer1】(图层 1)图层移动到图层的最上方,然后更改其图层混合模式为【Vivid Light】(亮光),同时将其【Opacity】(不透明度)设置为"70%"。

⑨按住【Ctrl】键不放,单击【Layer1】(图层 1)图层,得到人物选区,然后单击图层调板下方的【Create a new layer】(创建新图层)按钮,创建出【Layer2】(图层 2)图层,执行菜单栏中的【Edit】(编辑)➤【Stroke】(描边)命令,在弹出的【Stroke】(描边)对话框中的【Stroke】(描边)区域内设置【Width】(宽度)为"12"像素,【Color】(颜色)为白色;在【Location】(位置)区域内选中【Outside】(居外)选项,然后单击【OK】(确定)按钮。按【Ctrl+D】组合键取消选区。

10 下面制作背景效果。按【Ctrl+O】组合键，在弹出的【Open】（打开）对话框中打开随书光盘中的"素材\ch19\3.jpg"文件。

11 选择【Image】（图像）▷【Adjustments】（调整）▷【Posterize】（色调分离）命令，在弹出的【Posterize】（色调分离）对话框中设置【Level】（色阶）为"4"，单击【OK】（确定）按钮返回。接下来再执行菜单栏中的【Filter】（滤镜）▷【Noise】（杂色）▷【Median】（中间值）命令，在弹出的

【Median】（中间值）对话框中设置【Radius】（半径）为"1"像素，单击【OK】（确定）按钮返回。继续选择【Image】（图像）▷【Adjustments】（调整）▷【Invert】（反相）命令。

12 将背景图片拖放到人物图片中形成【Layer 3】（图层 3）图层，按【Ctrl+T】组合键调整好【Layer 3】（图层 3）图层中图片的大小。接下来将【Layer 3】（图层 3）图层移动到【Background】（背景）图层上方，这样就制作出来了一幅艺术插图效果的图像。

19.4　本章小结

　　本章主要介绍了如何绘制商业插画和艺术插画的绘制方法，本章内容非常实用，建议读者参照实例操作步骤学习掌握后，在工作中多加练习。

第 20 章 建筑效果图后期制作

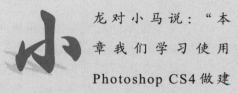 龙对小马说："本章我们学习使用 Photoshop CS4 做建筑效果图后期制作，小马，准备好开始学了吗？"小马开心地说："准备好了，我们开始吧！"

◈ 室外建筑效果图后期制作
◈ 室内效果图后期制作

效果图的后期处理越来越受到大家的广泛关注,无论是室内效果图还是室外效果图的后期处理都离不开 Photoshop。

20.1　室外建筑效果图后期制作

 本节视频教学录像：15分钟

室外效果图的后期处理在整个制作的过程中占据十分重要的地位,在制作的时候需要注意以下几个方面。

(1) 在处理配景的时候应按照由里向外的顺序,即先远景,再中景,最后近景的顺序来完成。其中以中景为主,远景和近景辅助,近景还要起到平衡画面的作用。

(2) 在选景的时候配景要与图的气氛保持一致。

(3) 配景的图像要求非常清晰,精度要够。

(4) 透视要求正确。在确定透视的时候可以利用地平线来完成,在确定地平线的时候可以通过图像已有的结构来完成。

下面通过一个小实例介绍如何处理室外效果图。

实例名称：室外建筑效果图后期制作		
实例目的：学会制作室外建筑效果图后期制作		
	素材	素材\ch20\草坪.jpg、建筑图.jpg、天空背景.jpg、人物素材.psd、汽车素材.psd、植物素材.psd
	结果	结果\ch20\室外建筑效果图后期制作.jpg

① 新建一个 158cm×95cm、分辨率为 72 像素/英寸的效果图画布,然后打开随书光盘中的 "素材\ch20\草坪.jpg" 的草坪图像,将其拖曳到效果图画布中。

② 打开随书光盘中的 "素材\ch20\天空背景.jpg" 的背景图像,将其拖曳到效果图画布中并调整合适位置。

③ 打开随书光盘中的 "素材\ch20\建筑图.jpg" 文件(该图是在 Lightscape 中输出的原建筑物图像),选择【Magic Wand Tool】(魔棒工具) ,然后选中后面的背景。

④ 按下【Ctrl+Shift+I】组合键执行反选命令,然后选择【Move Tool】(移动工具) 将建筑物拖曳到效果图画布中,并调整到合适的位置。

⑤按下【Ctrl+R】组合键显示标尺，从标尺处拖拉出水平面参考线，然后打开随书光盘中的"素材\ch20\人物素材.psd"的人物素材图像库。

⑥使用【Move Tool】（移动工具）拖曳将人物拖曳到效果图画布中，然后按下【Ctrl+T】组合键执行【Free Transform】（自由变换）命令，调整人物的大小，使人物的头顶在水平线以下。

⑦绘制公路，打开随书光盘中的"素材\ch20\汽车素材.psd"汽车素材，使用【Move Tool】（移动工具）挑选几个视角一致的汽车，拖曳到效果图画布中。然后按下【Ctrl+T】组合键执行【Free Transform】（自由变换）命令，调整汽车的大小，使汽车的顶部在水平线以下。

⑧打开随书光盘中的"素材\ch20\植物素材.psd"的植物素材库搭配近景，使用【Move Tool】（移动工具）拖曳植物到效果图画布中，然后按下【Ctrl+T】组合键执行【Free Transform】（自由变换）命令，调整植物的大小。

⑨按下【Ctrl+R】组合键隐藏标尺，再按下【Ctrl+H】组合键隐藏辅助线。至此一幅室内建筑效果图的后期制作就完成了。

20.2 室内效果图后期制作

📹 本节视频教学录像: 9分钟

　　室内效果图的后期处理的图像一般情况下都是由 Lightsacpe 渲染输出的图像，在很多情况下都会存在着各种各样的问题，需要我们在 Photoshop 中进行更加细致地调整与修改，以达到最终需要的效果。在处理的时候应该注意以下几个方面。

　　（1）对从 Lightsape 中导出的图像首先要进行裁切，将画面最精彩的部位留下，过于平淡的地方可以省略掉。

　　（2）对调整色调，保证图像没有偏色的问题。

　　（3）调整图像的清晰度。

　　（4）修补图像中的瑕疵。

　　（5）补充室内的灯光效果。

　　（6）添加室外的配景。

　　（7）添加室内的配景。

　　下面以一个实例来说明以上几点的处理方法。

实例名称：室内效果图后期制作		
实例目的：学会制作室内效果图后期制作		
	素材	素材\ch20\室内效果图.jpg、室内植物.psd
	结果	结果\ch20\室内效果图后期制作.jpg

❶ 打开随书光盘中的"素材\ch20\室内效果图.jpg"文件，通过观察可以发现图片存在着偏色，天花板和地板的区域在整个图像中所占的面积比例过大，整体视觉不是很好。

❷ 选择【Crop Tool】（裁切工具）🔲，将图像裁剪到合适的大小。

❸ 整个图像在色调上稍微有点深，为此可按下【Ctrl+M】组合键打开【Curves】（曲线）对话框，完成色调的调整后单击【OK】（确定）按钮。

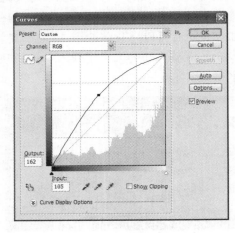

4 调整图像的清晰度。将图像的色彩模式转换为 Lab 色彩模式，选择【Image】（图像）➢【Mode】（模式）➢【Lab Color】（Lab 色彩）命令，选中【Channel】（通道）调板中的【Lightness】（明度）通道，然后选择【Filter】（滤镜）➢【Sharpen】（锐化）➢【Unsharp Mask】（USM 锐化）命令，弹出【Unsharp Mask】（USM 锐化）对话框，设置【Amount】（数量）为 "100%"、【Radius】为（半径）"1" pixels（像素）。

5 将图像的色彩模式再转换为【RGB Color】（RGB 色彩）模式，选择【Image】（图像）➢【Adjustments】（调整）➢【Color Balance】（色彩平衡）命令，调整整体色调，使画面明亮。

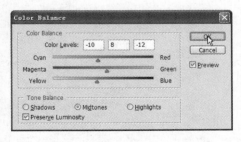

6 添加室内配景。打开随书光盘中的 "素材 \ch20\室内植物.psd" 室内配景图片，然后调整到合适的位置。

7 为配景添加投影效果。复制一份副本，按下【Ctrl+T】组合键执行【自由变换】命令，并改变该图层的【Opacity】（不透明度）为 "40%"，至此一幅室内效果图的后期制作就制作完成了。

20.3 本章小结

本章通过室内效果图和室外效果图的后期处理的综合实例来讲解了效果图后期处理的基本方法，希望读者在学习本章内容之后，能多加练习，熟练掌握。

第 21 章 网页设计

小龙对小马说:"本章我们学习使用Photoshop做网页设计。小马,你准备好开始学了吗?"小马开心地说:"准备好了,我们开始吧!"

- 网页设计要素
- 网页设计示范

随着时代的发展，网站建设越来越接近于一门艺术，而不仅仅是一项技术。网页的艺术设计日益被网站建设者所重视。网页艺术设计是艺术与技术的高度统一，它包括视听元素与版式设计两项内容。而 Photoshop CS4 在网页版面设计、网页效果图制作上有着不可替代的地位。

21.1 网页设计要素

本节视频教学录像：14分钟

在设计一个网页之前先要考虑这个网站的浏览者是哪一个人群。比如，医院的网站和娱乐网站的目标浏览者是不同的，相应的设计要求当然也就会有所不同。

21.1.1 网页页面布局

网页布局大致可分为"国"字型、拐角型、标题正文型、左右框架型、上下框架型、综合框架型、封面型、Flash 型和变化型等。

1. "国"字型

也可以称为"同"字型，它是一些大型网站所喜欢的类型。即最上面是网站的标题以及横幅广告条，接下来就是网站的主要内容。左右分列一些小条内容，中间是主要部分，与左右一起罗列到底，最下面是网站的一些基本信息、联系方式和版权声明等。这种结构几乎是网上使用最多的一种结构类型。

2. 拐角型

与上一种结构其实很相近，只是形式上有所区别。这种结构上面是标题及广告横幅，接下来的左侧是一窄列链接等，右侧是很宽的正文，下面也是一些网站的辅助信息。在这种类型中，一种很常见的形式是最上面是

标题及广告，左侧是导航链接。

3. 标题正文型

这种类型即最上面是标题或类似的一些东西，下面是正文。比如一些文章页面或注册页面等就是这种类型。

4.　左右框架型

　　这是一种左右为两页的框架结构，一般来说左面是导航链接，有时最上面会有一个小的标题或标志，右面是正文。我们见到的大部分的大型论坛都是这种结构的，有一些企业网站也喜欢采用。这种类型的结构非常清晰，一目了然。

5.　上下框架型

　　与上面类似，区别仅在于是一种上下分为两页的框架。

6.　综合框架型

　　是前两种结构的结合，是相对复杂的一种框架结构。

7.　封面型

　　这种类型基本上出现在一些网站的首页，大部分为一些精美的平面设计再结合一些小的动画，放上几个简单的链接，或者仅是一个"进入"的链接，甚至直接在首页的图片上做链接而没有任何提示。这种类型大部分出现在企业网站和个人主页。如果处理得好，则会给人带来赏心悦目的感觉。

8.　Flash 型

　　其实这与封面型结构是类似的，只是这种类型采用了目前非常流行的 Flash。与封面型不同的是，由于 Flash 具有强大的功能，所以页面所表达的信息更丰富。其视觉效果及听觉效果如果处理得当，绝不亚于传统的多媒体。

9. 变化型

即上面几种类型的结合与变化。比如右图所示网站在视觉上是很接近拐角型的，但所实现的功能的实质则是那种上、左、右结构的综合框架型。

21.1.2 色彩搭配

1. 色彩的视觉影响

色彩为第一视觉语言，具有影响人们心理，唤起人们感知的作用，甚至能左右人们的感情和行动。

(1) 可以传达意念，表达某种确切的含义。如交通灯上的红色表示停止，绿色表示放行，这已成为人们所了解和承认的一种视觉语言。

(2) 色彩有明显的影响情绪的作用。不同的色彩可以表现不同的情感。

(3) 色彩有使人增强识别记忆的作用。如富士彩色胶卷的绿色，柯达彩色胶卷的黄色，都成为消费者识别、记忆商品的标准色。

(4) 彩色画面更具有真实感，能充分地表现对象的色彩、质感和量感。

(5) 色彩能增强画面的感染力。彩色比黑、白和灰色更能刺激视觉神经。具有良好色彩构成的设计作品能强烈地吸引消费者的注意力，增强艺术魅力。

2. 色彩的象征性

与大部分人的经验与联想有关，人们通过与自然界和社会的接触，逐步形成了色彩的概念和联想。色彩的象征意义是具有世界性的，不同的民族产生的差异不大。

● **红色**

最引人注目的色彩，具有强烈的感染力，它是火的色、血的色。象征热情、喜庆、幸福。另一方面又象征警觉、危险。红色色感刺激强烈，在色彩配合中常起着主色和重要的调和对比作用，是使用最多的色。

● **黄色**

是阳光的色彩，象征光明、希望、高贵、愉快。浅黄色表示柔弱，灰黄色表示病态。黄色在纯色中的明度最高，与红色色系配合能产生辉煌华丽、热烈喜庆的效果，与蓝色色系配合能产生淡雅宁静、柔和清爽的效果。

● **蓝色**

是天空的色彩，象征和平、安静、纯洁、理智。另一方面又有消极、冷淡、保守等意味。蓝色与红、黄等色运用得当，能构成和谐的对比调和关系。

● **绿色**

是植物的色彩，象征着平静与安全，带灰褐绿的色则象征着衰老和终止。绿色和蓝色配合显得柔和宁静，和黄色配合显得明快清新。由于绿色的视认性不高，因此多为陪衬的中型色彩运用。

● 橙色

秋天收获的颜色，鲜艳的橙色比红色更为温暖、华美，是所有色彩中最温暖的色彩。橙色象征快乐、健康、勇敢。

● 紫色

象征优美、高贵、尊严，另一方面又有孤独、神秘等意味。淡紫色有高雅和魔力的感觉，深紫色则有沉重、庄严的感觉。与红色配合显得华丽和谐，与蓝色配合显得华贵低沉，与绿色配合显得热情成熟。运用得当能产生新颖别致的效果。

● 黑色

是暗色，是明度最低的非彩色，象征着力量，有时又意味着不吉祥和罪恶。能和许多色彩构成良好的对比调和关系，运用的范围很广。

● 白色

表示纯粹与洁白的色，象征纯洁、朴素、高雅等。作为非彩色的极色，白色与黑色一样，能与所有的色彩构成明快的对比调和关系。与黑色相配能产生简洁明确、朴素有力的效果，给人一种重量感和稳定感，有很好的视觉传达能力。

21.1.3　文字的选择

编排网页上的文字信息时需要考虑字体、字号、字符间距和行间距、段落版式及段间距等许多要素。从美学的观点看，既保证网页整体视觉效果的和谐、统一，又保证所有文字信息的醒目和易于识别，这是评价文字选择工作的最高标准。

"对比"是另一个设计和编排文字信息时必须考虑的问题。不同的字体、不同的字号、不同的文字颜色、不同的字符间距，在视觉效果上都可以形成强烈的对比。精心设计的文字对比可以为网页空间增添活力，而过于泛滥的对比因素也会让整个网页混乱不堪。

21.1.4　图片的选择

为了提高网页中图片的显示速度，在制作网页时应使每一个页面小于 50～75KB。尽量把 GIF 和 JPEG 图片压缩后再加入到网页中。如果准备在站点中放置高质量的图片，那么最好设计两个版本，一个为高质量，另一个为低质量，这样就能使不同的浏览者有一个最佳选择。

在网页中使用图片时，还需要考虑美学和技术两个方面的问题。首先，图片的色彩、形状、风格等一定要与网页的整体风格相适应，图片所要传达的理念或信息内容应当尽可能地清晰、准确——这是美学方面的考虑。其次，网页设计师必须知道二值、灰度、256 色及真彩色图片之间的差异，懂得矢量图片和点阵图片各自的优缺点，并尽量优化图片的比特大小以减少网页的传输时间——这是技术方面的考虑。只有在美学和技术两个方面都让人满意的图片，才有资格出现在网页的整体设计中。

21.1.5　浏览导航

站点的浏览导航必须非常容易使用。如果需要，可以把站点分割为几个部分。最容易的方法就是在整个网站的所有的网页的左边放置一个菜单条。当然除此以外，还有许多可选的方法。对于具有大量信息的站点，使用一个可扩展的菜单条则是一个不错的选择。

无论使用何种导航模式，在每一页都放置一个主页链接是一种不错的设计理念。浏览者必须知道：无论何时迷失在站点浏览中，都可以通过简单的一次单击而准确地知道目前所处的位置。

21.2　网页设计示范

本节视频教学录像：51 分钟

本节为龙马设计网设计的一个二级页面的网页。

实例名称：	网页设计	
实例目的：	运用所学知识设计一个网页	
	素材	素材\ch21\顶图.jpg、标志.psd、广告条 1.jpg、t0、t1、t2、t3、t4、t5、t6、t7、t8、t9、t10、t11、t12
	结果	结果\ch21\龙马设计网.jpg

❶ 新建一个名为"龙马设计"的文档，大小为 1003 像素 × 1468 像素、【Color Mode】（颜色模式）为 RGB、【Resolution】（分辨率）为"72 像素/英寸"。设置【Foreground Color】（前景色）为"#04797f"并填充，按【Ctrl+R】组合键，设置参考线将页面分割。

❷ 设置页眉。选择【File】（文件）➢【Open】（打开）命令，打开随书光盘中的"素材\ch21\顶图和标志"文件，将其拖曳到"龙马设计"文档中，然后根据参考线调整位置。

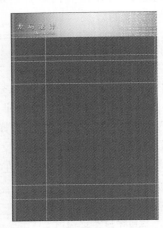

❸ 创建导航栏。

❹ 选择【Rectangle Tool】（矩形工具）□创建登录框以及白色底图，并输入文字。

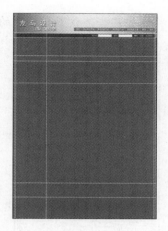

⑤ 打开随书光盘中的 "素材\ch21\广告条 1.jpg" 文件，调整到合适位置，创建快速导航区域。

整位置，然后输入相应的说明文字。

⑧ 创建矩形边框，复制一个并调整位置。打开随书光盘中的 "素材\ch21\t7 和 t8" 文件，拖进页面并调整位置。输入相关文字信息。

⑥ 绘制出页面的广告区域。在页面的上方使用矩形选框绘制一个灰色的方框。

⑨ 创建信息栏目部分。使用矩形选框绘制灰框，并在其上方输入相应信息栏目的名称。

⑦ 打开随书光盘中的 "素材\ch21\t0、t1、t2、t3、t4、t5、t6" 文件，将其拖进页面，调

⑩ 在各个信息栏的下方输入相应的文字。

文件，将这些广告条放置在相应的位置。

⑪打开随书光盘中的"素材\ch21\t9 至 t12"

⑫创建页脚文字信息，完成整个页面设计。

21.3　本章小结

　　本章主要介绍了网页设计的页面布局方法、色彩的搭配、文字的选取和图片的选取等相关知识，并通过一个实例来详细讲解了网页设计的基本方法。